Christina Gansel (Hg.)

Systemtheorie in den Fachwissenschaften

Zugänge, Methoden, Probleme

Mit 13 Abbildungen

V&R unipress

FSC

Mix

Produktgruppe aus vorbildlich bewirtschafteten Wäldern, kontrollierten Herkünften und Recycl nghotz oder -fasern

Zert.-Nr. GFA COC 1229
www.fsc.org
© 1996 Forest Stewardship Council

„Dieses Hardcover wurde auf FSC-zertifiziertem Papier gedruckt. FSC (Forest Stewardship Council) ist eine nichtstaatliche, gemeinnützige Organisation, die sich für eine ökologische und sozialverantwortliche Nutzung der Wälder unserer Erde einsetzt."

Bibliografische Information der Deutschen Nationalbibliothek

Die Deutsche Nationalbibliothek verzeichnet diese Publikation in der Deutschen Nationalbibliografie; detaillierte bibliografische Daten sind im Internet über http://dnb.d-nb.de abrufbar.

ISBN 978-3-89971-818-8

Titelbild: Torsten Nitsche
Druck und Bindung: CPI Buch Bücher.de GmbH, Birkach

Gedruckt auf alterungsbeständigem Papier.

Inhalt

Vorwort 7

Werner Stegmaier
Niklas Luhmann als Philosoph 11

Joachim Lege
Niklas Luhmann und das Recht – Über die Nutzlosigkeit der
Systemtheorie für Recht und Rechtswissenschaft 33

Michael Hein
Systemtheorie und Politik(wissenschaft) – Missverständnis oder
produktive Herausforderung? 53

Elisabeth Böhm
»Die Dame hat Romane gelesen und kennt den Code« – Zur Rezeption
der Systemtheorie und systemtheoretischer Operationen in der
Literaturwissenschaft 79

Helmut Klüter
Systemtheorie in der Geographie 99

Jana Möller-Kiero
Urbane Wohn(t)räume am Beispiel des professionell vermittelten
Immobilienverkaufsangebots aus textlinguistisch-systemtheoretischer
Sicht 125

Theres Werner
Zur Leistung und Funktion von Flyern in unterschiedlichen
Kommunikationsbereichen 153

Iris Kroll
Stil und sozialer Sinn. Sakrale Sprache in päpstlichen Enzykliken 173

Stefan Buchholz
Textsorten als Operationen von sozialen Systemen am Beispiel des
Notizzettels für die Hochschulsprechstunde 201

Christina Gansel
Von der systemtheoretisch orientierten Textsortenlinguistik zur
linguistischen Diskursanalyse nach Foucault 213

Autorinnen und Autoren 229

Vorwort

Die Systemtheorie erhebt den Anspruch universell zu sein. Niklas Luhmann (1927–1998) selbst nannte sie eine »Supertheorie«, die immer mehr Anhänger dort gewinnt, wo wissenschaftliche Objekte als Systeme untersucht werden. Eine sich seit einigen Jahren entwickelnde systemtheoretisch orientierte Textsortenlinguistik überprüft die Anwendungsmöglichkeiten der Luhmann'schen Theorie für einen spezifischen Untersuchungsgegenstand und gelangt zu der Erkenntnis, dass sich für textsortenlinguistische Untersuchungen eine systemtheoretische Perspektive regelrecht anbietet. Das Objekt, das im Rahmen der Textsortenlinguistik als System konzeptualisiert werden kann, ist der Kommunikationsbereich. In den letzten Jahren wurde in einer Reihe von Beiträgen gezeigt, in welcher Weise systemtheoretische Ansätze in der Lage sind, Fragen der Textsortenlinguistik präziser zu fassen. Dabei bezogen sich die Arbeiten insbesondere auf die Erschließung des spezifischen Charakters von Textsorten, wobei konsequent von einer Konzeptualisierung von Kommunikationsbereichen als sozialen Systemen ausgegangen wurde. Es zeigte sich, dass die in der Systemtheorie beschriebenen sozialen Systeme, deren Operation die Kommunikation darstellt, in Korrelation zu den textlinguistisch als sozial und funktional bedingte Ensembles von Textsorten gefassten Kommunikationsbereichen stehen. Mit Hilfe der Systemtheorie war es möglich, gesellschaftliche Kommunikationsbereiche (z.B. Medien, Tourismus, Public Relations, Meteorologie, Religion) spezifisch und auf der Grundlage einer einheitlichen Theorie zu beschreiben. Die soziologischen Erkenntnisse erschienen für die Erforschung der Einbindung von Textsorten in die Kommunikation eines sozialen Systems unabdingbar und produktiv. Daher wurden unter Anwendung der entsprechenden systemtheoretischen Implikaturen und Kategorien (u.a. Autopoiesis, Kontingenz, strukturelle Kopplung, Systemrationalität) die Forschungen vorangetrieben (vgl. Gansel 2008, Christoph 2009, Krycki 2009). Eine erste Zusammenfassung der systemtheoretischen Perspektive auf Textsorten findet sich in Gansel (2011). Aus der Sicht der Textlinguistik werden darüber hinaus in diesem Band die systemtheoretisch motivierten Beschreibungsmethoden ausgeweitet und auf stilistische Untersuchungen angewandt. Sie münden in Fragen nach der Kompatibilität systemtheoretischer Zugänge zu Textsorten mit linguistischen Diskursanalysen nach Foucault.

Aus der Beschäftigung mit der Systemtheorie im Rahmen der Textlinguistik an der Universität Greifswald ergab sich die Überlegung, über die Linguistik hinaus mit jenen Vertretern anderer Disziplinen ins Gespräch zu kommen, die gleichfalls in Lehre und Forschung systemtheoretische Ansätze verfolgen. Die Idee wurde in einer Ringvorlesung während des Wintersemesters 2009/2010 umgesetzt.

Der Band vermittelt einen Eindruck davon, wie insbesondere in den geisteswissenschaftlichen Disziplinen produktive Synergien bei der systemtheoretischen Bearbeitung der facheigenen Gegenstände entstehen. Niklas Luhmann wird zunächst als Kenner der Philosophie und ihrer Entwicklung eingeordnet. *Werner Stegmaier* verdeutlicht philosophische Grundentscheidungen Luhmanns und deren Konsequenzen. Aus der Sicht der Rechtswissenschaft problematisiert *Joachim Lege* die Nützlichkeit der Luhmann'schen Systemtheorie für Rechtswissenschaft und Rechtspraxis. *Michael Hein* erörtert das Verhältnis von Systemtheorie und Politikwissenschaft in ideengeschichtlicher und systematischer Perspektive. Welche Anregungen sich für die Politologie aus systemtheoretischem Denken ergeben, beleuchtet er am Beispiel des Demokratiebegriffs. *Elisabeth Böhm* zeigt in ihrem Beitrag, wie die Literaturwissenschaft zur Beantwortung von Fragen nach der Relation zwischen Literatur und Gesellschaft auf Luhmanns Schriften zurückgreift. Einsichtig wird die Bedeutung des modernen Konzepts von Individualität für die Entwicklung eines autonomen Literatursystems skizziert und an Textanalysen untermauert. Ausgehend von mediengeographischen Überlegungen kennzeichnet *Helmut Klüter* räumliche Abstraktionen als spezifische Form von Text und erläutert in naturwissenschaftlicher Perspektive die Entwicklung der Geographie hin zu einer raumbezogenen Informations- und Organisationswissenschaft. *Jana Möller-Kiero* vertieft die systemtheoretisch motivierte textsortenlinguistische Beobachtungsbasis am Beispiel von Immobilienverkaufsangeboten. Für die Sinnstiftung innerhalb dieser Textsorte spielen raumbetonte Kommunikationen und die Konstruktion von Raumbildern eine herausragende Rolle. Der geographische Beitrag von *Helmut Klüter* und der textsortenlinguistische von *Jana Möller-Kiero* weisen über ihre Reflexionen zur Kategorie *Raum* enge Bezüge auf. Sie zeigen, welche Rolle Luhmann dem Raum in der Kommunikation beigemessen hat und verbinden sich über diesen Zugang in der Beobachtung von Texten. *Theres Werner* untersucht in ihrem Beitrag Flyer unterschiedlicher Kommunikationsbereiche und diskutiert die Produktivität systemtheoretischer Beobachtungskategorien für die Beschreibung von Stil sowie von Text- und kommunikativen Funktionen. *Iris Kroll* widmet sich päpstlichen Sozialenzykliken und fragt nach dem sozialen Sinn sakraler Sprache im System *Religion*. Der Frage, welche Rolle Notizzetteln im Kommunikationsbereich der Hochschulsprechstunde zukommt, geht *Stefan Buchholz* nach. Abschließend schlägt *Christina Gansel* den Bogen zur linguistischen Diskursanalyse und fragt danach, inwiefern eine systemtheoretische Textsortenlinguistik Anschlussmöglichkeiten an eine linguistische Diskursanalyse nach Foucault eröffnet.

Insgesamt ist zu konstatieren, dass alle Beiträge die Systemtheorie als Anregung begreifen, was nicht bedeutet, dass ohne Problembewusstsein für die Theorie der sozialen Systeme gearbeitet wird und schlichtweg ›alles‹ übernommen wird. In allen Beiträgen werden zudem Beispiele und insbesondere in den textsortenlinguistischen Beiträgen empirische Anwendungsmöglichkeiten des systemtheoretischen Beobachtungsinstrumentariums diskutiert, so dass Verweise auf die empirische Evidenz des systemtheoretischen Instrumentariums gegeben werden können.

Für die Gestaltung der Vorlesungsreihe möchte ich meinen Kollegen und Kolleginnen Werner Stegmaier (Philosophie), Joachim Lege (Rechtswissenschaft), Michael Hein (Politikwissenschaft), Elisabeth Böhm (Literaturwissenschaft), Helmut Klüter (Geographie), Chiara Piazzesi (Philosophie) und Jana Möller-Kiero (Textlinguistik) herzlich danken.

Hervorheben möchte ich zudem den Umstand, dass Studierende, die über Philosophie und Germanistik mit der Systemtheorie Niklas Luhmanns in Berührung gekommen sind, sich zu Abschlussarbeiten im Rahmen der Textsortenlinguistik haben anregen lassen. Ergebnisse ihrer Forschungsarbeiten stellen Theres Werner, Iris Kroll und Stefan Buchholz vor.

Doreen Ackermann und Stefan Buchholz gilt mein besonderer Dank für die geleistete Unterstützung bei der Redaktion des Bandes.

Greifswald im Dezember 2010   Christina Gansel

Literatur

CHRISTOPH, CATHRIN (2009): Textsorte Pressemitteilung. Zwischen Wirtschaft und Journalismus. Konstanz: UVK Verlagsgesellschaft mbH.

GANSEL, CHRISTINA (Hg.) (2008): Textsorten und Systemtheorie. Göttingen: V&R unipress.

GANSEL, CHRISTINA (2011): Textsortenlinguistik. Göttingen: Vandenhoeck & Ruprecht (UTB Profile). (Im Druck)

KRYCKI, PIOTR (2009): Die Textsorten Wettervorhersage im Kommunikationsbereich Wissenschaft und Wetterbericht im Kommunikationsbereich Massenmedien – eine textlinguistische, systemtheoretische und funktionalstilistische Textsortenbeschreibung. Diss. Greifswald, Online-Publikation.

Werner Stegmaier

Niklas Luhmann als Philosoph

»Wahrheit ist nicht zentral«
(Hagen 2009: 70 – Niklas Luhmann im Interview
mit Dirk Knipphals und Christian Schlüter)

Luhmann kannte die Philosophie und ihre Entwicklungen ausgezeichnet. Niemand hat in jüngster Zeit ein so scharfes Urteil im Blick auf die einzelnen Philosophien und eine so klare und illusionslose Einsicht in ihre systematischen Zusammenhänge bewiesen wie er und niemand so tiefgreifende und überraschende philosophische Einsichten daraus gewonnen wie er. Er wollte jedoch nie Philosoph sein, wies stets ab, in die Philosophie eingewiesen zu werden, nicht weil ihm die Philosophie zu groß, sondern weil ihm zumindest die bisherige Philosophie zu eng erschien. Er fragte als Soziologe nach den Voraussetzungen der Soziologie und setzte dabei die Soziologie so radikal an, dass sie die Philosophie mit einschloss – Soziologie, wie Luhmann sie ansetzte, wurde Philosophie. Im Beitrag werden einige seiner philosophischen Grundentscheidungen herausgearbeitet und verdeutlicht.

1   Luhmanns Anschlüsse an die Philosophie
1.1 Husserl
1.2 Kant
1.3 Hegel
1.4 Nietzsche
1.5 Whitehead
1.6 Derrida
2   Luhmanns philosophische Grundentscheidungen in der Soziologie
2.1 Startplausibilität: Sagen, dass es etwas gibt, kann man nur in der Kommunikation der Gesellschaft
2.2 Konsequenz: Auch Soziologie und Philosophie gibt es nur in der Kommunikation der Gesellschaft
2.3 Prämisse I: Die Kommunikation der Gesellschaft ist in unablässiger Evolution.
2.4 Prämisse II: Kommunikation ist Kommunikation von Sinn
2.5 Kritische Konsequenz: Sinn evoluiert selbstbezüglich/autopoietisch
2.6 Konstruktive Konsequenz: Sinn schließt sich selbstbezüglich zu Ordnungen als Sinnsystemen
2.7 Prämisse III: Sinnsysteme als Beobachtungssysteme beobachten nach der Differenz von System und Umwelt

2.8   Kritische Konsequenz: Beobachtungssysteme beobachten einander als Umwelt. Sie
      haben nur scheinbar eine gemeinsame Welt und kommunizieren stattdessen in
      doppelter Kontingenz
2.9   Konstruktive Konsequenz: Systemtheorie als Beobachtung von Beobachtungen von
      Beobachtungen
2.10 Prämisse IV: Evolutionäre Umstellung der Kommunikation der Gesellschaft auf
      funktionale Differenzierung
2.11 Kritische Konsequenz: Auflösung der Fiktion der Einheit der Gesellschaft und des
      Menschen in eine Pluralität von Beobachtungssystemen
3   Konstruktive Konsequenz: Beobachtungssysteme als Orientierungssysteme

1   Luhmanns Anschlüsse an die Philosophie

Luhmann kannte die Philosophie und ihre Entwicklungen ausgezeichnet. Zu seiner Zeit, und sie ist noch nicht lange vergangen, war kaum jemand, auch unter Philosophie-Professoren, in der Philosophie so belesen und kundig wie er, hat niemand ein so scharfes Urteil im Blick auf die einzelnen Philosophien und eine so klare und illusionslose Einsicht in ihre systematischen Zusammenhänge bewiesen wie er und niemand so tiefgreifende und überraschende philosophische Einsichten daraus gewonnen wie er. Luhmanns Systemtheorie hat noch immer das höchste Anregungs-Potenzial auch für mutigste Philosoph(inn)en, er überrascht, so oft man ihn liest, immer neu. Folgen wir Platons klassischer Bestimmung der Philosophie im sog. Liniengleichnis der *Politeia*, dass sie kritisch nach den Voraussetzungen fragt, die andere, auch die Wissenschaften, noch als selbstverständlich hinnehmen, war Luhmann Philosoph.

1.1   Husserl

Doch Luhmann *wollte* nie Philosoph sein, wies stets ab, in die Philosophie eingewiesen zu werden, nicht weil ihm die Philosophie zu groß, sondern weil ihm zumindest die bisherige Philosophie zu eng erschien. Zumal für die Philosophie der Gegenwart hatte er wenig Respekt. In einem Vortrag über die Phänomenologie Husserls in Wien 1995, drei Jahre vor seinem Tod, sagte er:

> »Manche Philosophen sind nur noch an der Textgeschichte des Faches interessiert,
> andere an Modethemen wie Postmoderne oder Ethik; wieder andere präsentieren die
> Verlegenheiten einer Gesamtsicht literarisch oder feuilletonistisch; und am schlimm-
> sten vielleicht: die an Pedanterie grenzende Bemühung um mehr Präzision.« (Luh-
> mann 1996: 17)

Die Beschreibung könnte zu großen Teilen weiterhin zutreffen. Was erwartete Luhmann stattdessen von der Philosophie? Seine Antwort war scheinbar ganz einfach: ein »unbedingtes Theorieinteresse angesichts veränderter Bedingungen« (ebd.: 16). Das herausragende Beispiel dafür war für ihn eben Edmund Husserl (1859–1938), der Begründer der Transzendentalen Phänomenologie (»Ich habe mich vor allem für Husserl interessiert«, Horster 1997: 34). Er hatte die bloße Beobachtung der Beobachtung zur Grundlage seiner und, wie er hoffte, auch aller künftigen Philosophie gemacht. Er wollte nicht definieren, begründen, konstruieren, sondern lediglich beschreiben, aber nur das, was auch gegeben ist, nicht Dinge oder Ereignisse an sich, sondern nur unsere Beobachtungen von Dingen und Ereignissen. Eines seiner prägnantesten Beispiele waren Melodien. Was wäre eine Melodie an sich? Sie kommt beobachtbar erst in unserem Gehör und Gehirn zustande, in einer komplexen zeitlichen Abfolge: die ersten Töne müssen noch gehört werden, wenn sie schon verklungen sind, und sie werden erst Töne einer Melodie, wenn die folgenden, zu ihnen passenden Töne erklingen; was hier passt und was die Kriterien des Passens, des Zusammenklingens, der Harmonie, sind, ist von der musikalischen Kultur und Schulung des individuellen Gehörs abhängig. Betrachtet man das Hören (wie das Sehen) als eine Art der Beobachtung und diese Beobachtung ihrerseits als einen Gegenstand der Beobachtung des Phänomenologen, so zielte Husserls unbedingtes Interesse (in Luhmanns Sprache) auf eine Theorie der Beobachtung der Beobachtung. In ihr müsste dann gedacht werden, was Dinglichkeit von Dingen oder Gegenständlichkeit von Gegenständen oder Ereignishaftigkeit von Ereignissen bedeutet. Husserl dachte, so Luhmann, Dinge, Gegenstände, Ereignisse nicht als unmittelbar gegeben, sondern als einem Bewusstsein in dessen spezifischen Gegebenheitsweisen gegebene und Unterscheidungen des Gegebenen als von den Intentionen des Bewusstseins produzierte Differenzen. Das Bewusstsein hat in der traditionellen Sprache der europäischen Philosophie nur seine ›Vorstellungen‹ von den Gegebenheiten, nicht diese selbst, es stellt das Gegebene auf seine Weise vor. Beim Gegebenen als Vorgestelltem hat das Bewusstsein darum stets zugleich mit anderem (ihm Gegebenen) und mit sich selbst (seinen eigenen Gegebenheitsweisen) zu tun, Vorgestelltes ist in Husserls Sprache das Noema einer Noesis (von griech. noeîn, ›wahrnehmen‹, ›erkennen‹, ›denken‹, Noema ist Gegenstand und Ergebnis des Vollzugs einer Noesis), in Luhmanns Sprache das Beobachtete einer zugleich fremd- und selbstbezüglichen Beobachtung:

> »Das Bewußtsein kann sich nicht selbst bezeichnen, wenn es sich nicht von etwas anderem unterscheiden kann; und ebensowenig kann es für das Bewußtsein Phänomene geben, wenn es nicht in der Lage wäre, fremdreferentielle Bezeichnungen von der Selbstbezeichnung zu unterscheiden. [...] Das intentionale Operieren ist ein ständiges Oszillieren zwischen Fremdreferenz und Selbstreferenz und verhindert auf diese Weise, daß das Bewußtsein jemals sich in der Welt verliert oder in sich selbst zur Ruhe kommt.« (Luhmann 1996: 34 f.)

Dieses Oszillieren aber erfordert Zeit, das Bewusstsein kann nur zeitlich operieren. Dabei kann auch die Zeit nicht an sich vorausgesetzt, sondern muss
ihrerseits vom Bewusstsein beobachtet werden, was diesem wieder nur auf
dessen Weise möglich ist. So muss das Bewusstsein auch die Zeitlichkeit, die es
für seine Operationen bedarf, wiederum selbst erzeugen. Auch dies hatte Husserl
grundlegend berücksichtigt (Husserl 1996). Husserls Transzendentale Phänomenologie als selbstbezügliche »Beobachtung von Beobachtungen, Beschreibung von Beschreibungen von einem ebenfalls beobachtbaren Standpunkt aus«
(Luhmann 1996: 17) begründete für Luhmann daher Aussichten auf »eine
Theorie selbstreferentieller, nicht-trivialer, also unzuverlässiger, unberechen-
barer Systeme, die sich von einer Umwelt abgrenzen müssen, um Eigenzeit und
Eigenwerte zu gewinnen, die ihre Möglichkeiten einschränken« (ebd.: 52; vgl.
Ellrich 1992; vgl. Stegmaier 2006). Aber sie hatte für ihn auch Grenzen, vor allem
in Husserls Berufung auf den »alteuropäischen Begriff von Vernunft« (ebd.: 13),
in seinem Vertrauen in ihre »Heilungskräfte« (ebd.: 16), in ihrer »Konzentration
auf das transzendentale Subjekt« (ebd.: 29), in ihrem »Eurozentrismus« (ebd.:
17), in ihrer Berufung auf »Kultur« (ebd.: 19), in ihren althergebrachten »Unterscheidungen mit eingebauter Asymmetrie«, d.h. einem ›guten‹ und einem
›schlechten‹ Wert (z.B. wahr/falsch, klar/unklar), die dann nicht mehr nach der
Einheit der Unterscheidung in einem Dritten fragen lassen, das hätte Alternativen eröffnen können (vgl. ebd.: 21), in der aufklärerischen »Tradition des
Antitraditionalismus« (ebd.: 23) und im verlegenen Festhalten an Metaphern
des Flusses und der Bewegung für die Zeitlichkeit der Zeit (vgl. ebd.: 36).

1.2   Kant

Außer Husserl ließ Luhmann für seine Belange nur wenige andere Philosophen
wirklich gelten. Das waren Kant und Hegel, Whitehead und Derrida. Von Kant
übernahm Luhmann, ganz bewusst, die kritische Fragestellung, die Frage nach
den »Bedingungen der Möglichkeit«, unter denen man »sagen« kann, dass etwas
ist oder nicht ist und so oder anders ist. Damit wird von Wahrscheinlichkeit auf
Unwahrscheinlichkeit umgestellt, das scheinbar Selbstverständliche zu erklä-
rungsbedürftigem Unwahrscheinlichem deplausibilisiert. So werden alternative
Möglichkeiten sichtbar, das angeblich Feststehende entscheidbar. Das gilt auch
für die aufklärerische Vernunft, in deren Namen Kant gesprochen hat: ihre
»Kritik« durch sie selbst ist auch eine Infragestellung ihrer selbst, mit Kant wird
die Vernunft selbstbezüglich, in Luhmanns Begriffen zur Beobachtung ihrer
Beobachtungen. Nach Kant kann die Vernunft sich darin beobachten, dass sie
sich die sinnlichen Gegebenheiten selbst nach ihren »Formen« zurechtlegt
(»Konstruktion« statt »Abbildung«, Luhmann 1997: 870); Kant hat damit dem

Konstruktivismus Bahn gebrochen, in dessen Tradition sich Luhmann stellt. »Überall ist Rationalität jetzt die markierte Seite einer Form, die auch eine andere Seite hat.« (Ebd.: 174) Er setzte auch das Bewusstsein oder das »transzendentale« Subjekt jenseits der »Erfahrung«, der sinnlichen Beobachtbarkeit, nur als »Bedingung der Möglichkeit« voraus, die Objektivität »reiner« Naturwissenschaft denkbar zu machen; Subjekte gab es in diesem Sinn für ihn nicht, eben weil sie nicht beobachtbar sind. Luhmann verzichtete schließlich auch noch auf solche transzendentalen Voraussetzungen (vgl. ebd.: 868–879): »Kritik – das heißt nur noch: Beobachtung von Beobachtungen, Beschreibung von Beschreibungen von einem ebenfalls beobachtbaren Standpunkt aus.« (Luhmann 1996: 17)

1.3   Hegel

Hatte Kant entschieden von Ontologie auf Kritik umgestellt, so Hegel von Kritik auf System. *Sein* wird zu einem sich schließenden System von Unterscheidungen, das durch konsequente Selbstanwendung der Unterscheidungen Komplexität gewinnt. Dabei werden die Veränderungen der Bedingungen der Bildung von Begriffen laufend mitbeobachtet (»Bewegung des Begriffs«) und darin auch ihre Kommunikation (»Anerkennung eines Selbstbewußtseins durch ein anderes Selbstbewußtsein«) und ihre Zeitlichkeit einbezogen, die »Geschichte der Philosophie« in die systematische Philosophie integriert. So wird nach einer ›Beobachtung I. Ordnung‹ (Ontologie) und einer ›Beobachtung II. Ordnung‹ (Kritik) eine ›Beobachtung III. Ordnung‹ möglich: die Beobachtung der (historischen und systematischen) Umstellung der Kriterien der Kritik. Luhmann hat Hegels philosophische Leistung hoch geschätzt. Seine Hegel-Preis-Rede schloss er mit einer Reverenz an Hegels Logik:

> »Diese Logik bietet einen nie wieder übertroffenen Versuch, Unterscheidungen zu prozessieren im Hinblick auf das, was an ihnen identisch bzw. different ist. [...] Bei all dem kommt es nicht mehr darauf an, Objekte zu bestimmen, sondern Unterscheidungen zu unterscheiden.« (Luhmann 1990: 47 f.)

Doch: »Für einen Soziologen ist das dünne, zu dünne Luft.« (Ebd.: 47 f.) Sie wurde dünn, weil Hegel weiterhin auf Einheit hinauswollte. Hatte Kant noch an der (und sei es noch so selbstkritischen) Vernunft festgehalten, so Hegel noch an der (und sei es noch so differenzierten) Einheit (vgl. Stegmaier 2006). Einheit sollte weiterhin das Letzte sein. Für Luhmann war es Unterschiedenheit, Differenz.

1.4   Nietzsche

Nietzsche setzte wie kein anderer (vor Luhmann) eine Zäsur in der europäischen
Philosophie und wies außerdem wie kein anderer der Soziologie des 20. Jahrhunderts neue Wege (vgl. Solms-Laubach 2007). Luhmann vermied jedoch von
ihm zu sprechen, vielleicht weil Nietzsche das »unbedingte Theorieinteresse«
seinerseits entschieden in Frage gestellt hatte, vielleicht auch, weil er viele seiner
philosophischen Grundentscheidungen vorweggenommen hatte (vgl. Stegmaier
2004).[1] Sein, Subjekt und Objekt, Einheit und Bewegung hatte schon Nietzsche
als »eine bloße Semiotik und nichts Reales« bezeichnet, er hatte schon von
(scheinbar allgemeingültiger) Vernunft auf (in dauernder Auseinandersetzung
befindliche, also miteinander kommunizierende) »Willen zur Macht« umgestellt
(Nietzsche 1980: 13.258 u. ö.), damit keinerlei Gesetzlichkeit in einer Welt an sich
mehr vorausgesetzt, darüber hinaus mit Selbstparadoxierungen des Denkens als
Folgen seiner Selbstbezüglichkeiten gerechnet – und in der Moral, die sich nie
recht in Luhmanns Systemtheorie fügen wollte, nicht mehr ein höchstes Ziel,
sondern eine Beschränkung des Denkens gesehen, bei der die philosophische
Kritik nun vor allem ansetzen musste.

1.5   Whitehead

Am klarsten bekannte sich Luhmann unter den Philosophen zu Whitehead, der,
ausgehend von bloßen ›events‹ (Ereignisse) oder ›actual occasions‹ (zeitlich sich
verwirklichenden Gelegenheiten), die er wiederum als bloße ›prehensions‹
(Beobachtungen) anderer events oder actual occasions verstand, eine konsequent temporalisierte Theorie der Beobachtung versucht hatte (vgl. Luhmann
1984: 387 ff.). Whitehead hatte Selbstreferenz als Fähigkeit bestimmt, »sich
selbst durch eine Kombination von ›self-identity‹ und ›self-diversity‹ intern zu
bestimmen und dabei zugleich Spielraum zu lassen für externe Mitbestimmung«
(ebd.: 393), hatte die Selbststabilisierung von Systemen auf die Verflechtung
(nexus) von spontan entstehenden und sich auf Zeit erhaltenden Mustern
(patterns) der Beobachtung, Strukturen mit »Möglichkeitsspielraum«, gegrün-
det, die einander in ›doppelter Kontingenz‹ immer neu überraschen können
(vgl. Stegmaier 1993). So wurden Systeme denkbar, die Zeit benutzen, um »ihre
kontinuierliche Selbstauflösung zu erzwingen« und dadurch »die Selektivität
aller Selbsterneuerung sicherzustellen [...] in einer Umwelt, die kontinuierlich

---

1   Ähnlich reagierten, unter vielen anderen, Sigmund Freud und Max Weber. Eine umfassende
    Untersuchung zu den Wurzeln von Luhmanns soziologischer Systemtheorie in der Philo-
    sophie Nietzsches steht noch aus.

schwankende Anforderungen stellt« (Luhmann 1984: 394). Auch Whitehead
hatte (wie Nietzsche) »von Identität auf Differenz umgestellt« und ein Theorem
»autopoetischer Reproduktion« ohne Grund und ohne Ziel und ohne Ende
entwickelt: »Weitermachen ist deshalb Notwendigkeit.« (Ebd.: 395 f.)

1.6 Derrida

Schließlich schloss Luhmann, wenn schon nicht an Nietzsche, so doch an Derrida gerne an (vgl. de Berg/Prangel 1995). Er schätzte auch die (unter akademischen Philosophen oft verschrieene) Dekonstruktion (*déconstruction*) als
Kritik, als gezielte Beobachtung von bisher in philosophischen und wissenschaftlichen Beobachtungen Unbeobachtetem, als Einschluss von Möglichkeiten
der Erkenntnis, die andere bisher als Unmöglichkeiten ausgeschlossen hatten.
Derrida hatte ferner darauf bestanden, dass jede Differenz mit jedem neuen
Gebrauch in jeder neuen Situation ihren Sinn verschiebt (*différance*) und damit
die Differenz als solche zeitlich differenziert (vgl. Stegmaier 2000). Auch dies
nahm Luhmann auf: »die Beobachtung eines Sprache benutzenden Beobachters
ist mit Sicherheit dekonstruktiv« (Luhmann 2001: 272). Dekonstruktion als
Form der Beobachtung II. Ordnung fordert unablässig zu Beobachtungen III.
Ordnung heraus – auch sie, ohne selbst Theorie zu sein und sein zu wollen. So
muss die Systemtheorie auch die Dekonstruktion noch dekonstruieren:

> »Wir verlieren Individuum, Bewußtsein und Körper nicht als beobachtbare Beob-
> achter. Doch wir können auch Gesellschaft als selbstbeobachtendes, selbstbeschrei-
> bendes System fokussieren. So aufgefaßt wird die Dekonstruktion ihre eigene De-
> konstruktion [sc. durch die Systemtheorie] überleben als die relevanteste Beschrei-
> bung der Selbstbeschreibung der modernen Gesellschaft.« (Ebd.: 291)

Luhmann fragte als Soziologe nach den Voraussetzungen der Soziologie. Es ging
ihm nicht um die Philosophie, aber er setzte die Soziologie so radikal an, dass sie
die Philosophie mit einschloss — Soziologie, wie Luhmann sie ansetzte, *wurde*
Philosophie. Seine »allgemeine Systemtheorie« ist in der Tiefe und Dichte ihrer
systematischen Anlage bisher von der Philosophie nicht eingeholt worden. Die
Philosophie, die zuletzt mit Hegels *Enzyklopädie der philosophischen Wissenschaften im Grundrisse* etwas Vergleichbares hervorgebracht hat, zweifelt inzwischen nachhaltig schon an der Möglichkeit solcher Entwürfe. Während viele
Wissenschaften Luhmanns Systemtheorie durchaus aufgeschlossen sind (vgl. de
Berg/Schmidt 2000), wird sie von zeitgenössischen Philosophen wenig beachtet
oder abgewehrt (vgl. Clam 2000). Man sucht ihn als Soziologen der Soziologie zu

überlassen, um selbst mit fachlicher Autorität an disziplinären Voraussetzungen festzuhalten, die Luhmann philosophisch schon überwunden hat.[2]

2   Luhmanns philosophische Grundentscheidungen in der Soziologie

Die Soziologie schließt die Philosophie ein, sofern auch sie – fraglos – Teil der Kommunikation der Gesellschaft ist. In seinem soziologischen Theorieentwurf hat Luhmann philosophische Entscheidungen getroffen, die die Grundfesten der Philosophie berühren. Sie werden hier philosophisch, d. h. als empirisch nicht mehr testbare Grundentscheidungen eingeführt, in knapper Übersicht und starker Vereinfachung anhand von elf Thesen.[3]

2.1   Startplausibilität: Sagen, dass es etwas gibt, kann man nur in der Kommunikation der Gesellschaft

Zunächst die Grundüberlegung: Die Soziologie handelt von der Gesellschaft. Die Gesellschaft wurde in der Philosophie lange als ein spezifischer Gegenstand neben anderen, z. B. Natur, Gott, Mensch, Geschichte, Technik, Sprache, Literatur usw. behandelt. Doch die Gesellschaft ist offensichtlich die Bedingung der Möglichkeit dafür, dass man von all dem überhaupt sprechen, darüber kommunizieren kann. Sie gibt eine Sprache und mit ihr Unterscheidungen vor, durch die man Gegenstände überhaupt zur Sprache bringen kann. Erst mit Hilfe einer Sprache und ihren Unterscheidungen kann man überhaupt etwas unterscheiden und also auch sagen, dass es dies oder das gibt. Das leuchtet beim Mond und bei Hasen nicht unmittelbar ein (sie muss es, denkt man, ja irgendwie auch schon gegeben haben, als keiner von ihnen sprach), wohl aber bei so etwas wie einer Melodie (dem Beispiel Husserls) oder auch der Sprache selbst (was unterscheidet man als Sprache, auch die Sprache der Blumen oder die Sprache der

---

2   In der Abwehr Luhmanns dürfte die Habermas-Luhmann-Kontroverse von 1971 nachwirken (vgl. Habermas/Luhmann 1971, Maciejewski 1973, Habermas 1988). Erste philosophische Würdigungen wagten dennoch Spaemann 1990, Horster 1997, Clam 2001. Weitere Literatur s. Clam 2000. Vgl. außerdem u. a. Gehring 2005, 2007, 2008 und Stegmaier 1998a, 1998b, 2008, 2010. Clam antwortet auf Luhmann wieder mit der (von diesem schon überholten) Forderung nach (Letzt-)Begründungen der von ihm operativ eingesetzten Philosopheme, Gehring erkundet von Luhmann aus neue Spielräume des philosophischen Denkens, Stegmaier schließt an Luhmanns Systemtheorie mit einer Philosophie der Orientierung an, hinterfragt sie von ihr aus und integriert sie in sie (s.u.).
3   Ich folge dabei ohne weitere Belege im Einzelnen (s. dazu Krause 2005) vor allem Luhmann 2008b und orientiere mich vor allem an seiner Theorie der Beobachtung.

Musik, was macht Blumen oder Musik sprechend, auf welche Weise können sie etwas ›sagen‹, d. h. etwas für uns bedeuten?) oder noch Komplexerem und noch schwerer Abzugrenzendem wie der Liebe, der Gerechtigkeit, der Geschichte, der Zeit, dem Geldwert oder der Macht, die für uns eine weit größere Rolle spielen als der Mond und die Hasen. Aber den Mond und die Hasen, meint man dann, kann man sinnlich wahrnehmen, Liebe, Gerechtigkeit, Geschichte, Zeit, Geldwert und Macht dagegen nicht, und nur, was man sinnlich wahrnehmen kann, ist unzweifelhaft gegeben, das andere ›nur‹ für den Verstand. Aber schon Kant hat gezeigt, dass auch der Mond und die Hasen nur Mond und Hasen sind, wenn man die sinnlichen Wahrnehmungen auf solche Begriffe wie *Mond* oder *Hasen* bringen kann, und wir können ja, wenn wir den Mond und die Hasen beobachten, die sinnlichen Wahrnehmungen von unseren Begriffen gar nicht unterscheiden: wir sehen nicht zuerst Gestalten und Farben und fügen dann den Begriff hinzu, sondern sehen unmittelbar den Mond und Hasen, sehen sie immer schon ›unter‹ Begriffen, unterscheiden sie mit Hilfe von Begriffen. Luhmann verzichtete darum auf die Unterscheidung von sinnlicher Wahrnehmung und Verstand, eine der ältesten Voraussetzungen der europäischen Philosophie, von der auch Kant noch ausgegangen war, und fasste sie unter dem bloßen Begriff der Beobachtung zusammen. Er blieb aber dabei, dass Beobachtungen immer Beobachtungen aufgrund oder mit Hilfe von Unterscheidungen sind, Unterscheidungen, die ganz unterschiedlich sein können und die man wechseln kann, soweit die Sprache einer Gesellschaft das eben zulässt. Man kann dann auch den Mond und die Hasen jeweils anders beobachten, den Mond z. B. astronomisch oder romantisch, die Hasen z. B. zoologisch oder kulinarisch. Wenn sie aber anders unterschieden werden, kann man nicht sagen, sie seien dasselbe, es sei denn, man hätte den Mond und den Hasen auch noch außerhalb jeder sprachlichen Unterscheidung. Aber dann könnte man eben nichts mehr von ihnen sagen. (Wenn man sagt *Wasser ist H₂O*, ist die chemische dann die eigentliche Bedeutung ›hinter‹ allen Bedeutungen, die Wasser für Menschen haben kann, oder nicht nur eine unter andern?).

2.2 Konsequenz: Auch Soziologie und Philosophie gibt es nur in der Kommunikation der Gesellschaft

Aber was ist dann *Gesellschaft?* Man muss nun die Konsequenz ziehen: Natürlich ist *Gesellschaft* etwas, das wir unterscheiden, oder jetzt: das die Gesellschaft unterscheidet. Gesellschaft ist das, was *in* der Gesellschaft *als* Gesellschaft beobachtet und unterschieden und kommuniziert wird. Das Letzte, zu dem wir soziologisch und philosophisch hinabkommen, und das Erste, bei dem wir darum beginnen müssen, ist also nicht die Gesellschaft als solche oder an sich, sondern die Kommunikation der Gesellschaft in der Gesellschaft, und in dieser Kommunikation werden unter anderem auch Philosophie und Soziologie beobachtet und unterschieden und kommuniziert; sie sind ihrerseits nur in der Kommunikation der Gesellschaft gegeben, sind ein Teil von ihr. Von ›Gesellschaft‹ kann eine Gesellschaft nur selbstbezüglich und paradox sprechen. Sie muss schon dasein, damit man von ihr sprechen kann, aber sie ist erst da, wenn man von ihr spricht. Luhmanns soziologische Systemtheorie ermutigt die Philosophie, sich Paradoxien zu stellen (vgl. Stegmaier 2008: 9–13).

2.3 Prämisse I: Die Kommunikation der Gesellschaft ist in unablässiger Evolution

Luhmann hat in seine soziologische Systemtheorie von Anfang an auch die Evolutionstheorie eingeführt. Die Evolutionstheorie ist die bestbestätigte und folgenreichste Theorie unserer Zeit, für viele aber auch, darunter viele Philosophen, die ungemütlichste. Sie geht ebenfalls nicht mehr von etwas Zeitlosem, Feststehendem und insofern unbedingtem Allgemeinem aus – in der Biologie, für die sie Darwin entwickelte, von immer gleich bleibenden biologischen Arten, anhand derer Aristoteles den bis heute in der europäischen Philosophie maßgeblichen Begriff des Begriffs bildete –, sondern davon, dass Individuelles mit anderen Individuellen unter individuellen Bedingungen wieder Individuelles hervorbringt, dass also alles unter der Bedingung von allem steht. Individuell ist, was anders ist als alles andere. Darin aber, dass immer alles anders werden kann, also immer individuell bleibt, besteht wiederum, wenn man sie so voraussetzungslos wie möglich, also philosophisch fasst, die Zeit. Die Evolutionstheorie unterstellt damit alles der Zeit. Sie gilt nach Luhmann nicht nur für Pflanzen und Tiere, sondern für Unterscheidungen jeglicher Art, also auch für die Kommunikation der Gesellschaft im Ganzen. Die Evolution operiert, so die Evolutionstheoretiker, mit Variation und Selektion. Variation ist das Immer-anderswerden-Können, Selektion die Auswahl unter dem, was jeweils anders ist, unter jeweils anderen Bedingungen, also der Zeit. Die Variation sorgt für Kontingenz (Zufall), die Selektion für die Auswahl unter Kontingentem, also für die Einschränkung des Zufalls und damit für Strukturierung und Stabilisierung. Durch Variation und Selektion schafft Evolution auf Zeit stabile Strukturen, und alles, was wir als auf Zeit stabile Strukturen wahrnehmen und unterscheiden, einschließlich unserer selbst, muss als Produkt der Evolution oder von Evolutionen – denn auch Evolutionsverläufe können selbstbezüglich evoluieren – verstanden werden.

2.4   Prämisse II: Kommunikation ist Kommunikation von Sinn

Wenn nun die Gesellschaft und ihre Kommunikation, soweit sie als auf Zeit
stabile Strukturen zu unterscheiden sind, Produkte von Evolutionen sind – was
evoluiert hier? Luhmanns Antwort ist philosophisch fundamental: Sinn. Denn
Kommunikation ist, so verstehen wir sie, Kommunikation von Sinn. Sinn ist das
Material, aus dem für uns kommunizierbare und verständliche stabile Strukturen zustande kommen, und unsere Welt ist eine ›Sinnwelt‹. Das heißt: Zu
unserer Welt kann nur gehören, was für uns Sinn hat. Was für uns keinen Sinn
hat, verstehen wir nicht, damit können wir nichts anfangen, das schließen wir
aus unserer Welt aus (und dafür kann es dann auch kein Beispiel geben, denn
dies hätte dann schon Sinn). Also auch der Mond und die Hasen, soweit wir
etwas mit ihnen anfangen können, haben Sinn – aber eben einen Sinn für uns,
für unsere Sinnwelt, in der Kommunikation unserer Gesellschaft. ›Sinn‹ ist so, als
das, was in der Gesellschaft kommuniziert wird, etwas Letztes, etwas, das man
nur noch voraussetzen, nicht mehr durch anderes erklären kann. Sinn erklärt
sich wiederum nur selbstbezüglich und paradox: wenn man nach dem Sinn von
›Sinn‹ fragt, muss man den Sinn von ›Sinn‹ schon voraussetzen.

2.5   Kritische Konsequenz: Sinn evoluiert selbstbezüglich/autopoietisch

Eine *kritische* Theorie des Sinns muss dann wiederum davon ausgehen, dass
nichts an sich schon Sinn hat, und nach den Bedingungen der Möglichkeit der
Stabilisierung von Sinn in der Evolution von Sinn fragen. Die einzige Mög-
lichkeit ist nun, eben bei der Selbstbezüglichkeit von ›Sinn‹ anzusetzen. Luhmann hat dazu von den Biologen und Philosophen der Biologie Muturana und
Varela den Begriff der *Autopoiesis* oder der *Selbstreproduktion* aufgenommen.
Lebendige Systeme lassen sich danach am besten so verstehen, dass sie all ihre
Elemente selbst reproduzieren, ihre Zellen, ihre Blutkörperchen, ihre Hormone
usw., diese aber unter stets anderen Bedingungen stets variiert reproduzieren.
Sie reproduzieren sich selbst durch Variation und Selektion, und dies, sich stets
variiert zu reproduzieren, könnte, so Luhmann, der Sinn von ›Sinn‹ überhaupt
sein: aus Sinn evoluiert unter stets anderen Bedingungen, also in der Zeit, va-
riierter und damit immer neuer Sinn. Und wie Lebendiges alt und sklerotisch
werden und sterben kann, können auch Sinnprozesse (bis hin zu Philosophien)
erstarren und erlöschen.

Aber wie kann Sinn variieren, was sind die Bedingungen der Möglichkeit
seiner Variation? Sinn ist, so Luhmann, »gegeben als etwas, das auf sich selbst
und anderes verweist« (Luhmann 2008b: 12). Sinn ist, so verstehen wir ›Sinn‹,
Sinn von etwas, von etwas anderem als uns selbst, etwas von uns Verschiedenem,

und ist doch der Sinn, den *wir* verstehen und etwas von uns Verschiedenem zuschreiben, *unser* Sinn. Dieser doppelte Bezug ist die Bedingung der Möglichkeit seiner Evolution. Er kann und muss sich einerseits auf immer Anderes beziehen, also mit der Zeit gehen, und sich andererseits in der Zeit erhalten, sonst wäre er gar nicht als bestimmter Sinn identifizierbar. Um sich in der Zeit zu erhalten, muss er sich auf irgendeine Weise stets wiederherstellen, muss er selbstbezüglich sein. Wir müssen also, wenn wir überhaupt den Sinn von ›Sinn‹ verstehen wollen, ihm Selbstbezüglichkeit unterstellen, wie immer sie zustande kommen mag. Das mag befremdlich sein und ist befremdlich. Aber da wir immer schon erfolgreich mit Sinn operieren, fällt uns diese Befremdlichkeit nicht mehr auf. Statt dessen ist Sinn uns so selbstverständlich, dass es uns schwerfällt, überhaupt eine theoretische Distanz zum Sinn von ›Sinn‹ zu gewinnen und auf die Notwendigkeit seiner Selbstbezüglichkeit aufmerksam zu werden.

2.6   Konstruktive Konsequenz: Sinn schließt sich selbstbezüglich zu Ordnungen als Sinnsystemen

Es ist die Selbstbezüglichkeit des Sinns, durch die wiederum Selektion, also die Einschränkung der Kontingenz und damit Ordnung möglich wird. Ordnungen entstehen nach Luhmanns Systemtheorie so, dass aus immer Anderem das jeweils zum Bisherigen Passende ausgewählt wird. Sie entstehen und wachsen nicht aufgrund von Prinzipien, wie man gerne angenommen hat, sondern durch schrittweise vermehrte Passungen. Soweit Ordnungen oder Strukturen zustande kommen, stabilisieren sie die Evolution, wird die Evolution berechenbar, werden Pläne möglich. Das, was durch Selektion ausgeschlossen wird, verschwindet jedoch nicht, sondern bleibt immer noch möglich; Ordnungen können wieder kippen. Die Selektion von Sinn unterscheidet Wirklichkeit und Möglichkeit: wirklich ist, was jetzt und hier als Sinn aktualisiert ist, möglich, was sich darüber hinaus aktualisieren ließe. Mit Sinn ist immer wirklicher und möglicher Sinn unterschieden, in Sinn ist immer die Differenz des jetzt Eingeschlossenen und des jetzt Ausgeschlossenen eingeschlossen. Die Wirklichkeit, systemtheoretisch verstanden, lässt Spielräume für Möglichkeiten.

Aber was oder wer schließt hier ein und aus, was oder wer öffnet und schließt Spielräume für Möglichkeiten? Das muss wiederum etwas sein, das sich selbst in der Evolution von Sinn stabilisiert. Es ist das, was Luhmann System nennt und wonach er seine Theorie benannt hat, und zugleich das, was am häufigsten missverstanden wird. Wenn Luhmann sagt, »daß es Systeme gibt« (Luhmann 1984: 30), so heißt das: Sinn evoluiert zu etwas, das beobachten und unterscheiden und also seligieren kann, zu einem autonomen Beobachtungssystem.

Es schließt sich *in* der Evolution von Sinn zur Beobachtung *der* Evolution von Sinn, bleibt also immer von der Evolution von Sinn bedingt und auf sie bezogen. Es ist kein isoliertes, an und für sich bestehendes Ding, wie es die Metaphysik konzipiert hat, sondern eine Struktur von Sinn auf Zeit. Es beobachtet nach Luhmanns Theorieentwurf andere Beobachtungssysteme und wird von anderen Beobachtungssystemen beobachtet, und dies in jedem Moment der Evolution jeweils (mehr oder weniger) anders. In der Evolution von Sinn sind Sinnsysteme auch selbst evoluierende Systeme.

2.7   Prämisse III: Sinnsysteme als Beobachtungssysteme beobachten nach der Differenz von System und Umwelt

Beobachtungssysteme beobachten nach Luhmann nach Unterscheidungen oder Differenzen. Sofern sie Sinn beobachten und der Sinn sich immer zugleich auf sich selbst und auf anderes bezieht, unterscheiden sie in allen Unterscheidungen Selbstbezug und Fremdbezug: sie sind dadurch Beobachtungssysteme, dass sie sich, das Beobachtende, von dem, was sie beobachten, dem Beobachteten, unterscheiden können. Sonst gehen sie einfach mit: die Sonne erwärmt den Mond, der dem nichts entgegensetzen kann, aber nicht einfach den Hasen; das Beobachtungssystem seines Körpers kann die Außentemperatur von seiner eigenen Temperatur unterscheiden und sich auf sie einstellen, mit Regulierungen reagieren. Das, was ein System beobachtet und beim Beobachten von sich unterscheidet, nennt Luhmann seine Umwelt (zu der dann auch andere Beobachtungssysteme gehören). Ein System ist also nur System in Differenz zu einer Umwelt; ohne diese Differenz wird sein systemtheoretischer Begriff sinnlos. Ein System im Sinn der Systemtheorie ist stets ein System zur Beobachtung seiner Umwelt (und sonst nichts), und Umwelt ist umgekehrt einfach das, was jeweils von einem jeweiligen System beobachtet wird. Sie ist daher ihrerseits immer nur Umwelt eines Systems in einem jeweiligen Zustand, also für jedes System und zu jeder Zeit eine andere. Sie ist das, was das jeweilige System in seinem jeweiligen Zustand irritiert und damit zur Beobachtung anregt, und damit das, dem es einen Sinn, *seinen* Sinn zu geben versucht. Sie ist wiederum nicht die Welt an sich, wie die Metaphysik sie konzipiert hat, sondern ein unbegrenztes Reservoir von Unbekanntem und Ungewissem, das ein Beobachtungssystem sich bekannt zu machen und in dem es Gewissheit zu erlangen sucht. Das ist immer nur in sehr engen Grenzen möglich und nur so, dass das System die Komplexität seiner Umwelt reduziert. Die Umwelt ist, so Luhmanns berühmtes Theorem, gegenüber dem System unbegrenzt komplex, ›überkomplex‹, und Sinn-Selektionen eines Systems sind darum Reduktionen von Komplexität. Was ein System sich dann aus seiner Umwelt auf seine Weise angeeignet, dessen Komplexität es mit Hilfe seiner Unterscheidungen reduziert hat, wird dann Teil des Systems, wird Teil einer von diesem System strukturierten, auf Zeit stabilisierten Sinnwelt, und mit dieser veränderten Struktur beobachtet es dann wieder seine Umwelt. So sind System und Umwelt in einem ständigen Austausch- und damit in einem ständigen Wandlungsprozess, sind in ständiger Evolution, sind immer System und Umwelt auf Zeit.

2.8   Kritische Konsequenz: Beobachtungssysteme beobachten einander als
       Umwelt. Sie haben nur scheinbar eine gemeinsame Welt und
       kommunizieren stattdessen in doppelter Kontingenz

Auch dass ein System seine Umwelt beobachtet, ist in Luhmanns *Sinn* beobachtbar – z.B. durch einen Soziologen nach dessen Theorie. Systemtheorie ist danach ihrerseits eine Beobachtung von Beobachtungen. Beobachtungssysteme können aber nach unterschiedlichen Unterscheidungen beobachten, und auch diese Unterscheidungen evoluieren mit der Zeit und sind damit potenziell individuell (so auch Luhmanns soziologische Systemtheorie). Wenn aber jedes System nach seinen Unterscheidungen beobachtet, das eine so, das andere so, gibt es keine ihnen gemeinsame Umwelt, keine einheitliche Wirklichkeit, kein Sein an sich. So etwas wie eine einheitliche Wirklichkeit kann nur *in* Beobachtungssystemen, nicht *unter* Beobachtungssystemen entstehen. Ob für ein Beobachtungssystem etwas denselben Sinn wie für ein anderes hat, in der metaphysischen Sprache also dasselbe *ist*, ließe sich nach Luhmanns Systemtheorie (und auch nach Kant, Hegel, Nietzsche, Whitehead und Derrida) nur so feststellen, dass das eine Beobachtungssystem das andere wiederum beim Beobachten beobachtet, was ihm aber immer nur in *seinen* Beobachtungen nach *seinen* Unterscheidungen möglich ist. So bleiben Beobachtungssysteme zuletzt immer auf sich selbst verwiesen, bleiben, auch wenn sie sich darüber hinwegzutäuschen suchen, mit ihren Beobachtungen immer allein. Die Einheitlichkeit der Wirklichkeit ist nach Luhmann (und Nietzsche und Whitehead und Derrida) eine Fiktion, die durch die Sprache entsteht. Manche Beobachtungssysteme (vor allem natürlich die ›menschlichen‹) können auch kommunizieren, und zu dieser Kommunikation gebrauchen sie Zeichen, von denen sie annehmen, dass andere sie so verstehen, wie sie sie verstehen, ohne dass sie das je nachprüfen könnten. Sie erfahren im Gegenteil laufend, dass andere das, was sie zu verstehen geben wollen, anders verstehen können, dass die anderen anders antworten, als sie es erwarten. Zeichen der Sprache lassen stets Spielräume, sie in unterschiedlichen Situationen unterschiedlich zu verstehen. Luhmann nennt das mit einem Begriff eines seiner Lehrer, des Soziologen Parsons, die ›doppelte Kontingenz‹ der Kommunikation – doppelt, weil beide Seiten mit dem kontingenten Anders-

Verstehen der andern rechnen. Diese doppelte Kontingenz macht plausibel, dass man grundsätzlich über alles streiten kann, wenn ein Anlass, eine Irritation durch die jeweilige Umwelt (also auch durch andere Beobachtungssysteme), dazu besteht. Wahr unter unterschiedlichen Beobachtungssystemen ist etwas darum nur so lange, wie es nicht von einem von beiden bestritten wird, und darüber täuscht man sich nur hinweg, weil man sich immer nur begrenzt Irritationen aussetzen kann, wenn man nicht ganz die Orientierung verlieren will (vgl. Stegmaier 2008: 519 – 522). Nach Luhmann (und Nietzsche und Whitehead und Derrida) ist, was wir für ›die‹ Wirklichkeit halten, doppelt kontingent kommuniziert und darum für jeden anderen möglicherweise andere Wirklichkeit. So bleibt auch die Kommunikation immer im Ungewissen. Luhmanns schonungslose Konfrontation damit schreckt viele und auch die meisten Philosophen immer noch ab.

2.9   Konstruktive Konsequenz: Systemtheorie als Beobachtung von Beobachtungen von Beobachtungen

Beobachtet man, dass andere anders beobachten, beobachtet man, so Luhmann, in einer Beobachtung II. Ordnung. Sofern ich dabei meine Beobachtung von der Beobachtung anderer unterscheide, gehört dazu auch meine Selbstbeobachtung. Ich kann dann beobachten und unterscheiden, was ein anderer beobachtet und was nicht und wie er es unterscheidet, und kann auch beobachten, dass der andere beobachtet, dass ich etwas beobachte oder nicht, usw. So kann ein Beobachtungssystem wieder Beobachtungen seligieren und entsprechende Ordnungen oder Strukturen aufbauen, und je komplexere Strukturen es aufbaut, desto souveräner wird es mit anderen Beobachtungssystemen umgehen, die doppelte Kontingenz der Kommunikation mit ihnen beherrschen können. Mit der Komplexität seiner Beobachtung steigert man die Souveränität seines Umgangs mit seiner Umwelt, einer Umwelt, deren Ungewissheit dann, so Luhmann, stärker ›absorbiert‹ wird. Trotz aller doppelten Kontingenz der Kommunikation und der unaufhebbaren Ungewissheit, die sie mit sich bringt, ist immer mehr oder weniger ›Unsicherheitsabsorption‹ möglich; stabilisiert sie sich, wird die Orientierung durchaus als hinreichend sicher erfahren. Freilich nur auf Zeit: neue Irritationen aus der Umwelt können auch wieder desorientieren.

Sie werden um so weniger desorientieren, je mehr man alternative Beobachtungs- und Unterscheidungsweisen beobachtet und sich auf sie eingestellt hat. Als konsequente Beobachtung (I) alternativer Beobachtungen (II) ist die Systemtheorie eine Beobachtung III. Ordnung. Sie ermöglicht, beobachtete Unterscheidungen der Beobachtung miteinander zu vergleichen und damit auch zu wechseln. So kann sie auch der Philosophie helfen, von überholten Unterscheidungen loszukommen – eben darin liegt ihr philosophisches Anregungs-Potenzial.

2.10   Prämisse IV: Evolutionäre Umstellung der Kommunikation der Gesellschaft auf funktionale Differenzierung

Soweit Beobachtungssysteme mit sprachlichen Zeichen arbeiten, sind sie Kommunikationssysteme der Gesellschaft. Soweit sie mit unterschiedlichen Unterscheidungen operieren, haben sie sich, so Luhmann, evolutionär ›ausdifferenziert‹ und erfüllen nun unterschiedliche Funktionen in der Kommunikation der Gesellschaft, als ›Funktionssysteme‹ der Wirtschaft, der Politik, des Rechts, der Wissenschaft, der Massenmedien, der Kunst, der Religion und der Erziehung. Das Funktionssystem *Wirtschaft* operiert (frei nach Luhmann, die Bezeichnungen schwanken) mit der Unterscheidung ›zahlungsfähig/zahlungsunfähig‹, das Funktionssystem *Politik* mit der Unterscheidung ›zu kollektiv bindenden Entscheidungen befugt/nicht befugt‹, das Funktionssystem *Recht* mit der Unterscheidung ›gerecht/ungerecht‹, das Funktionssystem *Wissenschaft* mit der Unterscheidung ›wahr/falsch‹, das Funktionssystem *Massenmedien* mit der Unterscheidung ›interessant/uninteressant‹, das Funktionssystem *Kunst* mit der Unterscheidung ›attraktiv/unattraktiv‹, das Funktionssystem *Religion* mit der Unterscheidung ›transzendent/immanent‹ (bzw. ›von Gott gewollt/nicht gewollt‹), das Funktionssystem *Erziehung* mit der Unterscheidung ›für bestimmte Funktionen brauchbar/nicht brauchbar‹. Die Ausdifferenzierung solcher Funktionssysteme und damit die Umstellung der Kommunikation der Gesellschaft von ständischer, ›stratifikatorischer‹ auf ›funktionale Differenzierung‹ zeichnete sich in Europa deutlich seit dem Ende des 18. Jahrhunderts ab; die Evolution in dieser Richtung scheint irreversibel zu sein. Seitdem bestimmen mehr die Fähigkeiten als die Geburt, was man tun darf und lassen muss und was aus einem wird. Seitdem operiert die moderne Gesellschaft aber auch – wenn Luhmanns soziologische Beobachtungen und Schlüsse zutreffen – mit einer Pluralität von Sinn- oder Funktionssystemen, die nicht aus einem gemeinsamen Prinzip hervorgehen und die keine übergeordnete Einheit mehr zusammenhält (wie es Hegel noch wollte). Als Beobachtungssysteme operieren auch sie in doppelter Kontingenz und das heißt: nur sehr begrenzt berechenbar. Weil auch die Evolution der Gesellschaft nicht weit vorhersehbar ist, scheint es ungeheuer riskant, sich auf sie einzulassen, und so wird sie abgewehrt. Wer sich ihr stellt, wie es Luhmann (und vor ihm vor allem Nietzsche) tat, riskiert seinerseits Abwehr. Wer aber Evolution und Theorien der Evolution der Gesellschaft abwehrt, riskiert seinerseits, weitere Evolutionen der modernen Gesellschaft außer

Acht zu lassen und gegebenenfalls zu behindern. Die Evolution zur funktionalen Differenzierung möchte freilich kaum mehr jemand zurücknehmen.

2.11   Kritische Konsequenz: Auflösung der Fiktion der Einheit der Gesellschaft und des Menschen in eine Pluralität von Beobachtungssystemen

Die schockierendste Konsequenz von Luhmanns soziologischer Systemtheorie ist neben der Auflösung der Einheit der Gesellschaft die Auflösung der Einheit des Menschen. Auch sie erscheint nun als metaphysische Fiktion. Wir haben bisher mehr oder weniger unterstellt, dass Menschen als ganze, als Individuen, Beobachtungssysteme sind. Aber diese Unterstellung hält, so Luhmann, nicht stand. Denn offensichtlich beobachtet ein Mensch auf andere Weise mit seinem Körper, mit dem, was man seine Seele oder sein Bewusstsein nennt, und wenn er sprachlich kommuniziert. Die Metaphysik hat hier Fühlen, Denken und Wollen unterschieden, die man einerseits trennen, andererseits aufeinander abstimmen sollte, und diese Unterscheidung lebt fast fraglos fort. Aber die unterschiedlichen Beobachtungen des Körpers, des Bewusstseins und der Gesellschaft bleiben einander weitgehend verschlossen: der Körper stimmt sich auf seine Weise auf die Umwelt ab, weitestgehend, ohne dass es ins Bewusstsein dringt, das Bewusstsein ›weiß‹ so kaum, was der Körper tut, und braucht es, solange er gesund ist und ›funktioniert‹, auch nicht zu wissen, kann statt dessen solange anderes tun; das eine Bewusstsein ›weiß‹ auch nicht, was in einem anderen Bewusstsein vorgeht, sondern kann nur die – in irgendeiner Weise körperlichen – Zeichen beobachten, die es gibt (wenn es sie denn bewusst gibt); die Zeichen aber, soweit sie allgemein verstanden werden können, sind die in der Kommunikation der Gesellschaft eingeführten Zeichen, und nur solche Zeichen hat ein Bewusstsein auch, wenn es über sich selbst spricht (nach Wittgensteins Aphorismus Nr. 504 in den *Philosophischen Untersuchungen:* »Wenn man aber sagt: ›Wie soll ich wissen, was er meint, ich sehe ja nur seine Zeichen‹, so sage ich: ›Wie soll *er* wissen, was er meint, er hat ja auch nur seine Zeichen.‹«). So muss man den ›Menschen‹ in drei Typen von Beobachtungssystemen auflösen: In ein ›physisches‹ und ein ›psychisches‹ Beobachtungssystem und in das System der Kommunikationssysteme der Gesellschaft, mittels derer er mit anderen (u. a. auch über sich selbst) kommuniziert. Die drei Typen von Beobachtungssystemen operieren weitgehend unabhängig voneinander, sind lediglich an bestimmten Stellen gekoppelt (z. B. ein ›physisches‹ und ein ›psychisches‹ Beobachtungssystem durch Schmerz oder Lusterfahrung, in der sich der Körper im Bewusstsein meldet, oder unwillkürliche Mimik und Gestik, aus der man auf den Bewusstseinszustand eines andern raten kann). Was man den ›Menschen‹ nennt,

sind systemtheoretisch betrachtet komplexe Kopplungen komplexer Beobachtungssysteme.

3   Konstruktive Konsequenz: Beobachtungssysteme als Orientierungssysteme

Auch nach der Auflösung der Einheit der Gesellschaft und des Menschen können
wir uns fraglos orientieren, müssen uns dann aber auch philosophisch neu
orientieren. Man kann dann auf die Orientierung selbst setzen und wiederum
kritisch nach ihren Bedingungen der Möglichkeit fragen. Eine solche Philosophie der Orientierung kann dann auch konstruktive Konsequenzen aus Luhmanns (und Kants, Hegels, Nietzsches, Whiteheads, Wittgensteins, Derridas
und weiteren) philosophischen Grundentscheidungen ziehen. Luhmann bestimmte seinerseits die Orientierung als Sache des »individuellen psychischen
Systems« oder des »Bewußtseins«. Es vollziehe sich als Wechselspiel von »Erwartung« und »Enttäuschung«, in dem »das System die Kontingenz seiner
Umwelt in Beziehung auf sich selbst abtastet und als eigene Ungewißheit in den
Prozeß autopoietischer Reproduktion übernimmt« (Luhmann 1984: 362 f.).
Danach geht es in der Orientierung im Ganzen um ›Unsicherheitsabsorption‹,
zumal in der Orientierung aneinander, in der man einander nur beobachten,
aber eben nicht durchschauen kann: man hat hier »keine basale Zustandsge-
wißheit und keine darauf aufbauenden Verhaltensvorhersagen« (ebd.: 157 f.).
Die Ungewissheit des Kommenden wirkt als Druck auf die Orientierung: »Unter
Zeitdruck stehend ist jedes soziale System zu sofortigen Anschlußselektionen
gezwungen, und es kann weder alle Möglichkeiten realisieren, die im funktionalen Vergleich sichtbar gemacht werden können, noch die beste von ihnen
herausfinden« (ebd.: 469 f.). Es sucht darum nur in besonderen Fällen zeitrau-
bende Vergewisserung durch Nachfragen; Orientierung verläuft weitgehend
fraglos, selbstverständlich (vgl. ebd.: 268). Sie ist (in nicht-pejorativem Sinn)
»eine Primitivtechnik schlechthin«, die nicht voraussetzt, »daß man weiß (oder
gar: beschreiben kann), wer man ist, und auch nicht, daß man sich in der
Umwelt auskennt«, wenn sie nur »den Zugang zu Anschlußvorstellungen hinreichend vorstrukturiert«. Sie bleibt kontingent und offen für Kontingenz, kann
ihre Kontingenz jedoch schrittweise einschränken: Mit der allmählichen Abar-
beitung »völlig willkürlicher Erwartungen« kann sich eine weniger enttäu-
schungsanfällige »Groborientierung« (ebd.: 362 f.) ausbilden. Orientierung
kann also evoluieren; durch ihre Evolution erhält sie sich selbst.
    Gewöhnlich wird man sie als die Leistung verstehen, sich in einer neuen
Situation zurechtzufinden, um Handlungsmöglichkeiten auszumachen, durch

die sich die Situation beherrschen lässt (vgl. Stegmaier 2008: 2). Danach ist die Differenz von Orientierung und Situation ihre Leitdifferenz. Sie scheint sich auf den ersten Blick mit der systemtheoretischen Leitdifferenz von System und Umwelt zu decken, genauer besehen ist Orientierung deren Einheit. Denn Orientierung besteht eben darin, beständig System und Umwelt miteinander zu vermitteln, gegeneinander abzugleichen, sie *ist* im Sinne Luhmanns »Unsicherheitsabsorption« (Stegmaier 2011). Dabei bleibt für die Orientierung die Umwelt aber weiterhin ungewiss: man orientiert sich immer nur ›vorläufig‹, hält sich Spielräume offen, ist immer zu Revisionen, zu Neuorientierungen bereit, falls die Situation sich ändert. Sie operiert so, dass sie laufend ihren früheren mit ihrem späteren Zustand abgleicht, also selbstbezüglich, und sich dabei autopoietisch immer neu reproduziert: die Orientierung *in* einer Situation *über* diese Situation verändert schon die Situation und macht so wieder eine neue Orientierung nötig. Die Situation auf der anderen Seite der Leitdifferenz scheint nur die jeweilige Umwelt zu sein. Aber auch sie umgreift System und Umwelt. Denn sofern die Orientierung jeweils mit Veränderungen der Situation mitgeht, ist sie auch selbst ein situatives Beobachtungssystem. Orientierung ist situative und evolutive, unablässig sich erneuernde Vermittlung und damit Einheit von System und Umwelt. Sie kann sich auch wie ein Luhmann'sches System strukturieren und dadurch stabilisieren (›Halt gewinnen‹), und orientiert sich dabei ebenfalls autopoietisch an ihren eigenen Orientierungsmitteln. Diese reichen von der Selektivität der Orientierung beim Sichten der Situation, ihrer Ausrichtung nach Horizonten, Standpunkten und Perspektiven und ihrem Halt an von ihr selbst gewählten Anhaltspunkten über die Selbststabilisierung in Routinen, die Selbstdifferenzierung in Orientierungswelten und die Abkürzungskunst durch Zeichen, Sprache, Begriffe und Theorien bis zu spezifisch ausdifferenzierten Orientierungen wie der ökonomischen, massenmedialen, politischen, rechtlichen, wissenschaftlichen, künstlerischen, religiösen und moralischen und ethischen Orientierung in der Orientierung an anderer Orientierung. Die Luhmann'schen Funktionssysteme der Kommunikation der Gesellschaft werden in der Orientierung des Individuums, im individuellen Bewusstsein, zu Orientierungssystemen, auf die es sich einlassen, von denen es Gebrauch machen kann oder nicht. Fällt ein solches Orientierungssystem in einer Situation aus, kann man sich oft mit Hilfe anderer Orientierungssysteme behelfen (z. B. ein Problem statt auf rechtlichem auf moralischem Weg lösen). So kann die Orientierung auftretende Desorientierungen gewöhnlich auffangen oder ausgleichen. In einer Philosophie der Orientierung erzeugt Luhmanns soziologische Systemtheorie starke Resonanzen, ohne in ihr aufzugehen.

Literatur

BAUMANNS, PETER (Hg.) (1993): Realität und Begriff. Festschrift für Jakob Barion zum 95. Geburtstag. Würzburg: Königshausen & Neumann.

DE BERG, HENK/PRANGEL, MATTHIAS (Hg.) (1995): Differenzen. Systemtheorie zwischen Dekonstruktion und Konstruktivismus. Tübingen/Basel: Francke.

DE BERG, HENK/SCHMIDT, JOHANNES (Hg.) (2000): Rezeption und Reflexion. Zur Resonanz der Systemtheorie Niklas Luhmanns außerhalb der Soziologie. Frankfurt am Main: Suhrkamp.

BREJDAK, JAROMIR/ESTERBAUER, REINHOLD/RINOFNER-KREIDL, SONJA/SEPP, HANS RAINER (Hg.) (2006): Phänomenologie und Systemtheorie, Würzburg: Königshausen & Neumann.

CLAM, JEAN (2000): Unbegegnete Theorie. Zur Luhmann-Rezeption in der Philosophie. In: de Berg/Schmidt (2000), S. 296–321.

CLAM, JEAN (2002): Was heißt: Sich an Differenz statt an Identität orientieren? Zur Deontologisierung in Philosophie und Sozialwissenschaft. Konstanz: Universitätsverlag Konstanz.

ELLRICH, LUTZ (1992): Die Konstitution des Sozialen. Phänomenologische Motive in N. Luhmanns Systemtheorie. In: Zeitschrift für philosophische Forschung 46, S. 24–43.

ERHART, WALTER/JAUMANN, HERBERT (Hg.) (2000): Jahrhundertbücher. Große Theorien von Freud bis Luhmann. München: C.H. Beck.

GEHRING, PETRA (2005): Über Gegenwart verfügen. Mit Luhmann und Merleau-Ponty diesseits der Zeit. In: Journal Phänomenologie 24. Wien: Gruppe Phänomenologie, S. 35–44.

GEHRING, PETRA (2007): Evolution, Temporalisierung und Gegenwart revisited. Spielräume in Luhmanns Zeittheorie. In: Soziale Systeme. Zeitschrift für soziologische Theorie 13, S. 419–429.

GEHRING, PETRA (2008): Entflochtene Moderne. Zur Begriffsgeschichte Luhmanns. In: Schneider (Hg.) (2008), S. 31–42.

HABERMAS, JÜRGEN/LUHMANN, NIKLAS (1971): Theorie der Gesellschaft oder Sozialtechnologie: Was leistet die Systemforschung? Frankfurt am Main: Suhrkamp.

HABERMAS, JÜRGEN (1988): Der philosophische Diskurs der Moderne. Zwölf Vorlesungen. Frankfurt am Main: Suhrkamp.

HAGEN, WOLFGANG (Hg.) (2009): Was tun, Herr Luhmann? Vorletzte Gespräche mit Niklas Luhmann. Berlin: Kadmos.

HOGREBE, WOLFRAM (Hg.) (1998): Subjektivität. München: Fink.

HORSTER, DETLEF (1997): Niklas Luhmann (Beck'sche Reihe Denker). München: Verlag C.H. Beck.

HUSSERL, EDMUND (1996): Zur Phänomenologie des inneren Zeitbewusstseins (1893–117), hg. v. Rudolf Boehm. Haag: Martinus Nijhoff (= Husserliana, Bd. X).

JAHRAUS, OLIVER (Hg.) (2001): Niklas Luhmann. Aufsätze und Reden. Stuttgart: Reclam.

KRAUSE, DETLEF (2005): Luhmann-Lexikon. Eine Einführung in das Gesamtwerk von Niklas Luhmann. 4., neu bearbeitete und erweiterte Auflage. Mit 32 Abbildungen und über 600 Lexikoneinträgen einschließlich detaillierter Quellenangaben. Stuttgart: Lucius & Lucius.

LUHMANN, NIKLAS (1984): Soziale Systeme. Grundriß einer allgemeinen Theorie. Frankfurt am Main: Suhrkamp.

LUHMANN, NIKLAS (1990): Paradigm lost: Über die ethische Reflexion der Moral. Rede von Niklas Luhmann anläßlich der Verleihung des Hegel-Preises 1989. Frankfurt am Main: Suhrkamp.

LUHMANN, NIKLAS (1996): Die neuzeitlichen Wissenschaften und die Phänomenologie. Wiener Vorlesungen im Rathaus. Bd. 46. Wien: Picus Verlag.

LUHMANN, NIKLAS (1997): Die Gesellschaft der Gesellschaft. 2 Bd. Frankfurt am Main: Suhrkamp.

LUHMANN, NIKLAS (2001): Dekonstruktion als Beobachtung zweiter Ordnung [1993/95]. In: Jahraus (Hg.) (2001), S. 262-297.

LUHMANN, NIKLAS (2008a): Ideenevolution. Beiträge zur Wissenssoziologie. Postum hg. von André Kieserling. Frankfurt am Main: Suhrkamp.

LUHMANN, NIKLAS (2008b): Sinn, Selbstreferenz und soziokulturelle Evolution. In: Luhmann 2008a, S. 7-71.

MACIEJEWSKI, FRANZ (Hg.) (1973): Beiträge zur Habermas-Luhmann-Diskussion. Frankfurt am Main: Suhrkamp.

NIETZSCHE, FRIEDRICH (1980): Sämtliche Werke. Kritische Studienausgabe in 15 Bänden, hg. von Giorgio Colli und Mazzino Montinari. München/Berlin/New York: Walter de Gruyter.

RESCHKE, RENATE (Hg.) (2004): Nietzsche – Radikalaufklärer oder radikaler Gegenaufklärer? Berlin: Akademie Verlag.

SCHNEIDER, UTE (Hg.) (2008): Dimensionen der Moderne. Festschrift für Christof Dipper. Frankfurt am Main u. a.: Peter Lang.

SOLMS-LAUBACH, FRANZ GRAF ZU (2007): Nietzsche and Early German and Austrian Sociology (Monographien und Texte zur Nietzsche Forschung, Bd. 52). Berlin/New York: Walter de Gruyter.

SPAEMANN, ROBERT (1990): Niklas Luhmanns Herausforderung der Philosophie. In: Paradigm lost: Über die ethische Reflexion der Moral. Frankfurt am Main: Suhrkamp, S. 49-73.

STEGMAIER, WERNER (1993): Experimentelle Kosmologie. Whiteheads Versuch, Sein als Zeit zu denken. In: Baumanns (Hg.) (1993): Realität und Begriff, S. 319-343.

STEGMAIER, WERNER (1998a): Niklas Luhmanns Systemtheorie und die Ethik. In: ETHICA 6.1, S. 57-86.

STEGMAIER, WERNER (1998b): Das Subjekt innerhalb der Grenzen der Kunst. Platons ›Phaidros‹ und Luhmanns ›Weltkunst‹. In: Hogrebe (Hg.) (1998), S. 205-222.

STEGMAIER, WERNER (2000): Jacques Derrida: De la Grammatologie (1967). In: Erhart/Jaumann (Hg.) (2000), S. 335-357.

STEGMAIER, WERNER (2004): Nietzsches und Luhmanns Aufklärung der Aufklärung: Der Verzicht auf ›die Vernunft‹. In: Reschke (Hg.), S. 167-178.

STEGMAIER, WERNER (2006): Differenzen der Differenz. Die Leitunterscheidungen der Hegelschen Phänomenologie des Geistes, der Husserlschen Transzendentalen Phänomenologie und der Luhmannschen Systemtheorie und ihre Leistungen. In: Brejdak/Esterbauer/Rinofner-Kreidl/Sepp (Hg.), S. 37-50.

STEGMAIER, WERNER (2008): Philosophie der Orientierung. Berlin/New York: Walter de Gruyter.

STEGMAIER, WERNER (2011): Die Autonomie der Orientierung. In: Internationales
Jahrbuch für Hermeneutik. (Im Erscheinen)

Joachim Lege

Niklas Luhmann und das Recht – Über die Nutzlosigkeit der Systemtheorie für Recht und Rechtswissenschaft*

> »Wenn es um die viel diskutierte Frage geht, weshalb die
> Entwicklung zur modernen Gesellschaft in Europa
> und nicht zum Beispiel in China oder Indien angelaufen ist,
> müssten all diese Gesichtspunkte stärker
> beachtet werden.«
> (Luhmann 1993: 162 f.)

Aus der Sicht der Rechtswissenschaft vertritt der folgende Beitrag drei Thesen. (1) Ein Schlüssel zu Luhmanns Theorie sozialer Systeme liegt in seiner Sozialisation. Luhmann war Jurist, und dies erklärt manches. (2) Das Recht war das erste der sogenannten »Funktionssysteme« der Moderne – lange vor Wissenschaft, Wirtschaft, Politik, Kunst etc.; es verselbständigte sich schon im 12. Jahrhundert, nämlich nach Gründung der Universität Bologna im Jahre 1088. (3) Für Recht und Rechtswissenschaft könnte die Systemtheorie vor allem deshalb nützlich sein, weil sie einen verfremdeten Blick auf die Lebenswelt(en) ermöglicht, insbesondere auf die dort herrschenden Interessen (»Systemrationalitäten«). Ein leicht anwendbares »tool« ist sie allerdings nicht.

1 Erwartungen enttäuschen
2 Niklas Luhmann als Jurist
3 Wir und die Systemtheorie
4 Soziale Systeme und ihr Code
5 Eigenständige (autopoietische) Funktionssysteme als Kennzeichen der Moderne
6 Recht als das erste moderne Funktionssystem
7 Wie und wozu das Recht funktioniert
8 Juristische Dogmatik und Systemtheorie: Das Beispiel Eigentum
9 Erosion der (Autopoiese der) Funktionssysteme
10 Konsequenzen für Recht und Wissenschaft
11 Doch kein Primat des Funktionssystems *Recht*?

---

* Vortrag, gehalten in Greifswald am 9. November 2009 im Rahmen der Ringvorlesung *Zu Aspekten der Systemtheorie in den Fachwissenschaften*. Die Vorlesungsreihe wurde veranstaltet von meiner verehrten Kollegin Prof. Dr. *Christina Gansel* vom Institut für Deutsche Philologie an der Philosophischen Fakultät der Ernst-Moritz-Arndt Universität Greifswald.

1   Erwartungen enttäuschen

Die folgenden Überlegungen werden, vermutlich, Ihre Erwartungen enttäuschen. Denn Sie werden erwarten zu hören, inwieweit die Systemtheorie in ihrer Luhmann'schen Version nützlich ist – nützlich für Recht und Rechtswissenschaft. Aber schon Luhmann selbst hat, wie man weiß (vgl. Luhmann 1984: 164),[1] seine Theorie nicht als etwas Nützliches verstanden.[2] Es hat ihm ausgereicht, »das was ist«[3] (Hegel 1970: 26) zu beschreiben, allerdings in einer durchaus künstlerischen Art – ich stelle mir einen Maler vor, der von seinem Werk zurücktritt und es mit zusammengekniffenen Augen betrachtet, um Dinge zu sehen, die sich nur in einer gewissen Distanz zeigen.

2   Niklas Luhmann als Jurist

Die Hauptthese meines heutigen Vortrags lautet: Der Schlüssel zu Luhmanns Theorie sozialer Systeme liegt in seiner Sozialisation. Genauer: Er liegt darin, dass Luhmann Jurist war. Juristen machen wohl mehr als die Angehörigen aller anderen Professionen die Erfahrung, dass sie nicht nur sehr viel Wissen anhäufen müssen, sondern dass sie in eine eigene[4] Welt eintreten müssen – eine Welt, die allen anderen verschlossen bleibt, allen anderen, die nicht diesen bestimmten, in vier bis fünf harten Jahren erworbenen Stallgeruch haben. Und dies gilt *gerade weil und gerade obwohl* die Welt der Juristen sich mitten in den Alltagswelten aller anderen befindet (das unterscheidet die Welt der Juristen von der Welt z. B. der Biochemiker oder der Astrophysiker). Eine Welt inmitten vieler Welten – das ist das Recht, jedenfalls in seiner modernen Version, so wie wir es kennen: mit wissenschaftlich ausgebildeten Juristen.

---

1 Luhmann soll in der Zeit, als sein zentrales Werk *Soziale Systeme* entstand, sein Hauptseminar mit den Worten eröffnet haben: »Es gibt zwei Arten von Theorien – die netten und die weniger netten« (ich zitiere aus dem Gedächtnis aus einem der Einführungswerke zu Luhmann).
2 Ursprünglich wollte ich schreiben: »Schon Luhmann selbst hat nicht nützlich sein wollen.« Aber das nehme ich zurück, und der Text wird hoffentlich zeigen, warum.
3 Vorrede Hegels: »Das *was ist* zu begreifen, ist die Aufgabe der Philosophie, denn *was ist*, ist die Vernunft.«
4 Damit ist das autopoietische Moment (s.u. V) eigentlich – *proprie* – schon angesprochen. Zum »proprie« und »improprie« instruktiv Spinoza 1994: 30 f.

3   Wir und die Systemtheorie

Welche Erfahrung macht nun der normale Mensch mit der Luhmann'schen Systemtheorie? Welche Erfahrung haben Sie alle und habe ich mit ihr gemacht? Peter Sloterdijk hat dafür einmal eine schöne Metapher gefunden: Wir haben vermutlich alle ganz verschiedene Erfahrungen gemacht, weil das Textkorpus der Systemtheorie, weil Luhmanns Werk für den Durchschnittsleser unüberschaubar ist. Aber das macht nichts, sondern es verhält sich damit wie mit dem Erwerb der Muttersprache (Sloterdijk 1999).[5] So wie keine zwei Mitglieder der Sprachgemeinschaft die identische Spracherfahrung machen, bis sie ihre ausgereifte Sprachkompetenz erworben haben, so hat keiner von uns das gleiche Luhmann-Pensum absolviert – und doch können wir irgendwann so kompetent mitreden, dass wir uns gegenseitig als Teil der Luhmann-Welt erkennen und gegenseitig anerkennen. In der Tat: Luhmanns Systemtheorie ist gar keine Theorie, sie ist eine Welt. Genauer: Sie ist, als sog. Supertheorie, die Welt aller Welten. Denn ›Welt‹ ist nicht der Globus (Fuchs 1999)[6] oder die Milchstraße, sondern etwas sozial Konstruiertes. »Ich bin meine Welt. (Der Mikrokosmos)«, sagt Wittgenstein, und an anderer Stelle: »Die Welt des Glücklichen ist eine andere als die Welt des Unglücklichen.« (Wittgenstein 1963: 5.63, 6.43) Luhmann, in seiner List, geht darüber hinaus und spricht bescheiden von einer System/Umwelt-Differenz. Aber was sollte ein System anderes sein als eine … *Welt*, wenn der Gegenbegriff *Umwelt* ist? (Ich gebe zu, dass dies nur im Deutschen nachvollziehbar ist, das englische Wort für Umwelt – *environment* – gibt dies nicht her [Fuchs 1999][7].) Und die System*theorie*, die für sich beansprucht, alle sozialen Systeme = Welten zu beschreiben, sich selbst eingeschlossen (= Supertheorie), muss sie dann nicht die Welt aller Welten sein?

4   Soziale Systeme und ihr Code

Woraus bestehen soziale Systeme? Luhmann sagt es ganz klar: nicht aus Menschen (die konkreten Menschen, in ihrer als Dreieinigkeit aus Körper, Seele und Sozialität,[8] bilden vielmehr die Umwelt der sozialen Systeme) (Luhmann 1984:

---

5 Auf dem beigefügten Herausgeber-Text heißt es u.a.: »Die Arbeit an diesem Enttäuschungsprogramm [sc. der Systemtheorie] nennt Luhmann ›abgeklärte Aufklärung‹.«

6 Dort deutlich gegen die Gleichsetzung von ›Weltgesellschaft‹ und ›Globalisierung‹.

7 Bei Fuchs heißt es noch präziser: »System und Umwelt addieren sich zur Welt«, so dass jedes System seine eigene Umwelt und seine eigene Welt *hat* (dies der – nur sprachliche? – Unterschied zu Wittgenstein).

8 So übersetze ich hier die Luhmann'sche Trias von organischem, psychischem und sozialem System.

286 – 346). Sondern: Soziale Systeme bestehen »aus Kommunikationen und aus deren Zurechnung als Handlung« (Luhmann 1984: 240). Dies müssen wir heute nicht bis in alle Einzelheiten verstehen, es reicht zu sehen: Soziale Systeme sind offenbar etwas Geistiges, etwas Immaterielles, an dem die Einzelnen teilhaben, indem sie teilnehmen. Und dabei müssen sie sich offenbar gewissen Regeln, einem gewissen Code unterwerfen, andernfalls wäre dies gar nicht möglich.

Ich habe gesagt: Code. Bitte denken Sie insoweit zunächst an etwas ganz Vormodernes, nämlich an den Dress-Code, d. h. die Regeln, wie man sich zu kleiden hat. Der Dress-Code ist heute etwas eher Zweitrangiges geworden, wir können im Prinzip anziehen, was wir wollen (und doch stehe ich vor Ihnen in Anzug und Krawatte). In vormodernen Zeiten hingegen gab es klare Regeln, und zwar Rechtsregeln, wie sich ein Bauer, ein Bürger oder ein Adeliger zu kleiden hatte, noch deutlicher übrigens: wie sich Frauen und Männer zu kleiden hatten (in Hosen herumzulaufen, war noch zu Marlene Dietrichs Zeiten revolutionär). Die Kleidung zeigte – oder sagen wir besser: sie *kommunizierte*, was jemand war, welchem Stand er angehörte, und zwar ganz und gar: als Geistlicher, Gelehrter, Kaufmann, Bettler oder König. In diesem Stand waren grundsätzlich alle sozialen Aufgaben zu erfüllen und alle Bedürfnisse zu befriedigen (Fuchs 1999).

5   Eigenständige (autopoietische) Funktionssysteme als Kennzeichen der Moderne

Vor diesem Hintergrund nun der wichtigste Satz im Übergang zur Moderne und damit auch zum Recht, wie wir es verstehen: Nicht alle sozialen Systeme sind Funktionssysteme (vgl. Luhmann 1984: 16, 551 ff.; Lege 1997: 85 ff.),[9] und schon gar nicht sind es eigenständige – oder wie Luhmann sagt: autopoietische (dazu Luhmann 1984: 57 ff.) – Funktionssysteme (vgl. Luhmann 1986: Kapitel X-XV[10]; Luhmann 1997: 707 ff., 743 ff.). Dies ist wichtig zu betonen, weil Luhmanns Theorie oft so verstanden wird, als gäbe es in der Welt ›einfach so‹ und ganz voraussetzungslos jene ganz unabhängig voneinander agierenden ›Systeme‹ wie *Recht* (vgl. Luhmann 1993) oder *Wirtschaft* (vgl. Luhmann 1988), wie *Wissenschaft* (vgl. Luhmann 1990b), *Politik* (vgl. Luhmann 2000a), *Kunst* (vgl. Luhmann 1995), *Religion* (vgl. Luhmann 2000b) usf. – wir sehen alle die dicken Luhmann'schen Bücher (vgl. Luhmann 2002) vor uns. Vielmehr ist es gerade der

---

9 Z. B. sind schon ganz schlichte Konflikte soziale Systeme (Luhmann 1984: 531). Allgemein unterscheidet Luhmann an sozialen Systemen: Interaktionen, Organisationen und Gesellschaften.

10 Schöner Überblick über die Funktionssysteme *Wirtschaft, Recht, Wissenschaft, Politik, Religion* und *Erziehung* und zum Prozess der Ausdifferenzierung von Funktionssystemen und zur modernen Gesellschaft als funktional ausdifferenzierter Gesellschaft.

Witz der Luhmann'schen Funktionssysteme wie Recht, Wirtschaft, Wissenschaft usf., dass sie erst unter bestimmten Voraussetzungen, die nicht immer gegeben sind, zu autopoietischen, d. h. eigenständigen, sich-selbst-re-produzierenden, autochthonen, unabhängigen *Sub*systemen der Gesellschaft werden. Ein Funktionssystem ist erst dann ein *autopoietisches* Funktionssystem, wenn ein bestimmtes – wie soll man sagen – *Thema* menschlichen Verhaltens so weit vom übrigen Verhalten isoliert wird, dass man oder frau bei diesem Thema im Prinzip ohne Rücksicht auf alle anderen Themen agieren darf. Man darf z. B. wirtschaftlich oder rechtlich ganz auf seinen eigenen Vorteil achten, ohne deshalb ein gänzlich schlechter Mensch zu sein. Oder genauer: ohne dass dies für die Ganzheit des Menschen, also für die Frage, ob er ein gänzlich Guter oder ein gänzlich Böser ist und ob er deshalb zu uns gehört oder nicht, eine Rolle spielte.

Diese Entlastung vom Zwang, für alles mit seiner gesamten Person als König, Kaiser oder Bettelmann einstehen zu müssen – *Person* heißt wörtlich übersetzt ja ›Maske‹ oder ›Theaterrolle‹ – , ist eine Errungenschaft der Moderne. Erst in der Moderne differenzieren sich die sozialen Rollen derart funktional aus, dass man sich in bestimmten Kontexten ganz auf einen dort geltenden, ganz einfachen Code konzentrieren kann: etwa auf den Code *haben/nicht-haben* bzw. *zahlen/ nicht-zahlen* im Bereich der Wirtschaft, den Code *Recht/Unrecht* im Bereich des Rechts, den Code *Wahrheit/Unwahrheit* im Bereich der Wissenschaft. Diese einfachen, weil bloß zweiwertigen Codes nennt Luhmann bekanntlich binäre Codes (z. B. Luhmann 1986: 75 ff.), und sie sind alles, worauf es im jeweiligen Subsystem der Gesellschaft letztlich ankommt. Sie gelten, wie sich am Recht besonders schön zeigen lässt, eben ›ohne Ansehen der Person‹ – verstanden als ›ganze Person‹.

6   Recht als das erste moderne Funktionssystem

Damit bin ich bei meiner zweiten These: Das Recht ist das erste wirkliche – und damit meine ich: autopoietische – Funktionssystem der Gesellschaft. Es ist damit zugleich die Mutter der Moderne. Ich glaube, man kann sich das ganz einfach vorstellen:

Versetzen wir uns einmal in das Jahr 1077 – das Jahr, in dem der deutsche Kaiser Heinrich IV. nach Canossa ging, um sich vor dem damaligen Papst Gregor VII. im Büßergewand zu Boden zu werfen, damit dieser die Exkommunikation widerrief und ihn wieder in die *christliche* Gemeinschaft aufnahm, die zugleich die *menschliche* Gemeinschaft war (wer exkommuniziert war, verlor alle seine Rechte und wurde ›vogelfrei‹, d. h. frei zur Jagd). Es ist klar, dass in diesem System der gesamte Mensch an seinem Status, an seinem Stand hing und dass die höchste Instanz nicht der Kaiser war, sondern Gott. Und als dessen Stellvertreter auf Erden fungierte ein mächtiger, hervorragend organisierter Apparat: der Klerus mit dem Papst an der Spitze. Wäre es nicht, wird sich Kaiser Heinrich gedacht haben, ganz wunderbar, diesem Apparat einen eigenen Apparat entgegenzustellen? Einen Apparat, der nicht mehr, wie Heinrichs mittelalterliche Herrschaft als König oder Kaiser, auf persönlicher Treue und Gefolgschaft beruhte, sondern auf einem gemeinsamen ... Geist? Aber woher nehmen? Der Klerus hatte ja sein *big book*, die Bibel. Gab es vielleicht irgendwo etwas ähnlich Komplexes, d. h. ähnlich Unübersichtliches, etwas, das man lange studieren musste, um der Vielfalt Herr zu werden und um die vielen Widersprüche mit guten Gründen in Regeln und Ausnahmen und Unterausnahmen abzuarbeiten und aufzulösen? Es gab so etwas: das *Corpus Iuris Civilis*, jene juristische Gesetzes- und Entscheidungssammlung,[11] die der oströmische Kaiser Iustinian im Jahre 533 veröffentlicht hatte – gewidmet übrigens »der nach Rechtserkenntnis verlangenden Jugend«[12] (Behrend et al. 1993: XIII). Es ist gewiss kein Zufall – oder wenn, dann ein sehr bemerkenswerter –, dass dieses *big book* der Juristen in der Mitte des 11. Jahrhunderts wiederentdeckt wurde. Und auf das Jahr 1088 datiert dann, wie Sie wissen, die Gründung der Universität Bologna, genauer: der dortigen Rechtsschule, aus der die Institution Universität, wie wir sie bis heute kennen, hervorging – als Alternative zu den Klosterschulen, die bis dato das Bildungs- und Ausbildungsmonopol hatten.

Verstehen Sie mich nicht falsch: Allein mit diesem Buch hätte man keinen Staat machen können, allein aus ihm hätte kein autopoietisches Funktionssystem entstehen können. Natürlich bedurfte es der Unterstützung durch Organisation (dazu Luhmann 2006), hier durch den Aufbau eines sozusagen weltlichen Klerus, eines Beamtenapparats – denken Sie an die sog. Ministerialen des Kaisers Friedrich Barbarossa (Regierungszeit 1155 – 1190). Aber ohne eine *geistige* Grundlage, ohne ein Textkorpus von ausreichender Komplexität, hätte es nichts gegeben, an dem sich der binäre Code so hätte schärfen können, dass die Frage »Recht oder Unrecht« sich emanzipieren konnte von der Frage »gottgefällig oder nicht«.

Diese Emanzipation hatte ihren Ausgangspunkt, wohlgemerkt, im 11. Jahrhundert, und ich sage immer: Dies war der eigentliche Beginn der Renaissance, der Wiedergeburt der Antike in Opposition gegen das totale Christentum. Anders gewendet: Der so genannten ›Renaissance‹ des 15. Jahrhunderts, mit ihrer Wiedergeburt der antiken Kunst, war eine Renaissance des antiken Rechts schon weit vorangegangen. In der heute so genannten Renaissance kamen zum

---

11 Das Corpus Iuris Civilis besteht aus drei Teilen: den Institutionen (Lehrbuch und Einführung in das Folgende), den Digesten oder Pandekten (50 Bücher systematisiertes Fallrecht, Hauptteil des Corpus Iuris Civilis) und dem Codex (Kaisergesetze).
12 Ich korrigiere: Die *Institutionen* waren *cupidae legum iuventuti* zugeeignet.

Funktionssystem *Recht* lediglich neue (autopoietische) Funktionssysteme hinzu, und zwar eine ganze Reihe. Erstens die Wirtschaft: Sie evoluierte, oder sagen wir es einfacher: sie wurde zu einer eigenen Welt in den Handelsbeziehungen der norditalienischen Städte, deshalb ist es kein Zufall, dass die Fachsprache, an der sich der Code *zahlen/nicht-zahlen* schärfen konnte, bis heute italienische Wurzeln hat: Konto, Giro, Indossament, Bilanz. Es ist wohl auch kein Zufall, dass die Emanzipation des Subsystems *Politik* ebenfalls in Norditalien ihren Ursprung hat: Machiavellis *Il Principe* von 1517 arbeitet alles, was der Fürst zu tun hat, allein unter dem Code *Macht/Ohnmacht* ab[13] – unabhängig von der Frage nach dem gottgefällig-Guten (und voller Sarkasmus gegenüber der Politik geistlicher Fürsten). Auch das Funktionssystem *Wissenschaft* schließlich hat seine erste große Sensation in Italien: den Prozess gegen Galilei; in ihm trat der Code *wahr/unwahr* gegen den Code *gottgefällig/ketzerisch* an.[14] (Weitere autopoietische Subsysteme der Gesellschaft entstehen erst später, so vor allem die ›Kunst der Gesellschaft‹, die erst an der Wende zum 19. Jahrhundert von einem Anhängsel der höfischen Kultur zu einer *eigenen* Welt wird, mit Museen, festen Theatern, einer künstlerischen Bohème usf. (vgl. Lege 1999b: 313 f. mit weiteren Nachweisen; anderer Ansicht wohl Luhmann 1997: 711 f.)[15]; danach das Erziehungssystem mit staatlicher Schulpflicht; etc.).

7   Wie und wozu das Recht funktioniert

Nachdem Sie nun wissen, wie großartig, wichtig und kultur tragend das Recht ist, wollen Sie sicher genauer wissen, wie es funktioniert, dieses Subsystem der Gesellschaft. Nun, das Wichtigste ist natürlich: Man darf das Funktionssystem *Recht*, wie Luhmann es versteht, nicht mit den Organisationen verwechseln (vgl. Maurer 2009: § 1 Rdnr. 2; Wehr 2008: § 1),[16,17] die mehr oder weniger profes-

---

13 Es ist daher kein Wunder, dass der moderne Typ des Gemeinwesens mit seiner Zentralisierung politischer Macht (= Gewaltmonopol) im *Staat* semantisch auf Machiavelli zurückgeht: ›Staat‹ kommt von italienisch *lo stato*.

14 Luhmann nennt als Code des Systems *Religion* allerdings auch die Unterscheidung von Immanenz und Transzendenz (Luhmann 1986: 185 f.).

15 Ausdifferenzierung eines »Systems für [!] Kunst« in Italien im 15. Jahrhundert.

16 Im Allgemeinen Verwaltungsrecht unterscheidet man (Maurer 2009: §1 Rdnr. 2) zwischen Verwaltung im materiellen Sinn (das, was der Sache nach Verwaltung ist), Verwaltung im organisatorischen Sinn (die Gesamtheit der Verwaltungsträger und Verwaltungsorgane, insbesondere der Behörden) und Verwaltung im formellen Sinn (die gesamte von den Verwaltungsbehörden ausgeübte Tätigkeit, auch wenn sie nicht Verwaltung im materiellen Sinne ist). Dasselbe gilt für die Polizei im materiellen Sinn (Gefahrenabwehr), im organisatorischen Sinn (die Polizeibehörden) und im formellen Sinn (alles, was diese tun, z. B. auch Strafverfolgung) (vgl. Wehr 2008: § 1).

17 Beispiele für den Fall, dass der Richter, »obzwar Richter, nicht mehr im Rechtssystem ope-

sionell mit der sog. Rechtspflege betraut sind, also mit Anwälten, Gerichten usw.
(nein, die Polizei gerade nicht immer, sondern nur bei der Strafverfolgung[18]).
Vielmehr nimmt jeder schon dann an diesem System teil, wenn er unter dem
Code *Recht/Unrecht* mit seinen Mitmenschen kommuniziert und etwa sagt: Es
ist mein gutes Recht, meine Meinung frei zu äußern, deshalb darf ich z. B. zum
Boykott des neuen Films eines Regisseurs mit Nazivergangenheit aufrufen. Dass
der Filmverleih dies anders sieht, dass danach das Landgericht dem Filmverleih
folgt und erst das Bundesverfassungsgericht dem Boykottaufrufer Recht gibt[19] –
all dies ist qualitativ nichts Neues gegenüber dem ersten Gefühl des Herrn Lüth,
er dürfe so etwas tun. Schon dieses erste Gefühl ist, wenn man es als eine
Kommunikation des Herrn Lüth mit sich selbst betrachtet, Teil des Funktionssystems *Recht*.

Aber wie funktioniert es nun, das System *Recht* (hervorragender Überblick:
Huber 2007)? Ich will es zunächst gleichsam von außen beschreiben, d. h. in
Luhmanns Worten. Dabei ist zuerst zu klären, *wozu* das Recht funktioniert
(wenn es funktioniert), was also seine eigentliche Funktion ist. Die Antwort ist
ganz klar: jedenfalls nicht Gerechtigkeit (vgl. Luhmann 1993: 214 ff.)[20]. Sondern
Funktion des Rechts ist allein die Stabilisierung von normativen Verhaltenserwartungen (Luhmann 1993: 124 ff., 131 ff.; Huber 2007: 99 ff.)[21] (also von Erwartungen, die auch dann aufrechterhalten werden, wenn sich jemand nicht
daran hält[22]). Und *wie* funktioniert diese Stabilisierung? Nun, erstens mit Hilfe
des Codes *Recht/Unrecht* (= man darf/man darf nicht), den wir schon gesehen
haben (z. B. Luhmann 1993: 165 ff.). Und zweitens mit Hilfe von Wenn-dann-
Sätzen, oder wie Luhmann sagt: mit Hilfe einer konditionalen *Programmierung*
(Konditionalprogrammen) (sehr klar Luhmann 1993: 195 ff.)[23]: *Wenn* jemand
einen Diebstahl begeht, *dann* ist er zu bestrafen. Wenn jemand seine Meinung

---

rieren würde«, gibt Luhmann selbst: in Gestalt der Sorge um das Kindeswohl oder der
Verhinderung der marktbeherrschenden Stellung eines Unternehmens (Luhmann 1993:
201).

18 Dann sind ihre Maßnahmen nicht ›normale‹ Verwaltungsakte (über deren Rechtmäßigkeit in
aller Regel die Verwaltungsgerichte entscheiden), sondern sog. ›Justizverwaltungsakte‹
gemäß § 23 EGGVG (Einführungsgesetz zum Gerichtsverfassungsgesetz), bei denen der
Rechtsweg zu den ordentlichen Gerichten führt.

19 Bundesverfassungsgericht, Urteil vom 15. 1. 1958 – Aktenzeichen 1/BvR 400/51 – , BVerfGE 7,
198 (Entscheidungen des Bundesverfassungsgerichts, Amtliche Sammlung, Band 7,
S. 198 ff.); dieses sog. Lüth-Urteil ist eines der prägendsten Urteile des Gerichts überhaupt.

20 Gerechtigkeit ist im Recht nur eine »Kontingenzformel«, – ebenso wie Knappheit in der
Wirtschaft (Luhmann 1988: 191 ff.) – oder Gott in der Religion (Luhmann 2000b: 147 ff.).

21 Hingegen sind Verhaltenssteuerung und Konfliktregulierung eine *Leistung* des Rechts, sie
können daher auch von anderen Systemen erbracht werden (Huber 2007: 105 ff.).

22 Normen sind eben lernunwillige Erwartungen, während Kognitionen lernwillige Erwartungen sind (Luhmann 1984: 437).

23 Gegensatz ist die *finale* Programmierung bzw. das Zweckprogramm.

äußert, darf ihm das niemand verbieten (es sei denn, er beleidigt jemand anderen oder es ist jugendgefährdend). ›Wenn-dann‹: Das ist nach Luhmann eigentlich schon alles, was das Recht ausmacht, und insbesondere hat er sich lange dagegen gesperrt, dass zum Recht wesensnotwendig die Durchsetzung mit zur Not äußerem Zwang gehöre (was z. B. Kant bei der Abgrenzung von Recht und Moral oder genauer: Recht und Ethik hervorhebt [Kant 1977: § D]). Im *Recht der Gesellschaft* gesteht Luhmann, wenn ich mich nicht täusche, einen solchen letzten Halt im zumindest drohenden Zwang allerdings ein wenig kleinlaut zu (Luhmann 1993: 134 f., 152 f.).

Warum dieses Zögern Luhmanns gerade an dieser Stelle? Nun, vielleicht liegt es an einer Doppeldeutigkeit des Wortes *Recht*. *Recht* kann zum einen und gleichsam von außen ein soziales Phänomen bezeichnen, das von anderen Phänomenen wie guten Manieren abzugrenzen ist, und dann taugt das Kriterium »äußerer Zwang« durchaus. Hingegen befindet man sich mit dem Wort *Recht*, wenn man es als Teil der Codierung *Recht/Unrecht* gebraucht, immer schon mittendrin im Recht, verstanden als das Kommunikationssystem, dessen Frage eben nicht ist: »*Was* ist Recht?« (*Recht* hier als das grammatische Subjekt des Satzes); sondern: »Was ist – inhaltlich – *Rechtens*, d. h. Recht oder Unrecht?« (*Recht* hier als Prädikatsnomen, als Attribut eines Objekts). Und bei dieser zweiten Frage – was ist rechtens – denkt man gerade als Jurist – und Luhmann war Jurist – erst relativ spät, wenn überhaupt, an den Zwang, mit dem das Recht durchgesetzt wird. (Ausnahme natürlich: Die Art und Weise des Zwangs ist Gegenstand konditionaler Programmierung, Stichwort Vollstreckungsrecht).

Woran denken Juristen aber *zuallererst*, wenn sie sich innerhalb ihrer Welt befinden? Erstaunlicherweise denken sie nicht an Paragraphen oder Gerichtsurteile, sondern an *Probleme*. Die Anwendung konditionaler Sätze auf eine sich ändernde Welt – oder wenn man will: auf sich stetig ändernde (Um-)Welten – führt immer wieder neu zu Subsumtionsproblemen, die wiederum zu weiteren Problemen führen können. Beispiel Straßenmusik (vgl. Sauthoff 2010: Rdnr. 287 ff., 302 ff., 314 f.; Steiner 2006: Rdnr. 119 ff., 144 ff., 149): Ist sie eine sog. Sondernutzung der öffentlichen Straße, so dass sie einer Genehmigung bedarf? Oder ist es sog. Gemeingebrauch und folglich erlaubnisfrei? Wenn man den Gemeingebrauch öffentlicher Straßen klassisch von der Verkehrsfunktion her versteht, d. h. der Fortbewegung von Ort zu Ort, dann ist Straßenmusik selbstverständlich Sondernutzung. Aber welcher fahrende Sänger hat schon die Zeit, immer erst aufs Amt zu gehen, bevor er seine Laute auspackt? Also doch Gemeingebrauch? Weil zur Straße eben auch – so die herrschende Meinung seit den 1970er-Jahren – die sog. Kommunikationsfunktion gehört? Sie meinen, das wirke etwas gekünstelt und sei jedenfalls stark vom Ergebnis her gedacht? Nun, es gibt auch eine vermittelnde Meinung: Straßenmusik ist Sondernutzung, aber erlaubnisfrei. Begründung: Die Kunstfreiheit, Art. 5 Abs. 3 GG, verlangt nach einer solchen verfassungskonformen Auslegung des Straßengesetzes.[24] Wogegen man wieder argumentieren kann – nächstes Problem –, die Gerichte missachteten mit der sog. verfassungskonformen Auslegung die Kompetenz des Gesetzgebers (Lembke 2009), so dass man bei der Frage der Sondernutzung doch besser klar Ja oder Nein sagen sollte und nicht »im Prinzip ja, aber [...]«. Was Juristen nun *als Juristen* bei alledem relativ gleichgültig ist, ist die *Lösung* des Problems – diese interessiert sie nur, wenn sie auch lebensweltlich, etwa als Anwalt oder Verwaltungsbeamter, in der Sache drinstecken. Als Jurist, um es zu wiederholen, weiß man zuallererst: Ah! Da gibt es ein interessantes Problem. Das heißt, man kann vertretbar in die eine oder in die andere Richtung argumentieren.

8   Juristische Dogmatik und Systemtheorie: Das Beispiel Eigentum

Hilft es nun bei der Lösung juristischer Probleme, wenn man Systemtheoretiker ist? Ich glaube von ganzem Herzen: Ja und Nein. Ja, wenn man die Systemtheorie als unverbindliche Anregung, als heuristische Erweiterung des juristischen Horizonts begreift. Nein, wenn man glauben wollte, man könne aus der Systemtheorie bestimmte Ergebnisse ableiten oder man müsse Systemtheoretiker sein, um überhaupt zu bestimmten Lösungen kommen zu können. Und ich glaube an dieses Nein vor allem deshalb, weil ich selbst einmal zu einem höchst umstrittenen dogmatischen Problem eine Lösung gefunden habe, die sich hervorragend als systemtheoretisch verkaufen ließe – wenn ich sie nicht schon gefunden hätte, bevor ich mich mit Luhmann beschäftigt habe.

Es geht um die Abgrenzung der sog. Enteignung von der sog. Inhalts- und Schrankenbestimmung des Eigentums, ein notorisch schwieriges ›Problem‹ (vgl. Pieroth/Schlink 2008: § 23; besser noch Epping 2007: Rdnr. 453 ff.). Die praktische Bedeutung dieses Problems besteht darin, dass unsere Verfassung nur bei Enteignungen ausdrücklich sagt, dass der Enteignete entschädigt werden muss (Art. 14 Abs. 3 GG) – klassischer Fall ist die Beschaffung von Grundstücken für eine Eisenbahn oder eine Autobahn. Was andere Beschränkungen des Eigentums angeht – klassische Fälle sind Denkmal- und Naturschutz –, sagt Art. 14 Abs. 1 Satz 2 GG lediglich: »Inhalt und Schranken [des Eigentums] werden durch die Gesetze bestimmt.« Punkt. Daraus hat man nun früher geschlossen, dass *nur* bei Enteignungen entschädigt werden könne. Wenn hinge-

---

24 Genauer: der jeweiligen Straßengesetze der Länder und des Bundesfernstraßengesetzes (hinsichtlich der Ortsdurchfahrten der Bundesfernstraßen).

gen dem Eigentümer auf seinem Seegrundstück um des Naturschutzes willen ›nur‹ jegliche Nutzung verboten wird, außer vielleicht Holzsammeln und zweimal im Jahr Schilf mähen, dann sei dies entschädigungslos hinzunehmen – es sei denn, natürlich, man biegt solche Härtefälle um des Ergebnisses willen doch zur ›Enteignung‹ um.

Gegen dieses Umbiegen habe ich mich damals, Anfang der 1990er-Jahre, ganz entschieden gewendet (Lege 1990: 864 ff.), und zwar mit einer, sozusagen, funktionalen Betrachtung des Eigentums: Was *rechtlich* gesprochen Eigentum ist, habe ich gesagt, sind *wirtschaftlich* gesehen Güter, genauer Waren (Lege 1995: 61 ff., 67 ff., 72 ff.; Lege 2005: 25 ff.; Lege 2007: 101 f.). Waren werden in unserem Wirtschaftssystem vor allem verteilt durch den Markt. Eine Enteignung liegt nun vor, wenn – wirtschaftlich gesprochen – ein Nachfrager nach einem Gut sich dieses Gut auch gegen den Willen des Anbieters beschaffen darf. Oder rechtlich gesprochen: wenn ein Nicht-Eigentümer – dies kann auch der Staat sein – gegenüber dem Eigentümer ein Sonderzugriffsrecht auf ein Eigentumsobjekt, z. B. ein Grundstück oder auch ein Auto, erhält, genauer: ein Sonderzugriffsrecht auf die Nutzung des Eigentumsobjekts. Dann leuchtet nämlich lebensweltlich-unmittelbar ein, *warum* bei Enteignungen immer entschädigt werden muss, und zwar grundsätzlich in Höhe des Marktpreises: eben weil es sich um ein eigentlich marktinternes Geschäft handelt, bei dem hier die freiwillige Einigung durch Zwang ersetzt wird.

Es leuchtet aber auch ein, warum bei naturschutzrechtlichen Beschränkungen *nicht* immer entschädigt werden muss und erst recht nicht immer in Höhe des Marktpreises: eben weil der Staat hier nicht als Marktteilnehmer auftritt, sondern als Markt*veranstalter*. Er definiert, was Inhalt des Eigentums bzw. was ein handelbares Gut ist und was nicht – für jedermann, den Staat eingeschlossen. Niemand, auch nicht der Staat, darf auf diesem Grundstück mehr die Rohrdommel stören, indem er auch nur einen Bootssteg baut oder im See badet.[25] Also gibt es dafür auch keinen Marktpreis.[26] Allerdings ist das Bundesverfassungsgericht mit Recht auf die Idee gekommen, es könne auch entschädigungspflichtige *Inhaltsbestimmungen* geben: nämlich dann, wenn dem Eigentümer zu Gunsten der Allgemeinheit ein unverhältnismäßiges Zurückstellen der eigenen Interessen[27] auferlegt wird.[28] Freilich müsse dann – nächstes Problem – ein

---

25 Vgl. den Fall *Herrschinger Moos* des Bundesverwaltungsgerichts: Urteil vom 24.6.1993 – 7 C 26/92 – BVerwGE 94, 1 (Entscheidungen des Bundesverwaltungsgerichts, Amtliche Sammlung, Band 94, Seite 1).

26 Etwas anders formuliert: Es gibt auf Seiten des Staats als Naturschützer keine marktinterne *Be*reicherung, die der *Ent*reicherung des Eigentümers entspräche und daher als Enteignung entschädigt werden müsste.

27 Das Wort *Sonderopfer* will ich vermeiden, weil dies auf die sog. Sonderopfertheorie ver-

Gesetz die Entschädigung vorsehen (Art. 14 Abs. 1 Satz 2 GG). Es dürften nicht etwa die Gerichte von sich aus, ohne gesetzliche Grundlage, dem Eigentümer eine solche Entschädigung zusprechen, was sie, die Gerichte, aber jahrelang getan hatten. Damit sind wir, wie gesagt, beim nächsten Problem, und es zeigt sich, was nach Luhmann für alle wirklich interessanten Probleme gilt: Sie treten nicht als isolierte Probleme auf, die »Stück für Stück bearbeitet und gelöst werden können«, sondern »als Problem-Systeme (bzw. Systemprobleme)« (Luhmann 1984: 84). Luhmann ist eben Jurist.

Sie werden mir zustimmen: Meine Dogmatik zu Art. 14 GG sieht auf den ersten Blick wie eine Eins-zu-Eins-Umsetzung Luhmanns in die juristische Dogmatik aus. (Nebenbei: Unter Dogmatik verstehe ich die Gesamtheit der Lehren zur juristischen Richtigkeit [Lege 1999a: 571 Fn. 10; s. auch Lege 1997: 88].) Denn ich greife hier offenbar zurück auf das Funktionssystem *Wirtschaft*, ich interpretiere zudem das Eigentum als die wesentliche, wie Luhmann sagt, strukturelle Kopplung (Luhmann 1993: 450 f., 452 ff., 468 ff.; Luhmann 1990a: 171 ff.)[29] von Recht und Wirtschaft, und ich ziehe daraus meine Folgerungen. Aber ich schwöre Ihnen: Davon habe ich damals, Anfang der 1990er-Jahre, noch gar nichts gewusst. Ich habe damals in juristischer und lebensweltlicher Naivität vielmehr begonnen, alle Entscheidungen des Bundesverfassungsgerichts zu Art. 14 GG zu lesen, und irgendwann, in etwa bei der Entscheidung zum Milchgesetz,[30] das eben keinen Markt schuf, sondern eine staatlich subventionierte Güterbewirtschaftung, kam mir diese Idee mit dem Markt. Aber gut: Manchmal weiß man eben nicht, was man tut, und erst eine überlegene Theorie zeigt uns im Nachhinein – wenn man so will: in der Dämmerung (vgl. Hegel 1970: 28) – die höhere Vernünftigkeit.[31]

9   Erosion der (Autopoiese der) Funktionssysteme

Um Sie also noch einmal und ganz explizit zu enttäuschen: Ich glaube nicht, dass die Systemtheorie für die juristische Dogmatik von großem Nutzen ist, jedenfalls nicht so nützlich, dass man Studenten empfehlen könnte, sich mit ihr zu be-

---

weisen würde, mit der der Bundesgerichtshof (BGH) jahrelang die Enteignung von der sog. Sozialbindung des Eigentums abgegrenzt hatte (vgl. Lege 1990; Lege 1995: 18 ff.).

28 Klassischer Fall: BVerfG, Beschluss vom 14.7.1981 – 1 BvL 24/78 – , BVerfGE 58, 137 – Pflichtexemplar.

29 Die zweite strukturelle Kopplung von Recht und Wirtschaft ist der Vertrag, und die klassisch-neuzeitliche strukturelle Kopplung von Recht und Politik ist die Verfassung.

30 Bundesverfassungsgericht, Urteil vom 13.10.1964 – 1 BvR 213, 715/58 u. 66/60 –, BVerfGE 18, 315.

31 Oder vielleicht ist es auch, wie *Charles Sanders Peirce* sagt, gar nicht so weit her damit, dass *wir* denken, sondern es ist eher so, dass *es uns* denkt (vgl. Lege 1999b: 102 ff.).

schäftigen, um ein besseres Examen zu machen oder ein besserer Anwalt zu werden. Da ist es vielleicht nützlicher, sich in der – sagen wir – Computertechnik auszukennen und damit seine Nische zu finden. Aber vielleicht kann die Systemtheorie bei den Juristen und bei allen, die mit dem Recht zu tun haben, den Sinn dafür schärfen, dass das Recht zur Zeit auf dem Wege ist, seine Bedeutung zu verlieren.[32] Mehr noch: Mir scheint die funktionale Differenzierung der Gesellschaft, diese große Errungenschaft der Moderne, verloren zu gehen zu Gunsten einer Differenzierung, die wieder mehr auf etwas Ständisches, auf Schichtung, ja auf Dress-Code geht.

Meinen ersten Eindruck in dieser Richtung verdanke ich der Menschenrechtsbewegung. Ich durfte vor einiger Zeit hier in Greifswald an einer Tagung teilnehmen, die vom *bakj*, dem Bundesarbeitskreis kritischer Juragruppen, veranstaltet wurde. Man kann durchaus sagen, dass die meisten jungen Leute, die sich dort zusammenfanden, schon auf den ersten Blick vom Gros der Standard-Jurastudenten zu unterscheiden waren: Kleidung, Frisur etc. Der Dress-Code setzte sich sogar in einem Speise-Code fort, denn es wurde, wenn ich mich recht erinnere, für alle vegetarisch gekocht und für den ganz harten Kern vegan. In einer der Diskussionen ging es dann um Menschenrechte, und jemand, der sich in diesem Bereich auskennt, berichtete, es gebe mittlerweile eine internationale Szene von Menschenrechtsanwälten, die dauernd um den Globus reisen, um die gute Sache überall zu vertreten, und an diese Staranwälte angedockt einen Apparat von Institutionen privater und staatlicher Art, insbesondere die sog. NGOs (Non-governmental organisations).

Ich habe mich gefragt, ob dies nicht seiner Struktur nach ein neuer Adel ist,[33] denn der Adel hat sich stets dadurch legitimiert, dass er die Schwachen vor den Starken, genauer: vor den bösen Starken schützt. Ist dieser neue Adel vielleicht Symptom einer Re-Feudalisierung und damit Ent-Modernisierung der Welt? Zeigt sich dieselbe Tendenz vielleicht auch am Journalistenstand? Verstehen sich die meisten Journalisten nicht eher als eine Art Adel kraft guter Gesinnung denn als eine *Funktion*selite (deren klassischer Fall die Beamten sind)? Ich bin jedenfalls skeptisch, ob man die Massenmedien, wozu der späte Luhmann neigte, richtig begreift, wenn man sie als *Funktion*system der Gesellschaft beschreibt (Luhmann 1997: 1096 ff.).[34] Ist es nicht eher so, dass insoweit ein neues feudales

---

32 »Es kann daher durchaus sein, dass die gegenwärtige Prominenz des Rechtssystems und die Angewiesenheit der Gesellschaft selbst und der meisten ihrer Funktionssysteme auf ein Funktionieren des Rechtscodes nichts weiter ist als eine europäische Anomalie, die sich in der Evolution einer Weltgesellschaft abschwächen wird.« (Luhmann 1993: 585 f. – immerhin die Schlusssätze des Buchs!) – In den vorangegangenen Abschnitten geht es übrigens vor allem auch um Menschenrechte (Luhmann 1993: 556, 574 ff.); siehe dazu gleich im Text.

33 Zu den Adelsgesellschaften = stratifizierten Gesellschaften etwa Luhmann 1997: 678 ff.

34 Nebenbei: Ich glaube auch nicht, dass die ›Massenmedien‹ wie Presse und Rundfunk nach

System, ein Gefolgschaftswesen entsteht, das sich an die ganz Mächtigen der Wirtschaft und der Politik anschließt? (Andererseits: Vielleicht werden die ganz Mächtigen heute erst durch die Medien zu ganz Mächtigen, besonders deutlich in Italien,[35] das, wie wir gesehen haben, bei der Entstehung von Funktionssystemen schon früher eine gewisse Pionierrolle spielte?)

Zweites Beispiel: Im Recht der Bundesrepublik Deutschland lässt sich seit einiger Zeit beobachten, dass die Orientierung am Code *Recht/Unrecht* mehr und mehr einer Orientierung am Erfolg, am guten Ergebnis weicht. Recht soll ›steuern‹, es soll vernünftige oder wünschenswerte Ergebnisse liefern, und dies in Konkurrenz insbesondere zur Ökonomie. Das Recht soll teilweise sogar explizit leisten, was es selbst kaum leisten kann, z. B. unmittelbar Arbeitsplätze schaffen.

So heißt es etwa im Hamburger Airbus-Gesetz, mit dem die Zerstörung des größten europäischen Süßwasserwatts zu Gunsten einer neuen Startbahn auf dem Airbus-Gelände gerechtfertigt wurde, sinngemäß: »Dieses Gesetz dient dem Wohl der Allgemeinheit, nämlich der Schaffung von Arbeitsplätzen in der Aircraft-Boomtown Hamburg«[36] – das war im Jahre 2002, also vier Jahre vor der Airbus-Krise 2006, als auch der Standort Hamburg auf dem Spiel stand.

Oder, sehr viel weniger spektakulär: Im Jahr 1996 wurde in die Verwaltungsgerichtsordnung – das ist das Gesetz, das das Verfahren vor den Verwaltungsgerichten regelt – eine völlig sinnlose Formulierung hineingeschrieben, die bestenfalls gute Absichten dokumentiert. Sachlich geht es um die Frage, wann eine Klage[37] dazu führt, dass ein Verwaltungsakt – sagen wir eine Abrissverfügung im Baurecht – nicht vollzogen werden darf, bevor über die Sache gerichtlich entschieden wurde. Insofern lautet die Regel des § 80 Abs. 1 VwGO: Die Klage hat aufschiebende Wirkung, sie hindert also den Vollzug. § 80 Abs. 2 VwGO formuliert seit jeher Ausnahmen, z. B. für Steuerbescheide und die Anweisungen von Polizisten. § 80 Abs. 2 Nr. 3 VwGO wurde nun 1996 wie folgt neu gefasst: Die aufschiebende Wirkung entfalle »in anderen durch Bundesgesetz oder für das Landesrecht durch Landesgesetz vorgeschriebenen Fällen, insbe-

---

dem Code *Information/Nicht-Information* funktionieren, sondern nach dem Code *Sensation/Nicht-Sensation.*

35 Für die Nachwelt: Dies ist eine Anspielung auf den italienischen Ministerpräsidenten und Medienunternehmer *Silvio Berlusconi.*

36 Gesetz zum Erhalt und zur Stärkung des Luftfahrtindustriestandortes Hamburg vom 18. 6. 2002, HmbGVBl. (Hamburgisches Gesetz- und Verordnungsblatt), S. 96. § 1 Abs. 1 lautet wörtlich: »Maßnahmen zum Erhalt und zur Erweiterung der Flugzeugproduktion am Standort Finkenwerder sichern und fördern den Luftfahrtindustriestandort Hamburg. Sie dienen dem Wohl der Allgemeinheit [!]. Zu diesen Maßnahmen gehören insbesondere die Erweiterung des Airbus-Werksgeländes durch Inanspruchnahme einer Teilfläche des Mühlenberger Lochs […]«.

37 Genauer: ein Widerspruch oder eine Klage.

sondere für [...] Klagen Dritter gegen Verwaltungsakte, die Investitionen oder die Schaffung von Arbeitsplätzen betreffen«[38]. Das Entscheidende hieran ist: Die aufschiebende Wirkung entfällt, wenn ein *Gesetz* dies anordnet – aber dies war schon vor der Änderung so! Die *insbesondere*-Formulierung hat somit keinerlei rechtlich-praktische Bedeutung, sondern lediglich – wie man gesagt hat – ›symbolische‹ (vgl. Newig 2003)[39]: Schaut her, wir wollen mit diesen Gesetzen doch nur etwas Gutes, also habt Euch nicht so wegen des mangelnden Rechtsschutzes! Das ist für denjenigen, der auf dem Nachbargrundstück die Bagger anrollen sieht, obwohl er gegen die Baugenehmigung des Nachbarn geklagt hat, allerdings wenig tröstlich.[40] Für den Systemtheoretiker zeigt sich zudem eine unselige Aufweichung der konditionalen Wenn-dann-Programmierung des Rechts, die sein Wesen ausmacht, zu Gunsten von Finalprogrammen, von zielorientierter Programmierung, die dann eben nicht wirklich mehr ›Recht‹ ist (hier natürlich im Sinn der Was-Frage).

10 Konsequenzen für Recht und Wissenschaft

Was folgt aus dieser Beobachtung nun für das Recht? Nun, das Recht sollte sich davor hüten, gute Politik machen zu wollen oder gar gute Ökonomie oder gar die Menschen glücklich. Recht kann nichts anderes, als Verhaltenserwartungen stabilisieren und dadurch (ich spreche jetzt mit etwas Pathos) Freiheit ermöglichen – vor allem die Freiheit, sein Glück selbst zu verfolgen (die Amerikaner nennen es so schön: das Recht zum *pursuit of happiness*). Fremdem Gutdünken über das, was glücklich macht, ausgesetzt zu sein, ist hingegen ein Kennzeichen totalitärer Systeme. (Weshalb es in diesen Systemen, was die Verlautbarungen der Herrschenden angeht, übrigens stets eine Tendenz zu Kaffeesatzleserei gibt: Was wollen die uns eigentlich *wirklich* sagen?)

Was das rechtliche Handwerk angeht, sollte das Recht daher möglichst klare Regelungen treffen und sich nicht für alle Folgen verantwortlich fühlen. (Es muss ja nicht gleich in den Satz münden *fiat iustitia pereat mundus* – es geschehe Gerechtigkeit, auch wenn darüber die Welt unterginge. Der Satz ist übrigens

---

38 6. VwGO-ÄndG vom 1.11.1996, BGBl. (Bundesgesetzblatt) I, S. 1626.

39 In der Examenspraxis kommt es gelegentlich vor, dass Kandidaten vor lauter zielorientiertem *good will*, sprich Arbeitsplatzsicherung, die harte konditionale Programmierung, sprich das Tatbestandsmerkmal *Gesetz*, übersehen (zum Gegensatz *Konditionalprogramm/Zweckprogramm* s.o. Fn. 23). Den Hinweis verdanke ich dem verehrten Greifswalder Kollegen Claus Dieter Classen.

40 § 212a BauGB (Baugesetzbuch) aus dem Jahr 1996 (BGBl. I, S. 3316) war eines von vielen neuen Gesetzen, die im Dienste der ›Beschleunigung‹ den Rechtsschutz der Nachbarn durch Abschaffung der aufschiebenden Wirkung von Widerspruch und Anfechtungsklage verkürzten.

nicht klassisch, sondern mittelalterlich, und war der Wahlspruch des deutschen
Kaisers Ferdinand I. (1503–1564, Kaiser 1548–1564), also eines Habsburgers an
der Schwelle zur Neuzeit. Mit Hegel mag man sogar sagen: Schuster, bleib bei
deinen Leisten, denn ob die Schuhe passen, müssen andere entscheiden (Hegel
1970: § 215 Zusatz). In gewisser Weise ist das Recht nämlich, wie jedes gute
Handwerk, auch ein Wert an sich selbst. Und wenn eine Gesellschaft dies nicht
anerkennt, sondern dem Recht Aufgaben zumutet, die es nicht leisten kann,
kann das Recht nur verlieren: an Bedeutung.

Erlauben Sie mir zum Abschluss noch eine Überlegung zur Erosion des
Funktionssystems *Wissenschaft*. *Funktion* der Wissenschaft ist, neue Erkenntnisse zu gewinnen (Luhmann 1990b: 35), und zwar nach dem Code *wahr/un-
wahr*. Wenn dieser Code überlagert wird durch den Code *zahlen/nicht-zahlen*
bzw. hier: Drittmittel/keine Drittmittel[41], verliert das System *Wissenschaft* seine
Autonomie und wird stattdessen nützlich für andere, die sich seine, also des
Systems *Wissenschaft*, *Leistungen*[42] aneignen (Luhmann 1990b: 264). Wissenschaft wird dann ein Mittel zum Zweck und verliert damit in gewisser Weise ihre
Würde.

11   Doch kein Primat des Funktionssystems *Recht*?

Ich hatte oben gesagt, das *Recht* sei das erste moderne Funktionssystem – also
das erste System, das den Einzelnen davon entlastete, sich in dieser Welt jederzeit
als ganzer Mensch zu bewähren, nicht nur in seiner jeweiligen sozialen Rolle.
Aber vielleicht stimmt dies gar nicht. Vielleicht war das erste System, das dies
ermöglichte, die Religion, genauer: die Religion in Gestalt des Christentums. Das
Christentum war und ist vielleicht die erste und einzige Religion, die gerade
nicht von *einer* Welt ausgeht, *einer* Welt, in der Götter und Menschen und Engel
und Dämonen je ihren Platz haben (sei er nun fest oder im Samsara rotierend).
Vielmehr ist das Christentum geradezu eine Fundamentalopposition des Geistlichen gegenüber dem Weltlichen, besser: einer geistlichen Welt gegenüber der
irdischen Welt – »Mein Reich ist nicht von dieser Welt«, sagt ausgerechnet der
HERR.[43] Vielleicht war *dies* der erste Schritt zur Entlastung vieler überforderter,

---

41 Für die Nachwelt: *Drittmittel* sind Mittel, die nicht von den Universitäten zur Verfügung
    gestellt werden, sondern von außen eingeworben werden – sei es von Privaten, etwa der
    Pharma-Industrie, sei es von gemeinnützigen Stiftungen (z. B. Volkswagenstiftung) oder sei
    es von letztlich wieder aus Steuermitteln finanzierten Forschungsförderern wie der Deut-
    schen Forschungsgemeinschaft (DFG).
42 Dies sind vor allem neue Technologien.
43 Johannes 18, 36: Hē basileía hē emē ouk estín ek tou kósmou toútou. – Ob man *Kosmos*, das
    wörtlich ›Ordnung‹ bedeutet, auch als ›System‹ übersetzen könnte?

entwurzelter Menschen in der globalisierten spätantiken Welt – ich denke zum einen an den Einzelkämpfer Augustinus (354–430) und seine Qual mit sich selbst in den *Confessiones*, zum andern an Benedikt von Nursia (480–547), der mit seiner Mönchsregel eine straffe, aber doch attraktive Organisation für Aussteiger schuf.

Vielleicht war diese Fundamentalopposition des Christentums der erste Schritt hin zur Moderne, d. h. fort vom vormodernen Menschen, der eben alles mit dem *ganzen* Menschen, mit der ganzen Person (nicht nur unter Funktionsmasken) tun muss (vgl. auch Lege 2008: 141 ff.). Dass der moderne Mensch infolge dieser Entlastung dann wieder eine Sehnsucht nach Ganzheitlichkeit entwickeln kann und dass diese Sehnsucht Totalitarismus begünstigen mag, dies wäre eine weitere Geschichte.

Literatur

BEHREND, OKKO/KNÜTEL, ROLF/KUPISCH, BERTHOLD (Hg.) (1993): Corpus Iuris Civilis. Die Institutionen, lateinisch-deutsch. Heidelberg: C. F. Müller Juristischer Verlag.

EPPING, VOLKER (2007): Grundrechte. 3. Aufl. Berlin/Heidelberg/New York: Springer Verlag.

FUCHS, PETER (1999): Die Metapher des Systems. Gesellschaftstheorie im 3. Jahrtausend. Vortrag, gehalten am 18. April 1999. In: Niklas Luhmann – Beobachtungen der Moderne. CD-Sammlung. Heidelberg o. J.: Carl-Auer-Systeme Verlag, CD Nr. 1.

HEGEL, GEORG WILHELM FRIEDRICH (1970): Grundlinien der Philosophie des Rechts (1821), Werke 7. Frankfurt am Main. Suhrkamp Verlag.

HUBER, THOMAS (2007): Systemtheorie des Rechts. Die Rechtstheorie Niklas Luhmanns. Baden-Baden: Nomos-Verlag.

KANT, IMMANUEL (1977): Die Metaphysik der Sitten (1797). Werkausgabe Band VIII. Frankfurt am Main: Suhrkamp Verlag.

LEGE, JOACHIM (1990): Enteignung und »Enteignung«. Zur Vereinbarkeit der BGH-Rechtsprechung mit Art. 14 GG. In: Neue Juristische Wochenschrift (NJW), S. 864 ff.

LEGE, JOACHIM (1995): Zwangskontrakt und Güterdefinition. Zur Klärung der Begriffe »Enteignung« und »Inhalts- und Schrankenbestimmung des Eigentums«. Berlin: Verlag Duncker & Humblot.

LEGE, JOACHIM (1997): Was heißt und zu welchem Ende studiert man als Jurist Rechtsphilosophie? Ein systemtheoretischer Versuch. In: Gröschner, Rolf/Morlok, Martin (Hg.): Rechtsphilosophie und Rechtsdogmatik in Zeiten des Umbruchs, ARSP-Beiheft 71, Stuttgart: Franz Steiner Verlag, S. 83 ff.

LEGE, JOACHIM (1999a): Nochmals: Staatliche Warnungen. Zugleich zum Paradigmenwechsel in der Grundrechtsdogmatik und zur Abgrenzung von Regierung und Verwaltung. In: Deutsches Verwaltungsblatt (DVBl), S. 569 ff.

LEGE, JOACHIM (1999b): Pragmatismus und Jurisprudenz. Über die Philosophie des Charles Sanders Peirce und über das Verhältnis von Logik, Wertung und Kreativität im Recht. Tübingen: Verlag Mohr Siebeck.

LEGE, JOACHIM (2005): Eigentumsdogmatik und Umweltrecht. Unter besonderer Berücksichtigung des Grundeigentums und des Staatshaftungsrechts. In: Jahrbuch des Umwelt- und Technikrechts (UTR), S. 7 ff.

LEGE, JOACHIM (2007): Baurecht auf Zeit und Planungsschadensrecht. Hat der Eigentümer Anspruch auf Teilhabe an der Konjunktur? In: Landes- und Kommunalverwaltung (LKV), S. 97 ff.

LEGE, JOACHIM (2008): Freiheit und Würde bei Lorenzo Valla (1405/06 – 1457). Philologische Ergänzungen und eine systemtheoretische Provokation betreffend Gott und die moderne Gesellschaft. In: Gröschner, Rolf/Kirste, Stephan (Hg.): Des Menschen Würde – entdeckt und erfunden im Humanismus der italienischen Renaissance. Tübingen: Verlag Mohr Siebeck, S. 141 ff.

LEMBKE, ULRIKE (2009): Einheit aus Erkenntnis? Zur Unzulässigkeit der verfassungskonformen Gesetzesauslegung als Methode der Normkompatibilisierung durch Interpretation. Berlin: Verlag Duncker & Humblot.

LUHMANN, NIKLAS (1984): Soziale Systeme. Grundriß einer allgemeinen Theorie. Frankfurt am Main: Suhrkamp Verlag.

LUHMANN, NIKLAS (1986): Ökologische Kommunikation. Opladen: Westdeutscher Verlag.

LUHMANN, NIKLAS (1988): Die Wirtschaft der Gesellschaft. Frankfurt am Main: Suhrkamp Verlag.

LUHMANN, NIKLAS (1990a): Verfassung als evolutionäre Errungenschaft. In: Rechtshistorisches Journal (RJ), S. 171 ff.

LUHMANN, NIKLAS (1990b): Die Wissenschaft der Gesellschaft. Frankfurt am Main: Suhrkamp Verlag.

LUHMANN, NIKLAS (1993): Das Recht der Gesellschaft. Frankfurt am Main: Suhrkamp Verlag.

LUHMANN, NIKLAS (1995): Die Kunst der Gesellschaft. Frankfurt am Main: Suhrkamp Verlag.

LUHMANN, NIKLAS (1997): Die Gesellschaft der Gesellschaft. Bd. 2. Frankfurt am Main: Suhrkamp Verlag.

LUHMANN, NIKLAS (2000a): Die Politik der Gesellschaft (posthum herausgegeben von André Kieserling). Frankfurt am Main: Suhrkamp Verlag.

LUHMANN, NIKLAS (2000b): Die Religion der Gesellschaft (posthum herausgegeben von André Kieserling). Frankfurt am Main: Suhrkamp Verlag.

LUHMANN, NIKLAS (2002): Theorie der Gesellschaft (Sonderausgabe). Frankfurt am Main: Suhrkamp Verlag.

LUHMANN, NIKLAS (2006): Organisation und Entscheidung. 2. Aufl. Wiesbaden: VS Verlag für Sozialwissenschaften.

MAURER, HARTMUT (2009): Allgemeines Verwaltungsrecht. 17. Aufl. München: Verlag C. H. Beck.

NEWIG, JENS (2003): Symbolische Umweltgesetzgebung. Rechtssoziologische Untersuchungen am Beispiel des Ozongesetzes, des Kreislaufwirtschaft- und Abfallgesetzes sowie der Großfeuerungsanlagenverordnung. Berlin: Verlag Duncker & Humblot.

PIEROTH, BODO/SCHLINK, BERNHARD (2008): Grundrechte (Staatsrecht II). 24. Aufl. Heidelberg: C. F. Müller Verlag.

SAUTHOFF, MICHAEL (2010): Öffentliche Straßen. Straßenrecht – Straßenverkehrsrecht – Verkehrssicherungspflichten. München: Verlag C. H. Beck.

SLOTERDIJK, PETER (1999): Der Anwalt des Teufels. Niklas Luhmann und der Egoismus der Systeme. Vortrag vom 7. November 1999, gehalten in Freiburg im Breisgau. In: Niklas Luhmann – Beobachtungen der Moderne. CD-Sammlung. Heidelberg o. J.: Carl-Auer-Systeme Verlag, CD Nr. 4.

SPINOZA, BARUCH DE (1994): Politischer Traktat/Tractatus politicus (posthum 1677). Hamburg: Felix Meiner Verlag.

STEINER, UDO (2006): Straßen- und Wegerecht. In: ders. (Hg.): Besonderes Verwaltungsrecht, 8. Aufl., Heidelberg: C. F. Müller Verlag.

WEHR, MATTHIAS (2008): Examens-Repetitorium Polizeirecht. Heidelberg: C. F. Müller Verlag.

WITTGENSTEIN, LUDWIG (1963): Tractatus logico-philosophicus (1921). Frankfurt am Main: Suhrkamp Verlag.

Michael Hein

Systemtheorie und Politik(wissenschaft) – Missverständnis oder produktive Herausforderung?*

»[Die Politikwissenschaft könnte sich] als offenes Meer immer
neuer Einfälle und Theorieversuche Verdienste erwerben, da
sie, anders als die politische Soziologie, nicht auf die
Konsistenz ihrer Theorien mit denen einer umfassenden
Mutterwissenschaft Rücksicht zu nehmen braucht und dadurch
freier gestellt ist.«
(Luhmann 2010: 18)

Der Beitrag erörtert das Verhältnis von Systemtheorie und Politikwissenschaft
in ideengeschichtlicher und systematischer Perspektive. Nach einem historischen Überblick über Systemtheorien der Politik wird der Frage nachgegangen,
warum und in welcher Weise die Politikwissenschaft auf die soziologische
Systemtheorie Luhmanns mehrheitlich ablehnend und mit Unverständnis reagiert hat. Dabei werden sieben »Missverständnisse« bzw. »Rezeptionsschranken« nachgezeichnet, die ein konstruktives Verhältnis des Faches zu diesem
Theorieangebot bis heute erschweren. Darauf aufbauend wird am Beispiel des
Luhmann'schen Demokratiebegriffs herausgearbeitet, welches Potenzial systemtheoretisches Denken bereithält, und welche Anregungen sich für die Politologie daraus ergeben könnten.

1   Einführung
2   Systemtheorien der Politik – ein ideengeschichtlicher Überblick
3   Systemtheorie und Politikwissenschaft – von Missverständnissen und
    Rezeptionsschranken
4   Systemtheorie und Politik – die Herausforderung des Luhmann'schen
    Demokratiebegriffs
4.1 Was moderne Demokratie nicht ist
4.2 Was moderne Demokratie ist
4.3 Selbstgefährdungen der modernen Demokratie
5   Fazit und Ausblick

* Für kritische Anmerkungen und Hinweise danke ich Hubertus Buchstein, Karsten Fischer
und Stephan Hein.

1   Einführung

Blickt man auf das Verhältnis von Politikwissenschaft und Systemtheorie, so zeigt sich eine paradoxe Situation. Wenn man einen Politologen nach einer Definition seines Untersuchungsgegenstandes fragt, dann erhält man mit hoher Wahrscheinlichkeit eine ursprünglich aus der Systemtheorie stammende Auskunft: »Politik ist ein spezifischer Teilbereich der Gesellschaft, der für kollektiv verbindliche Entscheidungen zuständig ist« – solche und ähnliche Antworten sind in der Politikwissenschaft derzeit populär. Dementsprechend werden in den einschlägigen Einführungswerken häufig analoge Politikbegriffe vorgeschlagen.[1] Sie alle gehen zurück auf die Überlegungen Parsons', der Politik als ein soziales System rekonstruiert hatte, das die Funktion des

> »collective goal-attainment« erfüllt. »[I]t involves making decisions with regard to the implementation of the collectivity's values in relation to situational exigencies. For that implementation to be effective, the decisions regarding it must [...] be binding on the collectivity« (Parsons 1969: 320).

Dieser Befund verweist auf den starken Einfluss, den das systemtheoretische Denken in den 1950er- und 1960er-Jahren hatte. Über die Soziologie fand die Systemtheorie Eingang in die Politikwissenschaft, und Autoren wie Easton, Almond oder Deutsch gehörten nicht nur zu ihren einflussreichsten Vertretern, sondern waren auch struktur- und stilprägend für das Fach. So etablierte sich bspw. eine Gliederung der politikwissenschaftlichen Teildisziplinen, die ›politische Systeme‹ als die Grundeinheit der empirischen Forschung definierte.[2] Darüber hinaus stammen einige der geläufigsten Fachbegriffe aus der Systemtheorie, namentlich die Gliederung des Politikbegriffs in die drei Dimensionen ›politics‹ (politische Prozesse), ›policy‹ (politische Inhalte) und ›polity‹ (politische Institutionen).

Jedoch: »Nicht jeder, der vom politischen System spricht, läßt sich damit schon als Systemtheoretiker qualifizieren« (Czerwick 2001: 288). Vielmehr scheint das genaue Gegenteil der Fall zu sein. Ab Mitte der 1960er-Jahre wurde die Systemtheorie sukzessive aus dem politikwissenschaftlichen Mainstream verdrängt. Den älteren Theorien wird heute mit der Ausnahme der Politischen Kultur-Forschung nur noch ideengeschichtliche Bedeutung eingeräumt, und die

---

1 Vgl. statt anderer Patzelt 2007 und Hofmann/Dose/Wolf 2007. Dies gilt im Übrigen auch für die in den angrenzenden Disziplinen verwendeten Politikbegriffe; vgl. für die Kommunikationswissenschaft Donges 2009: 107.

2 Neben der »Politischen Theorie und Ideengeschichte« und den »Internationalen Beziehungen« gelten etwa in Deutschland der »Vergleich *politischer Systeme*« und »Das *Politische System* der Bundesrepublik Deutschland« als die vier Eckprofessuren eines vollwertigen politikwissenschaftlichen Instituts.

neuere soziologische Systemtheorie Luhmanns wird nur sehr selektiv rezipiert. In übergreifenden und einführenden Darstellungen ist sie zwar in der Regel präsent, aber zumeist wird sie als theoretisch unergiebig und empirisch unzweckmäßig abgehandelt. Es »liegen überwiegend ziemlich pauschale ›Vorverurteilungen‹ der Systemtheorie bzw. Interpretationen aus Mißverständnissen heraus vor« (Waschkuhn 1987: 23), die eine fehlende Auseinandersetzung mit dem Theorieangebot Luhmanns deutlich machen. Seine Theorie sei, so heißt es etwa, zu abstrakt, nichtssagend, nicht widerlegbar oder schlicht unbrauchbar für empirische Forschung. Beyme spricht gar abschätzig von »soziologischer Theoriebildung auf der Makroebene, bei der alle Katzen grau werden und individuelle politische Prozesse und Systeme im Licht der autopoietischen Götterdämmerung ohne Gott in einem subjektlosen Evolutionsprozeß verschwimmen« (1994: 43).

An dieser »Gemengelage aus Indifferenz und Ignoranz« (Hellmann/Fischer 2003: 9) hat sich auch in jüngster Zeit wenig geändert.[3] Demgegenüber wird in diesem Beitrag die These vertreten, dass das neuere systemtheoretische Denken zahlreiche wichtige Anregungen für die Politikwissenschaft bietet, die das Fach nicht nur nicht ignorieren sollte, sondern für die auch zahlreiche inhaltliche Anknüpfungspunkte bestehen. Zudem wird der fast schon als »common sense« geltenden Aussage widersprochen, dass die neuere soziologische Systemtheorie nicht für empirische Forschungen fruchtbar gemacht werden könne.

Im folgenden zweiten Abschnitt wird zunächst ein kurzer ideengeschichtlicher Überblick über Systemtheorien der Politik gegeben. Danach wird der Frage nachgegangen, warum und in welcher Weise die Politikwissenschaft auf die Systemtheorie Luhmanns mehrheitlich ablehnend und mit Unverständnis reagiert hat. Dabei werden sieben »Missverständnisse« bzw. »Rezeptionsschranken« rekonstruiert, die die Entwicklung eines konstruktiven Verhältnisses zu diesem Theorieansatz bis heute erschweren (3). Abschließend wird am Beispiel des Luhmann'schen Demokratiebegriffs skizziert, welches politikwissenschaftliche Potenzial die soziologische Systemtheorie hat, und welche Anregungen sich für die Politologie daraus ergeben könnten (4).

---

3 Bemerkenswert sind dabei insbesondere die beiden aktuellen politikwissenschaftlichen Lehrbücher zur politischen Soziologie (!), in denen die Luhmann'sche Systemtheorie nur marginale (Kaina/Römmele 2009) oder gar keine (Rattinger 2009) Erwähnung findet. Unter den allgemeinen Einführungen in die Politische Theorie vgl. statt anderer Ladwig 2009: 217 ff.; Beyme 2007: 235 ff., Hartmann 1997: 154 ff.; Druwe 1995: 348 ff. Positive Darstellungen sind dagegen selten (siehe etwa Brodocz 2009 oder Reese-Schäfer 2000: 107 ff.).

2   Systemtheorien der Politik – ein ideengeschichtlicher Überblick

Mit der Entwicklung sozialwissenschaftlicher Systemtheorien entstanden seit Ende der 1940er-Jahre insbesondere in den USA auch systemtheoretische Konzeptionalisierungen der Politik. Als Kern dieser Modelle lassen sich zwei Überlegungen identifizieren (vgl. Czerwick 2001: 290, 294):

(1) Systemtheorien verstehen Politik als einen Teilbereich der Gesellschaft, der sich evolutionär ausdifferenziert hat und gegenüber den anderen Gesellschaftsbereichen bzw. der Gesellschaft als ganzer ein gewisses Maß an Autonomie gewonnen hat. Die Eigenständigkeit der Politik zeigt sich in einem speziellen Zugriff auf gesellschaftliche Sachverhalte, das heißt, einem spezifischen politischen Sinn sowie einer spezifisch politischen Logik bzw. Rationalität.

(2) Politik wird systemtheoretisch als derjenige Teilbereich der Gesellschaft verstanden, der auf die bindende Verteilung gesellschaftlicher Güter und Werte oder allgemein auf gesamtgesellschaftlich verbindliche Entscheidungen und ihre Legitimation ausgerichtet ist.

Grundsätzlich zeichnet sich systemtheoretisches Denken durch seine Interdisziplinarität aus. Dies zeigt sich auch daran, dass sich seine beiden sozialwissenschaftlichen Hauptstränge – soziologische und politikwissenschaftliche Systemtheorien – fortlaufend wechselseitig befruchteten. *Soziologische* Systemtheorien zeichnen sich dabei primär dadurch aus, dass in ihnen Politik als ein Untersuchungsgegenstand neben anderen behandelt wird, und das politische System nicht unbedingt im Zentrum der Gesellschaft steht. *Politikwissenschaftliche* Systemtheorien sind demgegenüber dadurch gekennzeichnet, dass das politische System ihr zentraler Untersuchungsgegenstand ist. Zudem wird die Politik zumindest tendenziell im Mittelpunkt der Gesellschaft verortet, das heißt, ihr wird die Funktion einer gesamtgesellschaftlichen Steuerung oder Integration zugeschrieben.

Der US-amerikanische Soziologe Talcott Parsons (1902–1979) gilt als Begründer der sozialwissenschaftlichen Systemtheorie im Allgemeinen und der soziologischen Systemtheorie im Speziellen. Parsons entwickelte seinen Theorieansatz im Rahmen des *strukturfunktionalen Paradigmas* (vgl. Parsons 1951: 19 ff.). Für ihn sind soziale Systeme daher Gebilde, die primär um die Sicherung ihrer strukturellen Voraussetzungen bemüht sind. Daher wird ausgehend von der Analyse der Bestandsbedingungen eines Systems nach der Funktion gefragt, die das betreffende System erfüllt. Im Rahmen seines berühmten Vier-Funktionen- oder auch AGIL-Schemas modellierte Parsons Politik als eines von vier

Teilsystemen des umfassenden sozialen Systems, wobei dem politischen System die Funktion der Erreichung kollektiver Ziele (»goal attainment«) zugesprochen wurde. Als wichtigstes Mittel hierfür galt das Kommunikationsmedium *Macht* (vgl. Parsons 1969: 238, 352 ff.; 1972: 20 ff.).

In die Politikwissenschaft fand das systemtheoretische Denken über Easton und Almond, später auch über Deutsch Eingang, wobei sich alle diese Autoren an den Arbeiten Parsons' orientierten. Der kanadische Politologe *David Easton* (geb. 1917) konzipierte im Anschluss an Parsons Politik als ein Teilsystem der Gesellschaft (Easton 1953), war dabei aber insbesondere an dem Verhältnis des Entscheidungszentrums der Politik – Parlament, Regierung, Verwaltung etc. – zu seiner Umwelt interessiert, d. h. den Verbänden, Parteien, Massenmedien und schließlich sämtlichen anderen gesellschaftlichen Teilsystemen. Easton entwickelte ein Kreislaufmodell der Politik, auf das die Politikwissenschaft bis heute häufig Bezug nimmt (Easton 1965, 1965a). Hauptaufgabe der Politik ist in dieser Konzeption die Verarbeitung (»conversion«) gesellschaftlicher Inputs. Easton unterschied dabei »demands« im Sinne von Forderungen an die Politik von »support« im Sinne gesellschaftlicher Unterstützungsleistungen. Eine weitere wichtige Theorieinnovation war die Idee der Rückkopplungsschleife (»feedback loop«), mittels derer die Wirkungen politischer Entscheidungen und deren Rückwirkungen auf das politische System in den Fokus der Forschung gerückt wurden (Easton 1965a: 363 ff.).

Der US-amerikanische Politologe *Gabriel A. Almond* (1911–2002) entwickelte seine Konzepte der vergleichenden politikwissenschaftlichen Forschung ebenfalls auf der Grundlage systemtheoretischen Denkens (Almond 1960; Almond/Powell 1966). Er ging dabei insofern über Easton hinaus, als er nicht nur die zentralen politischen Institutionen, sondern sämtliche politischen Aspekte aller gesellschaftlichen Strukturen als »politisches System« definierte. Das heißt, sämtliche Interaktions- und Organisationsformen, in denen auf den Gebrauch von Gewalt bzw. die Ausübung legitimen physischen Zwangs abgestellt wird, wurden von Almond als Teil von Politik verstanden (vgl. Almond 1960: 7 f.). Darüber hinaus erweiterte Almond mit seinem Kollegen Sidney Verba (1963) die Dimension, die Easton als diffuse Unterstützung der Politik bezeichnet hatte, um das Konzept der Politischen Kultur, und begründete damit eine der bis heute wichtigsten Forschungsrichtungen der Politikwissenschaft.[4]

Karl W. Deutsch (1912–1992) schließlich, US-Amerikanischer Politikwissenschaftler deutsch-tschechischer Abstammung, ergänzte das politologische systemtheoretische Denken um kommunikationstheoretische und vor allem

---

4 Die Politische Kulturforschung bezieht sich bis heute in ihrem Strang der Erforschung politischer Einstellungen auf den Ansatz Almonds und Verbas und knüpft darüber hinaus an das Easton'sche Modell der politischen Unterstützung an (vgl. Pickel/Pickel 2006: 59 ff.).

lerntheoretische Aspekte aus der Kybernetik (Deutsch 1969, 1976). Sein Hauptinteresse galt der Frage, ob und wie Systeme lernfähig sind, wobei Deutsch unter Lernfähigkeit nicht nur die Anpassung an die jeweilige Umwelt, sondern auch die Weiterentwicklung und Ausdehnung des betroffenen Systems verstand. Im Gegenzug ging Deutsch auch der Frage nach den Ursachen für die Selbstzerstörung von Systemen nach, insbesondere im Rahmen seiner Nationalismusforschungen (vgl. Deutsch 1966: 181 ff.).

In der aktuellen deutschsprachigen Politikwissenschaft wird unter dem Stichwort *Systemtheorie* primär die soziologische Theorie *Niklas Luhmanns* (1927–1998) diskutiert.[5] Aus Luhmanns ausgesprochen umfangreichem Werk widmeten sich mehr als 70 Schriften dem politischen System der Gesellschaft, darunter sechs einschlägige Monographien (Luhmann 1965, 1969, 1975, 1981, 2000, 2010). Luhmann schloss nicht nur direkt an Parsons' Theorie an, sondern nahm auch zahlreiche Anregungen der politikwissenschaftlichen Systemtheorien auf.[6] Unter Politik verstand er ein Funktionssystem der Gesellschaft, das mit dem »Bereithalten der Kapazität zu kollektiv bindendem Entscheiden« (Luhmann 2000: 84) befasst ist. Luhmann nahm jedoch gegenüber seinen soziologischen wie politikwissenschaftlichen Vorgängern einige zentrale theoriearchitektonische Umstellungen vor. Dies betraf insbesondere erstens die Umkehrung des Parsons'schen *Strukturfunktionalismus* hin zu *funktional-strukturellem* Denken (vgl. Luhmann 1984: 83 ff.). Der Ausgangspunkt der Überlegungen ist demnach die Identifikation von Funktionen, die in einer Gesellschaft erfüllt werden, um von hier aus die Frage nach den Strukturen zu stellen, die diese Funktionserfüllung sichern. Diese »funktionale Methode« hatte insbesondere den Vorteil, eine Theoretisierung der Ursprünge und Entstehungsbedingungen sozialer Systeme zu ermöglichen. Zweitens ersetzte Luhmann das bis dahin gebräuchliche Paradigma *offener Systeme* durch eine Theorie *selbstreferentieller Systeme*. Ihr liegt die Annahme zugrunde, dass Systeme operativ nur an ihre eigenen Kommunikationen anschließen können, und Umweltkontakt demgegenüber nur durch spezifische, kognitive Übersetzungsleistungen möglich ist (vgl. ebd.: 24 ff.). Hierfür übernahm Luhmann im Laufe seiner Theorieentwicklung aus der Biologie den Begriff *Autopoiesis*.

Zusammengenommen hatte das systemtheoretische Denken für die Politikwissenschaft drei wesentliche Wirkungen (vgl. Czerwick 2001: 287 f.): Zum

---

5 Im englischsprachigen Raum fand die Theorie Luhmanns dagegen deutlich weniger Beachtung. Dies betrifft namentlich seine politische Theorie, deren Schriften bis auf wenige Ausnahmen bis heute nicht übersetzt wurden.

6 Dies zeigt insbesondere ein Blick in die erst jüngst publizierte »Politische Soziologie« (Luhmann 2010), in der Luhmann Mitte der 1960er Jahre erstmals die Grundzüge seiner Theorie der Politik entwickelte. Das Werk war damals unvollendet und unpubliziert geblieben und wurde erst jetzt aus dem Nachlass veröffentlicht.

ersten führte es zu einer Infragestellung traditioneller Begriffe wie *Staat, Gesellschaft, Macht* oder *Herrschaft.* Auch in der nicht systemtheoretisch inspirierten Politologie wurden diese Termini vielfach verworfen oder neu definiert. Darüber hinaus fanden durch die Systemtheorie neue Begriffe Verwendung, die heute nicht mehr wegzudenken sind, wie System, Funktion, Struktur, Prozess und die Trias politics/policy/polity. Zum zweiten setzte sich mit der Systemtheorie ein funktionales Verständnis von Politik durch. Es hat den entscheidenden Vorteil, nicht auf spezifische, zeit- und ortsgebundene Institutionen wie etwa den Staat zu rekurrieren, und ist daher potenziell universell nutzbar. Dies entfaltete gerade in der Vergleichenden Politikwissenschaft und den Internationalen Beziehungen einen hohen Mehrwert. Zum dritten schließlich trug die Systemtheorie in Deutschland – wenn auch nur in Teilen der hiesigen Politologie – zur Überwindung der aus dem 19. Jahrhundert stammenden Gegenüberstellung von Staat und Gesellschaft bei und förderte die Sichtweise, Politik als Teil der Gesellschaft zu verstehen.

3   Systemtheorie und Politikwissenschaft – von Missverständnissen und Rezeptionsschranken

Die Sicht der Politikwissenschaft auf die Systemtheorie Luhmanns ist geprägt von einer Reihe von Missverständnissen bzw. Rezeptionsschranken. Zuletzt wurde dieses (Nicht-) Verhältnis von Göbel (2000) pointiert analysiert, wobei sich im vergangenen Jahrzehnt an Göbels Diagnose leider nicht viel verändert hat. Das Schicksal der Fehl- bzw. Nichtrezeption hat die Luhmann'sche Theorie im Übrigen auch in weiten Teilen der Soziologie erlitten (vgl. nur Esser 2007), und es ließe sich eine Reihe verschiedenster Gründe hierfür anführen. Einige davon liegen auch in der Systemtheorie selbst begründet, etwa in der von Luhmann entwickelten komplexen, häufig kontraintuitiven Theoriesprache.[7] Ähnlich wie in der Wirtschaftswissenschaft oder der Pädagogik kommt für die Politikwissenschaft jedoch ein weiteres Problem hinzu: die starke Nähe zu ihrem Untersuchungsgegenstand. Dies zeigt sich namentlich in den Funktionen als Ausbildungsstätte für Akteure in den politischen Institutionen und der politischen Bildung, als Politikberatungsagentur, als massenmedialer Erklärer konkreten politischen Handelns und nicht zuletzt in dem häufig implizit, zum Teil sogar explizit vertretenen Selbstverständnis als »Demokratiewissenschaft«.

---

7 Wobei man von sozialwissenschaftlichen Theorien, die komplizierte gesellschaftliche Phänomene zum Gegenstand haben, eine adäquate sprachliche Komplexität erwarten sollte. Mehr noch: Skepsis scheint eher bei Gesellschaftstheorien angebracht, die alltagsverständliche Einfachheit pflegen.

Hiervon ausgehend lassen sich – Göbels (vgl. 2000: 136 ff., 163 ff.) Überlegungen aufnehmend und ergänzend – sieben Probleme im Verhältnis der Politikwissenschaft zur Systemtheorie identifizieren. Ein *erstes Missverständnis* liegt in der Wahrnehmung begründet, die Luhmann'sche Theorie sei normativen Fragen prinzipiell unzugänglich. Dies drückt sich aus in der häufig vorgenommenen Einordnung als »deduktiv-empirische« bzw. »empirisch-analytische« Großtheorie, die sich an den naturwissenschaftlichen Idealen der Wertfreiheit, empirischen Messbarkeit und Falsifikationsfähigkeit orientiere. Diese Weichenstellung erfolgte bereits Ende der 1960er-Jahre durch Narr (vgl. 1969: 41 ff.) noch mit Bezug auf die Theorien Eastons, Almonds und Deutschs, wurde jedoch bruchlos auf die Systemtheorie Luhmanns übertragen (vgl. Münkler 1985: 19). Diese sich in der Politikwissenschaft rasch durchsetzende Einordnung hatte die postwendende Ablehnung seitens der explizit normativ orientierten Politologie zur Folge, da in deren Lesart Luhmann die »normative Seite« politischen Denkens »ganz ignoriert« habe (Ladwig 2009: 233). Unbestritten ist die Luhmann'sche Theorie »nicht gerade dafür bekannt, eine besondere Vorliebe für normative Vorgaben zu haben. Gleichwohl gibt es auch für die Systemtheorie mancherlei Gelegenheit, sich gleichsam auf zweiter Ebene normativ zu verhalten« (Hellmann/Fischer 2003: 12) – nämlich im Anschluss an die Analyse von Defiziten in der Erfüllung gesellschaftlicher Funktionen. Dieser normative Gehalt der Systemtheorie Luhmanns wird im vierten Teil dieses Aufsatzes am Beispiel der Demokratietheorie expliziert.

Doch nicht nur seitens der normativ orientierten Politologie traf die Systemtheorie auf Ablehnung. Ihre Rezeption als empirisch-analytische Theorie hatte eine *zweite Rezeptionsschranke* auf Seiten der empirisch Forschenden, nicht an normativen Fragestellungen orientierten Fachvertreter zur Folge. Der hohe Abstraktionsgrad der Systemtheorie und ihre eigenwillige Sprache brachten ihr hier den unreflektierten Vorwurf ein, sie sei für die Anleitung empirischer Forschung unbrauchbar. So meint etwa Merkel »eine analytische Leerstelle« identifizieren zu können, »die der Determinismus puristisch angewendeter System[…]theorien zwangsläufig hinterlässt« (2010: 89). In der Folge wurden insbesondere die späteren Schriften Luhmanns nur noch sehr selektiv und aus der Sicht dieses Vorurteils rezipiert. Diese Ablehnung beruht jedoch im Wesentlichen auf einer inadäquaten Erwartungshaltung bzw. der Verwendung eines alternativen Theoriebegriffs. In der empirisch forschenden Politikwissenschaft sind naheliegenderweise vor allem Theorien »kurzer« und »mittlerer Reichweite« populär, die mehr oder weniger unmittelbar überprüfbare Hypothesen formulieren. Großtheorien (»grand theories«) mit universalem Anspruch können diese Erwartung per se nicht erfüllen, sondern bieten eine Beobachtungsperspektive, in deren Rahmen konkrete empirische Fragestellungen erst entwickelt werden müssen. Dass dies ohne weiteres möglich ist und zudem

Ergebnisse zu allen politikwissenschaftlichen Subdisziplinen beitragen kann, zeigen etwa die Forschungen zur politischen Ideengeschichte (Göbel 2003), der Analyse von Globalisierungsprozessen (Albert 2002), der Rolle der Verfassungsgerichtsbarkeit (Bornemann 2007), Nichtregierungsorganisationen (Simsa 2001), politischen Semantiken (Fischer 2006) oder Verfassungskonflikten (Hein 2011). Darüber hinaus ist die Behauptung, dass in der Systemtheorie »die Wirklichkeit allenfalls rar und auch dann nur schemenhaft erkennbar wird« (Hartmann 1997: 161), schlicht unzutreffend, wie am Beispiel von Luhmanns Überlegungen zur Demokratie noch gezeigt wird.

Als *dritte Rezeptionsschranke* kam schließlich auf der Seite linker Politikwissenschaftler der Vorwurf hinzu, die Luhmann'sche Systemtheorie sei konservativ. Wurde Luhmann also von den einen mit dem Argument abgelehnt, er ermögliche keine normativen Fragestellungen, warfen ihm die anderen vor, er gehe nicht wertfrei vor. So behauptet etwa Creydt: »Luhmanns Konservatismus bezieht sich nicht auf bestimmte Werte, Bräuche und Sitten, sondern kulminiert neokonservativ formalisiert in der These, jedwede soziale Realität könne nur als System und mit dessen Operationsmodi überleben« (1998: 57). Dieses Urteil stützt sich jedoch wie das erste Missverständnis auf eine selektive Lektüre. Zum einen widmete sich Luhmann im Rahmen seiner Theorieentwicklung vorrangig Fragen nach der Entstehung und Stabilisierung sozialer Systeme (paradigmatisch: Luhmann 1993a) und bearbeitete andere Problemfelder wie etwa die Analyse nicht (voll) funktional differenzierter moderner Gesellschaften mit wesentlich geringerer Intensität (vgl. bspw. Neves 1992). Aus diesen »Lücken« lassen sich jedoch keine politischen Schlüsse ziehen. Zum anderen stößt sich der Konservatismusvorwurf an der noch auf Parsons (1964) zurückgehenden These, dass einmal vollzogene Differenzierungsschritte wie etwa die Ausbildung eines autonomen Wirtschaftssystems nur unter hohen Kosten, mit enormen negativen Nebenwirkungen und kaum auf Dauer rückgängig gemacht werden können. Gerade eine solche empirisch gehaltvolle These eignet sich jedoch schwerlich als Adresse für normative Vorwürfe. Vielmehr entwickelte sie einen hohen Erklärungswert für das Scheitern der osteuropäischen Staatssozialismen (Pollack 1990), was selbst Luhmann-kritische Autoren wie Beyme (vgl. 1994: 33 f.) und Merkel (vgl. 2010: 69 f.) anerkennen.

Ein *viertes Missverständnis* ist mit dem Stichwort »Autopoietische Wende« (Beyme 2007: 250) umschrieben. Mit seiner 1984 erschienenen Monographie *Soziale Systeme* führte Luhmann den Begriff *Autopoiesis* in seine Theorie ein und präzisierte damit den bisherigen Terminus der *Selbstreferentialität*. Diese Entwicklung wurde von weiten Teilen der Politikwissenschaft als grundlegender Paradigmenwechsel missverstanden, mit dem die These verknüpft sei, dass Systeme in keiner Weise mehr aufeinander Einfluss nehmen könnten. Seitdem wird häufig ein »früher« (oder auch »vorpoietischer«) einem »späten« Luhmann gegenübergestellt, wobei der letztgenannte als unbrauchbar abqualifiziert wird. Zwar hat auch Luhmann selbst dieses Missverständnis provoziert, indem er alle vor 1984 erschienenen Schriften als »Null-Serie der Theorieproduktion« (Luhmann 1987: 142) bezeichnete. Gleichwohl wird übersehen, »dass hinter diesen terminologischen Modifikationen große Momente der Kontinuität eines Theorieprogramms stehen« (Göbel 2000: 139). Dies zeigt allein ein Blick in das 1981 veröffentliche Buch *Politische Theorie im Wohlfahrtsstaat*, in dem die These von der operativen Geschlossenheit bei gleichzeitiger kognitiver Offenheit der Funktionssysteme mittels des Begriffs der Selbstreferentialität bereits vollständig ausgearbeitet ist (vgl. Luhmann 1981: 33 ff., 51, 61 f., 119).

Eine *fünfte Rezeptionsschranke* schließt an die Lesart der »autopoietischen Wende« an und wirft Luhmann »einen pauschalen und theoretisch unbegründeten Steuerungspessimismus vor« (Scharpf 1989: 18). Aus den Thesen der operativen Geschlossenheit von Systemen und der fehlenden Hierarchie unter den Funktionssystemen folgt die prinzipielle Unmöglichkeit wechselseitiger Determination, also auch einer politischen Steuerung anderer Systeme (vgl. Luhmann 2000: 394 f.). Gleichwohl entstehen infolge der funktionalen Differenzierung »in anderen ausdifferenzierten Teilsystemen der Gesellschaft Strukturprobleme bisher unbekannten Formats« (Luhmann 1981: 75). Entsprechend steigen auch die Anforderungen an die Politik, die aufgrund ihres Monopols auf kollektiv bindende Entscheidungen wie kein anderes Funktionssystem die Möglichkeit hat, zielgerichtet die anderen gesellschaftlichen Bereiche zu beeinflussen. Nur: Über die Effekte politischer Steuerungsbemühungen wird in den jeweils betroffenen Funktionssystemen entschieden, so dass zwangsläufig Steuerungsdefizite zu beobachten sind.[8] Denn »Gegenstand von Steuerung sind nicht Systeme, sondern spezifische Differenzen« (Luhmann 1989: 8).[9] Die Politikwissenschaft hat diese Erklärung Luhmanns für Steuerungsprobleme und -defizite jedoch mehrheitlich umgedeutet zu einem vermeintlichen Plädoyer für Steuerungsverzicht (vgl. Beyme 2007: 248 f.; Ladwig 2009: 231 f.). Sie hält demgegenüber an der traditionellen Vorstellung einer hierarchischen Überordnung der Politik (bzw. des Staates) über die anderen Gesellschaftsbereiche fest. Dies wird zum Teil sogar versucht systemtheoretisch zu reinterpretieren, indem aus der Beobachtung funktionaler Differenzierung gefolgert wird, dass sich gerade daraus für die Politik die Notwendigkeit zur sozialen Integration

---

8 Ein treffendes Beispiel für eine Kette aufeinanderfolgender Steuerungsdefizite ist das Einwegpfand auf Getränkeverpackungen (»Dosenpfand«) in Deutschland. Es wurde zwar nach jahrelangem Streit und mit mehrfachen Modifikationen eingeführt, zeitigte aber sowohl im Wirtschaftssystem als auch – und vor allem – in der ökologischen Umwelt gegenteilige Effekte als intendiert (vgl. Dierig 2008; vgl. Voigt 2007).

9 Um am »Dosenpfand«-Beispiel zu bleiben: Die Einführung eines Einwegpfands lässt sich politisch steuern, nicht jedoch das Kaufverhalten der Getränkekonsumenten.

ergebe – gleichsam um die moderne Gesellschaft »zusammenzuhalten« (Schimank/Lange 2003). Symptomatisch hierfür ist die vielfach weiter gepflegte Gegenüberstellung von Politik *und* Gesellschaft (nach dem Vorbild des klassischen Staat-Gesellschaft-Dualismus), anstatt auch auf sprachlicher Ebene die Politik *in* der Gesellschaft zu verorten. Göbel erklärt diese Fehlwahrnehmung mit dem Selbstverständnis von Teilen der Politikwissenschaft als »Zulieferbetrieb für die Steuerungsabsichten der Politik« (Göbel 2000: 144), d.h. mit einer zu großen Gegenstandsnähe zumindest von Teilen der Politologie – und, wie zu ergänzen bleibt, der politischen Soziologie.

Ebenfalls mit der These der Heterarchie aller Funktionssysteme hängt das *sechste Missverständnis* zusammen. Infolge des Festhaltens an der Idee einer Zentralstellung der Politik in der modernen Gesellschaft nehmen viele Politikwissenschaftler die Luhmann'sche Reformulierung des Staatsbegriffs nur noch selektiv zur Kenntnis, um daraus eine Ablehnung des systemtheoretischen Arguments herleiten zu können. Luhmanns Staatsbegriff hat in der Ausformulierung seiner späten Schriften drei Dimensionen (vgl. Luhmann 2000: 195 ff., 244): Der Staat bezeichnet erstens die Selbstbeschreibung des politischen Systems, das damit lediglich die tradierte Staatsterminologie übernahm. Er bezeichnet zweitens das Entscheidungszentrum der Politik, das aus vielfach miteinander verknüpften Organisationssystemen besteht und auf diesem Wege das politische System überhaupt erst adressierbar macht. Drittens schließlich dient der Staat auch in der internationalen Politik als Adresse – das weltpolitische System ist segmentär in Staaten differenziert, die in der Lage sind, miteinander zu kommunizieren.[10] Demgegenüber lehnte Luhmann jedoch die Idee ab, den Staat als ein Subsystem der Politik zu konzeptionalisieren – einerseits, weil etwa Gerichte oder Zentralbanken dem politischen System zumindest nicht primär zugeordnet werden können, und andererseits, weil »der Staat« viel zu komplex ist, um überhaupt als Handlungs- oder Kommunikationseinheit verstanden werden zu können. In der Politikwissenschaft werden diese Überlegungen jedoch vielfach ausschließlich auf den Aspekt der Selbstbeschreibung reduziert und die Behauptung aufgestellt, die Luhmann'sche Theorie negiere den Staat als soziales Gebilde (vgl. Beyerle 1994: 171; Beyme 2007: 243 ff.). Zusätzlich fühlen sich die betroffenen Autoren offenbar dadurch provoziert, dass Luhmann die Verwendung des Begriffs *Staat* im Sinne seiner Selbstbeschreibung dem politischen System – und nicht der Wissenschaft von der Politik – zuschreibt.

Hier schließt die *siebente Rezeptionsschranke* im Verhältnis der Politikwissenschaft zur neueren soziologischen Systemtheorie an. Luhmanns Ansatz

---

10　Und diese Prämisse der territorialen Organisation wird in der politischen Praxis selbst dann aufrechterhalten, wenn sie empirisch völlig unhaltbar ist, wie etwa in Afghanistan, Somalia oder dem Irak.

vertritt als soziologische Großtheorie explizit den Anspruch, auch das Phänomen sozialwissenschaftlicher Theoriebildung – mithin sich selbst – beschreiben und erklären zu können. Andere sozialwissenschaftliche Theorieangebote stellen in einer solchen Perspektive nicht nur Alternativen dar, sondern tauchen notwendigerweise auch als Untersuchungsgegenstände auf. »Nicht ganz zu Unrecht fühlt sich die Politikwissenschaft deshalb immer nur als beobachteter, nie als beobachtender Dialogpartner.« (Göbel 2000: 169) Doch warum eigentlich fühlt man sich provoziert, wenn man sich doch stattdessen produktiv herausgefordert fühlen könnte? Ironischerweise ließe sich die von Luhmann vorgenommene »wissenschaftliche Unterordnung« der Politikwissenschaft unter die Soziologie allein dadurch aufheben, dass man gleichsam aus der Schmollecke heraustritt und sich mit den systemtheoretischen Prämissen, Thesen und Argumenten offen und ohne die skizzierten Rezeptionsschranken auseinandersetzt. Welchen Mehrwert die Politikwissenschaft daraus schöpfen könnte, soll nun exemplarisch anhand der demokratietheoretischen Überlegungen Luhmanns gezeigt werden.

4 Systemtheorie und Politik – die Herausforderung des Luhmann'schen Demokratiebegriffs

Luhmanns Beschäftigung mit der Demokratie grenzt sich von zwei alternativen Betrachtungsweisen ab: von »deduktiv-normativ« argumentierender Demokratietheorie ebenso wie von »unkritisch-empirisch« vorgehender Demokratieforschung. Einerseits lehnt Luhmann explizit die für den ersten Ansatz typische »wertende Vorwegnahme eines normativen Demokratiekonzepts« (1971: 42) ab, an dem anschließend die Wirklichkeit gemessen wird.

> »Es ist ebenso billig wie unverantwortlich, Ideale aufzustellen, denen die Verhältnisse nicht genügen, und dann Klage zu führen über die noch immer nicht eingelösten Versprechen der bürgerlichen Revolution. Ich sehe in dieser Attitude keine Theorie, geschweige denn kritische Theorie.« (Luhmann 1986: 215 f.; vgl. Luhmann 1971: 35 ff.)

Andererseits lehnt Luhmann implizit auch das in der empirisch forschenden Politikwissenschaft mehr und mehr verbreitete Vorgehen ab, die Bedeutung des Begriffs *Demokratie* einfach so abzuändern, dass faktisch auftretende Entdemokratisierungstendenzen nicht mehr als solche wahrgenommen werden.[11] Stattdessen hält Luhmann die Demokratie

---

11 Dies betrifft zurzeit insbesondere die Diskussion zur postnationalen Konstellation. Vgl. exemplarisch für das Problemfeld der europäischen Integration Landfried 2007; kritisch hierzu Jörke 2009: 464 ff.

»für eine höchst voraussetzungsvolle, evolutionär unwahrscheinliche, aber reale politische Errungenschaft. Daraus folgt, daß man nicht mit der Kritik der Zustände und Verhältnisse beginnen sollte, sondern sich zunächst wundern muß, daß es überhaupt funktioniert, und dann die Frage hat: wie lange noch. [...] Es geht dann darum, herauszufinden, wo und in welchen Hinsichten sich gegenwärtig schon Gefährdungen abzeichnen. [....] Geht man [...] von der Unwahrscheinlichkeit dessen aus, was so gut wie normal funktioniert, kann man deutlicher und vor allem genauer erkennen, wo das System in bezug auf seine eigenen strukturellen Erfordernisse inkonsequent und selbstgefährdend operiert« (1986: 215 f.).

Luhmanns Vorgehen gleicht also einem Dreischritt: Wie hat sich die moderne Demokratie herausgebildet? Wodurch ist sie gekennzeichnet? Und: Welchen Gefahren sieht sie sich gegenüber? Er hat also neben einem historischen und einem systematischen auch ein normatives – oder zumindest normativ anschlussfähiges – Interesse an Demokratie. Hiervon ausgehend lassen sich (mindestens) neun Einsichten über moderne Demokratien gewinnen – zwei zu der Frage, was Demokratie nicht ist; vier hinsichtlich der Frage, was Demokratie ist; und drei dahingehend, welchen Selbstgefährdungen heutige Demokratien gegenüberstehen.

4.1   Was moderne Demokratie nicht ist

Luhmann liefert zunächst zwei Abgrenzungen dahingehend, was moderne Demokratie nicht ist. *Erstens:* »Herrschaft des Volkes über das Volk« (ebd.: 208). Dieser traditionelle Demokratiebegriff birgt zweierlei Schwierigkeiten. Zum einen beinhaltet er das klassische Paradox der Volkssouveränität (vgl. Kielmansegg 1977: 230 ff.). Durch das Festhalten am Begriff der Herrschaft wird der Bezug des Volkes auf sich selbst – mithin die Identität von Herrscher und Beherrschtem – zum nicht auflösbaren Problem. Zum anderen unterstellt die genannte Demokratiedefinition die Existenz eines nicht ohne metaphysische (bspw. nationalistische) Zusatzannahmen denkbares Kollektivsubjekt (»das Volk«), dessen Existenz im Sinne einer willensbildenden und handelnden Einheit kaum plausibel ist. Zusammengenommen kann mit einem solchen Verständnis von Demokratie zwar ein normatives (wenn auch unrealistisches) Anforderungsprofil formuliert werden. Zur Beschreibung und Kritik eines realen Phänomens eignet es sich hingegen nicht.

Zweitens ist Demokratie »auch nicht: ein Prinzip, nach dem alle Entscheidungen partizipabel gemacht werden müssen« (Luhmann 1986: 208). Gegen ein solches Verständnis, das typisch für die sogenannte »partizipatorische Demokratietheorie« ist (vgl. Pateman 1970; Barber 1994), sprechen im Wesentlichen zwei Argumente. Einerseits würde es mit der funktionalen Differenzierung der

Gesellschaft eine ihrer zentralen Errungenschaften zerstören und ihr damit den
Charakter der Modernität nehmen. In der Folge wäre die Autonomie aller gesellschaftlichen Teilbereiche in Frage gestellt – denn es gäbe a priori kein Hin-
dernis mehr, auch über juristische, wirtschaftliche oder religiöse etc. Fragen
demokratisch zu entscheiden. Andererseits könnte auch die Politik nicht mehr
arbeitsteilig ihre Aufgabe des kollektiv bindenden Entscheidens erfüllen und
damit die Bürger gerade davon entlasten, sich an allen Entscheidungen beteiligen zu müssen. Stattdessen entstünde in einem Prozess der »Teledemobüro-
kratisierung« (Luhmann 1986: 208) ein enorm komplexes und vor allem un-
durchsichtiges Entscheidungsgefüge, das letztlich nur wieder Intransparenz
produzieren und damit das ursprüngliche Ziel der Beteiligung aller torpedieren
würde. »Eine intensive, engagierende Beteiligung aller [...] zu fordern, hieße
Frustrierung zum Prinzip machen. Wer Demokratie so versteht, muß in der Tat
zu dem Ergebnis kommen, daß sie mit Rationalität unvereinbar ist.« (Luhmann
1971: 39)

4.2   Was moderne Demokratie ist

Nach diesen beiden Abgrenzungen liefert die Luhmann'sche Systemtheorie vier
Argumente darüber, durch welche Strukturen die moderne Demokratie gekennzeichnet ist: *Erstens* bezeichnet sie die Inklusion der gesamten Bevölkerung
in das politische System. Alle Funktionssysteme zeichnen sich durch diese
grundsätzliche Offenheit aus: Jede Person kann am Rechtssystem teilhaben
(etwa als Vertragsnehmer), wirtschaftlich tätig werden (zum Beispiel als Käufer)
und eben auch am politischen System partizipieren (bspw. als Wähler, Amts-
inhaber oder Entscheidungsunterworfener). Im Unterschied zu vormodernen
Gesellschaftsformen, in denen es für verschiedene Personengruppen spezifische
Zugangsregeln wie etwa die Herkunft oder das Zunftprinzip gab, existieren
heute grundsätzlich keine Privilegien oder Benachteiligungen mehr für einzelne
Personen. Diese evolutionäre Errungenschaft hat für das politische System, so
Luhmann, »aus historisch-zufälligen Gründen den Namen Demokratie bekommen« (1986: 211). Mit Inklusion ist selbstredend nicht Gleichberechtigung
im Sinne von Gleichbeteiligung gemeint (vgl. Luhmann 2000: 97). Doch die
empirisch zum Teil gravierenden Ungleichverteilungen etwa entlang von Ein-
kommen oder Bildungsniveau sind »nur« noch statistischer Natur, und gerade
weil sie funktional nicht notwendig sind, stehen sie unter Rechtfertigungszwang
(vgl. Luhmann 1981: 27).[12]

---

12 Einige Beispiele aus dem demokratiepolitischen Bereich sind die Forderungen nach Sen-
    kung des Wahlalters, die Debatten um das Staatsbürgerschaftsrecht, die Problematik der

Zweitens definiert Luhmann Demokratie als »die Spaltung der Spitze des ausdifferenzierten politischen Systems durch die Unterscheidung von Regierung und Opposition« (1986: 208). Wie alle Funktionssysteme besitzt auch die Politik mit der *Macht* ein spezifisches Kommunikationsmedium, das die Form eines binären Codes hat. Alle zu einem Funktionssystem gehörenden Kommunikationen tauchen auf einer der beiden Code-Seiten auf. Damit kann das politische System seine spezifische Identität ausbilden. Der grundlegende Macht-Code ist dabei *machtüberlegen/machtunterlegen*. Ursprünglich besetzte das Zentrum des politischen Systems – der Staat bzw. die Staatsspitze – die präferierte, machtüberlegene Seite, während die Peripherie – die Untertanen – machtunterlegen waren. Mit der Entstehung der modernen Demokratie wurde diese Lage zwar nicht abgelöst, aber überformt durch die Institutionalisierung einer machtunterlegenen *Opposition* gegenüber der machtüberlegenen *Regierung* innerhalb des politischen Zentrums. Mit dieser Technisierung des Codes ging die Öffnung des politischen Systems gegenüber gesellschaftlichen Einflüssen einher, insbesondere durch die Einführung von Wahlen. Durch sie wurde ein regelmäßig wiederkehrender »Strukturbruch« institutionalisiert, der die Politik mit Ungewissheit konfrontiert und sie zwingt, sich auf die politischen Interessen der Gesellschaft einzulassen. Dadurch öffnete sich das politische System kognitiv gegenüber der Gesellschaft (vgl. Luhmann 2000: 88 ff.).

Die »Spaltung der Spitze« sichert *drittens* jedoch nicht nur die *kognitive Offenheit* des politischen Systems, sondern auch seine *operative Geschlossenheit*: Durch die Einrichtung von Wahlen kam es überhaupt zur Einrichtung eines autonomen, operativ geschlossenen politischen Funktionssystems (vgl. ebd.: 105 ff.). Zwischen den Urnengängen ist Politik zwar beeinflussbar, aber nicht durch gesellschaftliche Ereignisse in bestimmte Richtungen steuerbar. Und selbst bei Wahlen und Abstimmungen ist die Art der Beeinflussung strikt vorgegeben. Demgegenüber kann sich das politische System vor einer schier unendlichen Vielzahl denkbarer gesellschaftlicher Einflussmöglichkeiten erfolgreich schützen. Die demokratietheoretische Diskussion hat sich an diesem Effekt der Schließung des politischen Systems vielfach kritisch abgearbeitet, bspw. mit dem Phänomen, das aktuelle politische Entscheidungen mit so etwas Abstraktem wie mehrere Jahre zurückliegenden Wahlergebnissen gerechtfertigt werden. Dabei wird jedoch verkannt, dass »die operative Schließung eines Systems Voraussetzung ist für seine Offenheit in Bezug auf die Umwelt« (ebd.: 105). Ohne diese Schließung gäbe es kein selbstständiges politisches System, das sich nach eigenen Gesetzen strukturieren und auf seine Gesellschaft einwirken

---

Exklusion ethnischer Minderheiten oder die Gewährung kommunalen Wahlrechts für EU-Ausländer.

kann – und damit, so die Schlussfolgerung, gäbe es unter den Bedingungen der Moderne überhaupt keine Demokratie.

Viertens schließlich ermöglicht die »Spaltung der Spitze« eine erhebliche Steigerung der Kapazität des politischen Systems. Zumeist wird Demokratisierung im Wesentlichen – und zweifellos zutreffend – als Prozess der Einhegung und Schwächung des Staates beschrieben. Gleichwohl gibt es auch einen gegenläufigen Effekt der Stärkung des politischen Zentrums: Mit der Institutionalisierung der Möglichkeit eines regulären Machtwechsels werden »die Machthaber« von der Notwendigkeit befreit, fortwährend für ihre physische Überlegenheit gegenüber politischen Gegnern und den Untertanen (bzw. Bürgern) zu sorgen (vgl. ebd.: 98). Stattdessen erhalten sie die Möglichkeit, den juristischen Apparat des Rechtssystems zur Erreichung ihrer politischen Ziele zu nutzen, namentlich durch Verfassung- und Gesetzgebung, Verordnungen und die rechtliche Konditionierung der Verwaltung. Die Politik erhält damit die Chance, mittels des Rechts »[l]ängere Entscheidungsketten mit Bindungseffekt für fernliegende Situationen unter noch unbekannten Einzelbedingungen und ohne direkte Macht über die Partner« (Luhmann 1973: 11) aufzubauen. Damit steigen Kapazität und Komplexität des politischen Systems deutlich an, denn viele ursprünglich vom Gewaltapparat absorbierte Ressourcen können nun für die Bearbeitung politischer Probleme jenseits des bloßen Machterhalts eingesetzt werden.[13]

4.3   Selbstgefährdungen der modernen Demokratie

Mittels der systemtheoretischen Reformulierung des Begriffs der modernen Demokratie lassen sich drei zentrale Gefahren empirisch beobachten, denen sich demokratische Regierungssysteme heute gegenüber sehen. Der wesentliche Mehrwert gegenüber alternativen Theorieangeboten besteht darin, dass diese Perspektive zu zeigen in der Lage ist, dass diese Gefahren nicht »von außen« – etwa durch neoliberale Wirtschaftsakteure oder apathische Bürger – an die Politik herangetragen werden. Das hier entfaltete Argument lautet vielmehr, dass gravierende Gefahren der Demokratie aus ihrer Funktionsweise selbst hervorgehen.

Die *erste* dieser Selbstgefährdungen der Demokratie liegt in der *Selbstdiszi-*

---

13 Die Bildung eines autonomen politischen Systems kann auch ohne seine Demokratisierung einhergehen, wie zahlreiche moderne Autokratien wie etwa in China zeigen. Der Verzicht auf die Technisierung des Macht-Codes macht jedoch erhöhte Anstrengungen für den Erhalt der Macht notwendig, erschwert den Zugang der Bevölkerung zur Politik und führt zu einer Reihe von spezifischen Stabilitätsrisiken im Verhältnis zu den anderen Funktionssystemen (vgl. für die Beziehung zum Rechtssystem Hein 2011: 9 ff.).

plinierung der Opposition. Sie ergibt sich unmittelbar aus der Tatsache, dass eine Opposition zur Regierung im Zentrum des politischen Systems institutionalisiert wird. Dies hat zwar im Unterschied zu Autokratien stark erhöhte Freiheitsgrade für die Opposition zur Folge, zieht aber ebenso die Ausrichtung ihres Handelns auf die Perspektive der Regierungsübernahme nach sich. Daher dominiert eine Orientierung an politisch machbar Erscheinendem und bereits von der Regierung vorgegebenen Themen, so dass sich das Spektrum der im politischen Zentrum thematisierten gesellschaftlichen Probleme und ihrer Lösungsansätze spürbar verengt.

> »Viele Sachanliegen und Interessen bleiben im politischen Spektrum von Regierung und Opposition dann unvertreten und suchen sich ›voice‹ auf anderen Wegen oder versinken in die gerade von engagierten Demokraten gefürchtete Apathie, die allenfalls durch eine übertriebene Rhetorik wiederbelebt werden kann. Das Problem der Demokratie ist: wie breit das Themenspektrum sein kann, das im Schema von Regierung und Opposition und in der Struktur der Parteiendifferenzierung tatsächlich erfaßt werden kann.« (Luhmann 2000: 102)[14]

Da diese »Kurzschließung der Selbstreferenz« (Luhmann 1981: 37) bzw. »Selbstdespontaneifikation« (Luhmann 1986: 212) aus der Struktur moderner Demokratien selbst entsteht, geht jedoch normative Kritik an der politischen Elite am Problem vorbei. Die Politikwissenschaft könnte aus der Luhmann'schen Analyse stattdessen die Anregung mitnehmen, institutionelle Reformvorschläge zur Erhöhung der Thematisierungskapazität bestehender Regierungssysteme zu entwickeln, die punktuell das Schema von Regierung und Opposition durchbrechen bzw. ergänzen. Solche »Versuche der Rechaotisierung« (ebd.: 212 f.) könnten etwa, um ein Beispiel aus der aktuellen Debatte um das Demokratiedefizit der Europäischen Union zu nennen, in der Einführung von Losverfahren gefunden werden (vgl. Buchstein/Hein 2009).

In der *Selbstüberforderung* der Politik durch *Steuerungsoptimismus* liegt eine *zweite* Selbstgefährdung der Demokratie. Mit der Ausdifferenzierung eines autonomen politischen Systems ging auch die Entstehung von »Wohlfahrtsstaaten« einher, d.h. eine massive Ausweitung der politischen Steuerungsbemühungen anderer Funktionssysteme, namentlich der Wirtschaft, der Erziehung und der Krankenversorgung. Diese Expansion beruhte zum ersten auf der Tatsache, dass das politische System wie kein anderes Funktionssystem aufgrund seines Monopols auf kollektiv bindende Entscheidungen die Möglichkeit hat,

---

14 Dieser Problemzusammenhang lässt sich in zahlreichen Politikfeldern beobachten. So gelingt es bspw. in der Umweltpolitik neu gewählten Regierungen kaum, Entscheidungen wider wirtschaftspolitische Imperative zu fällen, und in der Außen- und Militärpolitik legte bislang noch jede Partei, die Mitglied der Regierung eines NATO-Mitgliedsstaates wurde, ihre allfälligen Einwände gegen die Strategie oder gar Existenz des »Verteidigungsbündnisses« ad acta.

andere Gesellschaftsbereiche zielgerichtet zu beeinflussen. Zum zweiten ist unter den Bedingungen funktionaler Differenzierung prinzipiell jedes gesellschaftliche Problem politisierbar. Zum dritten schließlich wurde diese Entwicklung durch die Logik des Regierung/Opposition-Codes begünstigt (vgl. Luhmann 1981: 28). Wahlkämpfe wurden und werden erfolgreich mit Steuerungsankündigungen geführt – häufig wider besseres Wissen über die tatsächlichen Steuerungsmöglichkeiten:

> »Wie bei den Hopi-Indianern der Regentanz scheint das Reden von Ankurbelung der Wirtschaft, Sicherung des Standorts Deutschland, Beschaffung von Arbeitsplätzen eine wichtige Funktion zu erfüllen; jedenfalls die, den Eindruck zu verbreiten, daß etwas getan wird und nicht einfach abgewartet wird, bis die Dinge sich von selber wenden.« (Luhmann 2000: 113)

Wie im dritten Abschnitt gezeigt wurde, liefert die Luhmann'sche Systemtheorie eine empirische Erklärung für die zahlreichen Steuerungsprobleme und -defizite. Daran anschließend lässt sich nun argumentieren, dass nicht nur das Festhalten an unrealistischen Steuerungsprogrammen (stetiges Wirtschaftswachstum, Vollbeschäftigung), sondern auch der Rückzug aus bisherigen Politikfeldern (Abbau sozialer Sicherungen, Privatisierung staatlicher Unternehmen) in eine Legitimationskrise der Demokratie geführt haben, deren Abschwächung noch lange nicht abzusehen ist (vgl. Schäfer 2009). Immer größere Bevölkerungsteile – darunter insbesondere die ärmeren und »bildungsfernen« Schichten – kehren dem politischen System den Rücken, was sich in fallenden Wahlbeteiligungen und sinkendem politischen Engagement niederschlägt. Einerseits wird der Leistungsfähigkeit der Politik nicht mehr vertraut; andererseits fragt man sich, was man von einem politischen System erwarten solle, das mehr und mehr die Bearbeitung gesellschaftlicher Problemlagen verweigert, denen es sich bisher gewidmet hatte. Dieser Widerspruch führt dazu, dass die Unzufriedenheit nicht mehr in Protest umschlägt, sondern im Wesentlichen in Resignation einmündet. Diese Überlegung könnte der Politikwissenschaft die These liefern, dass Lösungsansätze für die aktuelle Krise der Demokratie quer zu den neoliberalen (»Schlanker Staat«) und linken (erneute Ausweitung der Staatstätigkeit) Patentrezepten gesucht werden müssen. »Mit bloßer Negation oder Umkehrprogrammatik«, so Luhmann, »ist weder theoretisch noch praktisch viel zu gewinnen« (1981: 86).

Auch die *dritte* Selbstgefährdung der Demokratie geht direkt aus der Funktionslogik demokratischer Politik hervor, schließt aber problemverschärfend an die ersten beiden an. »*Selbstentpolitisierung« durch Moralisierung* bezeichnet die Beobachtung, dass politische Akteure von der Ebene programmatischer Kontroversen auf die persönliche bzw. moralische Ebene wechseln (vgl. Luhmann 1986: 214 f.). Dies kann durch die Ermangelung sachlicher Alternativen ausgelöst werden, wird aber bereits durch die Offenheit des Regierung/Opposition-Codes ermöglicht, der die politische Auseinandersetzung inhaltlich in keiner Weise festlegt. Eine Strategie ist dabei die Missbilligung politischer Gegner mit dem Verweis auf ihre (vermeintlichen) moralischen Verfehlungen, verbunden mit dem Ziel, die Gegner als nicht wählbar darzustellen. Dadurch kommt es zu einer Verengung politischer Auseinandersetzungen auf persönliche Kontroversen, in denen die Lösung von Problemen keine oder nur noch eine marginale Rolle spielt.[15] Eine andere Strategie ist die moralische Missbilligung der Programme politischer Gegner als »ungerecht«, »unchristlich«, »dekadent« etc. Damit wird versucht, die Debatte von den Details der wirtschaftlichen, juristischen oder sonstigen Folgen eines politischen Programms abzulenken und stattdessen auf einer allgemein moralischen Ebene einen Erfolg zu verbuchen.[16]

Beide Strategien versprechen zwar kurzfristigen politischen Erfolg. Sie ignorieren jedoch, dass der moderne politische Prozess eben nicht moralischen Imperativen folgt. »Dieser Verlust von sozialer und ethischer Einbettung gehört zu den Kosten, mit denen für die Ausdifferenzierung des politischen Systems und, so paradox es klingen mag, für die Demokratie bezahlt werden muß.« (Luhmann 2000: 149) Moralisierung birgt daher die Gefahr einer »Entpolitisierung« im Sinne der schrumpfenden Bedeutung programmatischer Kontroversen – und d.h. mittelbar: der Folgen politischer Entscheidungen für die betroffenen Funktionssysteme, die ökologische Umwelt sowie die Politik selbst. An ihrer statt wird der Fokus auf »moralische Integrität« gesetzt – was immer das sein mag in einer Gesellschaft, die sich gerade dadurch auszeichnet, *keine* verbindlichen ethischen Standards mehr zu kennen, sondern moralische Pluralität und Liberalität zu pflegen.

Luhmann selbst hielt es angesichts des Erfolges von Moralisierungsstrategien

---

15 Hier sei exemplarisch auf die monatelange »Stasi-Debatte« in Brandenburg verwiesen, die nach der Bildung einer rot-roten Koalitionsregierung im November 2009 die Landespolitik regelrecht zum Erliegen brachte. »Beschäftigt sich Brandenburg damit, dass es wirtschaftlich in einer verzweifelten Lage ist? Dass ihm die Menschen weglaufen? Dass Soll und Haben in diesem Bundesland immer weniger in Übereinstimmung gebracht werden? Nein, wozu auch, es gibt Wichtigeres.« (Krauß 2010)

16 So stieß bspw. der deutsche Außenminister und Vorsitzende der FDP, Guido Westerwelle, im Februar 2010 eine neuerliche ›Hartz-IV-Debatte‹ an, indem er den Bezug von Sozialleistungen als »anstrengungslosen Wohlstand« bezeichnete und mit »spätrömischer Dekadenz« verglich und zudem behauptete, dass es »in Deutschland nur noch Bezieher von Steuergeld zu geben [scheint], aber niemanden, der das alles erarbeitet« (Westerwelle 2010). In der Folge war es für Westerwelles politische Gegner ausgesprochen schwer, die Diskussion von der Ebene der moralischen Konfrontation gesellschaftlicher Gruppen (dekadente Arbeitslose vs. arbeitender Mittelstand) wieder auf die Ebene der wirtschafts- und sozialpolitischen Fakten zu lenken (bspw. hinsichtlich der Frage, wie groß die Einkommensunterschiede zwischen ›Hartz-IV‹-Empfängern und Arbeitnehmern tatsächlich sind).

für illusorisch, von der Politik Moralabstinenz zu verlangen. Gleichwohl forderte er, dass Politik »auf einer *Ebene höherer Amoralität* ablaufen muß« (Luhmann 1986: 214; Hervorhebung im Original). Diese Forderung nach moralischer Zurückhaltung sollte gleichwohl nicht missverstanden werden als moralisches, aus ethischen Maximen abgeleitetes Argument (vgl. Offe 1986). Wie gezeigt wurde, handelt es sich vielmehr um einen aus der Analyse der Funktionsweise demokratischer Politik gewonnen Hinweis auf ihre Selbstgefährdung. In diesem Sinne hatte Luhmann zweifellos ein positiv-normatives Interesse an der Erhaltung der Demokratie, abgeleitet aus der »Annahme, daß die moderne Gesellschaft nur bestandsfähig ist, wenn die Funktionssysteme in ihrer Autonomie ungestört bleiben und keiner Einflußnahme durch Moral, Religion oder einer anderen Supercodierung unterliegen« (Hellmann/Fischer 2003: 12). Die Politikwissenschaft, namentlich die normative politische Theorie, könnte hier die Anregung mitnehmen, sich gleichsam »normativ abzuklären« und im Gegenzug »funktional aufzuklären«:

> »Die Rückbeziehung der Wertungen auf die gesellschaftliche Realität mit Hilfe theoretischer Analyse erschwert das nur verbale Opponieren. Als Realität projektiert man das, was gemeinsam vorauszusetzen ist. Das mag Projektion bleiben und Widerspruch finden; aber die Diskussion über Realitätsannahmen und ihre theoretischen Voraussetzungen hat eine andere Qualität als die bloße Wertungsopposition und ermöglicht ein anderes, komplexeres Niveau der Beobachtung politischen Handelns.« (Luhmann 1981: 129 f.)[17]

5   Fazit und Ausblick

Das Beispiel des systemtheoretischen Demokratiebegriffs hat deutlich gemacht, wie sich die Rezeption der soziologischen Theorie Luhmanns auf die Politikwissenschaft produktiv auswirken könnte. Die von Luhmann gestellte Frage, »(o)b systemtheoretische Analysen in einem Gegenstandsbereich wie Politik Vorteile bringen oder gar als wissenschaftlicher ›Fortschritt‹ angesehen werden können« (1995: 109), ist also mit einem deutlichen »Ja« zu beantworten. Die neuere soziologische Systemtheorie gleicht einer Fundgrube interessanter Ideen, auf die die Politologie keinesfalls verzichten, sondern die sie sich kreativ aneignen sollte. Die Überwindung der aufgezeigten Missverständnisse und Rezeptionsschranken macht die zahlreichen Anknüpfungspunkte zwischen Politologie und Systemtheorie sicht- und damit nutzbar. Und diese liegen, wie

---

17 Darüber hinaus erscheint es sinnvoll, politische Prozesse auf weitere, neben der Moralisierung genutzte »Exit-Strategien« hin zu untersuchen – zu denken wäre hier bspw. an die Ästhetisierung von Politik (vgl. Tänzler 2003).

gerade das Beispiel der Demokratie gezeigt hat, nicht nur in der Anwendung einer »grand theory«, sondern nicht zuletzt auch in den vielfältigen empirischen Beobachtungen der Systemtheorie.

All dies könnte zudem als Anregung zu einer neuerlichen Lektüre der politikwissenschaftlichen systemtheoretischen Klassiker dienen. Mit Blick auf den schon quantitativ beeindruckenden Umfang der Gesamtwerke Eastons, Deutschs und Almonds und ihren starken ideengeschichtlichen Einfluss erscheint es alles andere als unwahrscheinlich, dass sich auch bei ihnen zahlreiche anschluss- und aktualisierungsfähige Überlegungen finden lassen.

Schließlich könnte die Systemtheorie auch dabei helfen, eine Brücke zwischen normativ und empirisch orientierter Politikwissenschaft zu bauen. Wie gezeigt wurde, bietet die *empirische* Beobachtung der funktionalen Differenzierung als Hauptcharakteristikum moderner Gesellschaften einen Ausgangspunkt für *normative* Überlegungen, die wiederum empirische Forschungsprogramme anleiten könnten. Wenn die Politikwissenschaft in diesem Sinne dem Ideal einer Distanz wahrenden, reflektierten, weder unmittelbar normativ orientierten noch nach einem ökonomischen Nutzwert ihrer Forschungsergebnisse fragenden Wissenschaft folgen würde, wäre es nicht zuletzt auch möglich, die außerwissenschaftliche Relevanz politologischer Diskurse zu erhöhen. Dann wäre politische Theorie wieder »ein Versuch, Selbstbeobachtungsprozesse [der Politik – M.H.] zu koordinieren und sie mit Möglichkeiten der Selbstkritik auszustatten« (Luhmann 1981: 56).

Literatur

ALBERT, MATHIAS (2002): Zur Politik der Weltgesellschaft. Identität und Recht im Kontext internationaler Vergesellschaftung. Weilerswist: Velbrück.

ALMOND, GABRIEL A. (1960): Introduction. A Functional Approach to Comparative Politics. In: ders./Coleman (Hg.), S. 3–64.

ALMOND, GABRIEL A./COLEMAN JAMES S. (Hg.) (1960): The Politics of the Developing Areas. Princeton: Princeton University Press.

ALMOND, GABRIEL A./POWEL, BINGHAM G. (1966): Comparative Politics. A Developmental Approach. Boston: Little Brown.

ALMOND, GABRIEL A./VERBA, SIDNEY (1963): The Civic Culture. Political Attitudes and Democracy in Five Nations. Princeton: Princeton University Press.

BARBER, BENJAMIN R. (1994): Starke Demokratie. Über die Teilhabe am Politischen. Hamburg: Rotbuch.

BERG, HENK DE/SCHMIDT, JOHANNES (Hg.) (2000): Rezeption und Reflexion. Zur Resonanz der Systemtheorie Niklas Luhmanns außerhalb der Soziologie. Frankfurt am Main: Suhrkamp.

Berliner Akademie der Künste (Hg.) (1986): Der Traum der Vernunft. Vom Elend der
Aufklärung. Zweite Folge. Darmstadt, Neuwied: Luchterhand.

Beyerle, Matthias (1994): Staatstheorie und Autopoiesis. Über die Auflösung der
modernen Staatsidee im nachmodernen Denken durch die Theorie autopoietischer
Systeme und der Entwurf eines nachmodernen Staatskonzepts. Frankfurt am Main
u. a.: Peter Lang.

Beyme, Klaus von (1994): Systemwechsel in Osteuropa. Frankfurt am Main: Suhrkamp.

Beyme, Klaus von (2007): Theorie der Politik im 20. Jahrhundert. Von der Moderne zur
Postmoderne. Erweiterte Ausgabe. Frankfurt am Main: Suhrkamp.

Bohnet, Matthias/Hopf, Henning/Lompe, Klaus/Oberbeck, Herbert (Hg.) (2007):
Wohin steuert die Bundesrepublik? Einige Entwicklungslinien in Wirtschaft und Gesellschaft. Frankfurt am Main u. a.: Peter Lang.

Bornemann, Basil (2007): Politisierung des Rechts und Verrechtlichung der Politik
durch das Bundesverfassungsgericht? Systemtheoretische Betrachtungen zum Wandel
des Verhältnisses von Recht und Politik und zur Rolle der Verfassungsgerichtsbarkeit.
In: Zeitschrift für Rechtssoziologie 28, S. 75 – 95.

Brodocz, André (2009): Die politische Theorie autopoietischer Systeme: Niklas Luhmann. In: ders./Schaal (Hg.), S. 529 – 558.

Brodocz, André/Schaal, Gary S. (Hg.) (2009): Politische Theorien der Gegenwart II.
3. Auflage. Opladen, Farmington Hills: Barbara Budrich.

Brunkhorst, Hauke (Hg.) (2009): Demokratie in der Weltgesellschaft. Baden-Baden:
Nomos (Soziale Welt, Sonderband 18).

Buchstein, Hubertus/Hein, Michael (2009): Zufall mit Absicht. Das Losverfahren als
Instrument einer reformierten Europäischen Union. In: Brunkhorst (Hg.), S. 351 – 384.

Creydt, Meinhard (1998): Luhmanns System. In: Kommune. Forum für Politik, Ökonomie, Kultur 16, Heft 1, S. 56 – 61.

Czerwick, Edwin (2001): Politik als System: Zum Politikverständnis in Systemtheorien.
In: Lietzmann (Hg.), S. 287 – 310.

Deutsch, Karl W. (1966): Nationalism and Social Communication. An Inquiry Into the
Foundations of Nationality. Cambridge, London: MIT Press.

Deutsch, Karl W. (1969): Politische Kybernetik. Modelle und Perspektiven. Freiburg:
Rombach.

Deutsch, Karl W. (1976): Staat, Regierung, Politik. Eine Einführung in die Wissenschaft
der vergleichenden Politik. Freiburg: Rombach.

Dierig, Carsten (2008): Dosenpfand bringt mehr Schaden als Nutzen. In: Die Welt,
23.08.2008. http://www.welt.de/wirtschaft/article2343472/Dosenpfand-bringt-mehr-
Schaden-als-Nutzen.html (Zugriff am 29. März 2010).

Donges, Patrick (2009): Sichtbarkeit und Zurechenbarkeit. Kommunikation als Voraussetzung von Politik. In: Schulz/Hartung/Keller (Hg.), S. 105 – 114.

Druwe, Ulrich (1995): Politische Theorie. 2. Auflage. Neuried: Ars Una.

Easton, David (1953): The Political System. An Inquiry Into the State of Political Science.
New York: Knopf.

Easton, David (1965): A Framework For Political Analysis. Englewood Cliffs: Prentice-
Hall.

Easton, David (1965a): A Systems Analysis of Political Life. New York u. a.: Wiley.

Esser, Hartmut (2007): Soll das denn alles (gewesen) sein? Anmerkungen zur Umsetzung der soziologischen Systemtheorie in empirische Forschung. In: Soziale Welt 58, S. 351–358.

FETSCHER, IRING/MÜNKLER, HERFRIED (Hg.) (1985): Politikwissenschaft. Begriffe – Analysen – Theorien. Ein Grundkurs. Reinbek: Rowohlt.

FISCHER, KARSTEN (2006): Moralkommunikation der Macht. Politische Konstruktion sozialer Kohäsion im Wohlfahrtsstaat. Wiesbaden: VS Verlag für Sozialwissenschaften.

GÖBEL, ANDREAS (2000): Politikwissenschaft und Gesellschaftstheorie. Zu Rezeption und versäumter Rezeption der Luhmann'schen Systemtheorie. In: Berg/Schmidt (Hg.), S. 134–174.

GÖBEL, ANDREAS (2003): Die Selbstbeschreibungen des politischen Systems. Eine systemtheoretische Perspektive auf die politische Ideengeschichte. In: Hellmann/Fischer/Bluhm (Hgg.), S. 213–235.

HARTMANN, JÜRGEN (1997): Wozu politische Theorie? Eine kritische Einführung für Studierende und Lehrende der Politikwissenschaft. Wiesbaden: Westdeutscher Verlag.

HEIN, MICHAEL (2011): Constitutional conflicts between politics and law in transition societies: A systems-theoretical approach. Manuskript unter Begutachtung.

HELLMANN, KAI-UWE/FISCHER, KARSTEN (2003): Einleitung: Niklas Luhmanns politische Theorie in der politikwissenschaftlichen Diskussion. In: dies./Bluhm (Hg.), S. 9–16.

HELLMANN, KAI-UWE/FISCHER, KARSTEN/BLUHM, HARALD (Hg.) (2003): Das System der Politik. Niklas Luhmanns politische Theorie. Wiesbaden: Westdeutscher Verlag.

HOFMANN, WILHELM/DOSE, NICOLAI/WOLF, DIETER (2007): Politikwissenschaft. Konstanz: UVK.

JÖRKE, DIRK (2009): Die Dehnbarkeit der Demokratie im Spiegel der amerikanischen Ratifizierungsdebatte. In: Brunkhorst (Hg.), S. 451–469.

KAINA, VIKTORIA/RÖMMELE, ANDREA (Hg.) (2009): Politische Soziologie. Ein Studienbuch. Wiesbaden: VS Verlag für Sozialwissenschaften.

KIELMANSEGG, PETER GRAF (1977): Volkssouveränität. Eine Untersuchung der Bedingungen demokratischer Legitimität. Stuttgart: Klett-Cotta.

KRAUSS, MATTHIAS (2010): Der mutigste Politiker. In: Der Freitag, 11.03.2010, S. 11.

LADWIG, BERND (2009): Moderne politische Theorie. Fünfzehn Vorlesungen zur Einführung. Schwalbach/Ts.: Wochenschau.

LANDFRIED, CHRISTINE (2007): Zum Verhältnis von Nationalstaat und Europäischer Union – Eine Analyse am Beispiel der Verfassungspolitik. In: Bohnet u.a. (Hg.), S. 107–123.

LIETZMANN, HANS J. (Hg.) (2001): Moderne Politik. Politikverständnisse im 20. Jahrhundert. Opladen: Leske & Budrich.

LUHMANN, NIKLAS (1965): Grundrechte als Institution. Ein Beitrag zur politischen Soziologie. Berlin: Duncker & Humblot.

LUHMANN, NIKLAS (1969): Legitimation durch Verfahren. Neuausgabe 1983. Frankfurt am Main: Suhrkamp.

LUHMANN, NIKLAS (1971): Komplexität und Demokratie. In: ders. (1971a), S. 35–45.

LUHMANN, NIKLAS (1971a): Politische Planung. Aufsätze zur Soziologie von Politik und Verwaltung. Opladen: Westdeutscher Verlag.

LUHMANN, NIKLAS (1973): Politische Verfassungen im Kontext des Gesellschaftssystems. In: Der Staat 12, S. 1–22, 165–182.

LUHMANN, NIKLAS (1975): Macht. 3. Auflage 2003. Stuttgart: Lucius & Lucius.

LUHMANN, NIKLAS (1981): Politische Theorie im Wohlfahrtsstaat. München, Wien: Olzog.

LUHMANN, NIKLAS (1984): Soziale Systeme. Grundriß einer allgemeinen Theorie. Frankfurt am Main: Suhrkamp.

LUHMANN, NIKLAS (1986): Die Zukunft der Demokratie. In: Berliner Akademie der Künste (Hg.), S. 207–217.

LUHMANN, NIKLAS (1987): Archimedes und wir. Interviews. Hg. von Dirk Baecker und Georg Stanitzek. Berlin: Merve.

LUHMANN, NIKLAS (1989): Politische Steuerung: Ein Diskussionsbeitrag. In: Politische Vierteljahresschrift 30, S. 4–9.

LUHMANN, NIKLAS (1993): Gesellschaftsstruktur und Semantik. Band 2. Frankfurt am Main: Suhrkamp.

LUHMANN, NIKLAS (1993a): Wie ist soziale Ordnung möglich? In: ders. (1993), S. 195–285.

LUHMANN, NIKLAS (1995): Das Gedächtnis der Politik. In: Zeitschrift für Politik 42, S. 109–121.

LUHMANN, NIKLAS (2000): Die Politik der Gesellschaft. Frankfurt am Main: Suhrkamp.

LUHMANN, NIKLAS (2010): Politische Soziologie. Frankfurt am Main: Suhrkamp.

MERKEL, WOLFGANG (2010): Systemtransformation. Eine Einführung in die Theorie und Empirie der Transformationsforschung. 2. Auflage. Wiesbaden: VS Verlag für Sozialwissenschaften.

MÜNKLER, HERFRIED (1985): Politikwissenschaft. Zu Geschichte und Gegenstand, Schulen und Methoden des Fachs. In: Fetscher/ders. (Hg.), S. 10–24.

NARR, WOLF-DIETER (1969): Theoriebegriffe und Systemtheorie. Stuttgart u. a.: Kohlhammer.

NASSEHI, ARMIN/SCHROER, MARKUS (Hg.) (2003): Der Begriff des Politischen. Baden-Baden: Nomos (Soziale Welt, Sonderband 14).

NEVES, MARCELO (1992): Verfassung und Positivität des Rechts in der peripheren Moderne. Eine theoretische Betrachtung und eine Interpretation des Falls Brasilien. Berlin: Duncker & Humblot.

OFFE, CLAUS (1986): Demokratie und ›höhere Amoralität‹. Eine Erwiderung auf Niklas Luhmann. In: Berliner Akademie der Künste (Hg.), S. 218–232.

PARSONS, TALCOTT (1951): The Social System. Glencoe: The Free Press.

PARSONS, TALCOTT (1964): Evolutionäre Universalien der Gesellschaft. In: Zapf (Hg.), S. 55–74.

PARSONS, TALCOTT (1969): Politics and Social Structure. New York: The Free Press.

PARSONS, TALCOTT (1972): Das System moderner Gesellschaften. 4. Auflage 1996. Weinheim, München: Juventa.

PATEMAN, CAROLE (1970): Participation and Democratic Theory. Cambridge u. a.: Cambridge University Press.

PATZELT, WERNER J. (2007): Einführung in die Politikwissenschaft. Grundriss des Faches und studiumbegleitende Orientierung. 6. Auflage. Passau: Rothe.

PICKEL, SUSANNE/PICKEL, GERT (2006): Politische Kultur- und Demokratieforschung. Grundbegriffe, Theorien, Methoden. Eine Einführung. Wiesbaden: VS Verlag für Sozialwissenschaften.

POLLACK, DETLEF (1990): Das Ende einer Organisationsgesellschaft. Systemtheoretische

Überlegungen zum gesellschaftlichen Umbruch in der DDR. In: Zeitschrift für Soziologie 19, S. 292–307.

RATTINGER, HANS (2009): Einführung in die Politische Soziologie. München: Oldenbourg.

REESE-SCHÄFER, WALTER (2000): Politische Theorie heute. Neuere Tendenzen und Entwicklungen. München, Wien: Oldenbourg.

RIEKSMEIER, JÖRG (Hg.) (2007): Praxisbuch: Politische Interessenvermittlung. Instrumente – Kampagnen – Lobbying. Wiesbaden: VS Verlag für Sozialwissenschaften.

SCHÄFER, ARMIN (2009): Krisentheorien der Demokratie: Unregierbarkeit, Spätkapitalismus und Postdemokratie. In: Der moderne Staat 2, S. 159–183.

SCHARPF, FRITZ W. (1989): Politische Steuerung und Politische Institutionen. In: Politische Vierteljahresschrift 30, S. 10–21.

SCHIMANK, UWE/LANGE, STEFAN (2003): Politik und gesellschaftliche Integration. In: Nassehi/Schroer (Hg.), S. 171–186.

SCHULZ, PETER J./HARTUNG, UWE/KELLER, SIMONE (Hg.) (2009): Identität und Vielfalt der Kommunikationswissenschaft. Konstanz: UVK.

SIMSA, RUTH (2001): Gesellschaftliche Funktionen und Einflußformen von Nonprofit-Organisationen. Eine systemtheoretische Analyse. Frankfurt am Main u. a.: Peter Lang.

TÄNZLER, DIRK (2003): Zur Geschmacksdiktatur in der Mediendemokratie. Ein Traktat über politische Ästhetik. In: Merkur. Deutsche Zeitschrift für europäisches Denken 57, S. 1025–1033.

VOIGT, RONALD (2007): Nichts für Flaschen – Verpackungshersteller gegen Einwegpfand. In: Rieksmeier (Hg.), S. 202–213.

WASCHKUHN, ARNO (1987): Politische Systemtheorie. Entwicklung, Modelle, Kritik. Eine Einführung. Opladen: Westdeutscher Verlag.

WESTERWELLE, GUIDO (2010): Ungelöst: Das neue Hartz IV. In: Die Welt, 12.02.2010. http://www.welt.de/die-welt/politik/article6358167/Ungeloest-Das-neue-Hartz-IV.html (Zugriff am 29. März 2010).

ZAPF, WOLFGANG (Hg.) (1979): Theorien des sozialen Wandels. 4. Auflage. Königstein/Ts.: Athenäum u. a.

Elisabeth Böhm

»Die Dame hat Romane gelesen und kennt den Code« – Zur Rezeption der Systemtheorie und systemtheoretischer Operationen in der Literaturwissenschaft

> »Aber wir müssen, wo wir an älteren Texten Poesie zu
> entdecken meinen, immer zwei einander bestärkende
> Voreingenommenheiten unserer Wahrnehmung in Rechnung
> stellen: Diese Texte sind, da sie uns isoliert vorliegen, schon
> rein äußerlich in einen Status von ›Autonomie‹ geraten, den sie
> ursprünglich nicht hatten; und wir sehen sie mit dem
> poesiegewohnten Blick der ›Modernen‹, so daß wir Rätselhaftes
> nicht ihrer kulturellen Fremdheit, sondern ihrem
> Poesiecharakter zuschreiben.« (Eibl 1995: 35)

> »Die folgenden Überlegungen lassen sich von der These
> tragen, daß literarische, idealisierende, mythisierende
> Darstellungen der Liebe ihre Themen und Leitgedanken nicht
> zufällig wählen, sondern daß sie damit auf ihre jeweilige
> Gesellschaft und auf deren Veränderungstrends reagieren [...].
> Die jeweilige Semantik von Liebe kann uns daher einen
> Zugang eröffnen zum Verständnis des Verhältnisses von
> Kommunikationsmedium und Gesellschaftsstruktur.«
> (Luhmann 1982: 24)

> »Es ist wirklich etwas Göttliches [...], völlig wie die Force des
> großen Dichters, der aus Wahrheit und Lüge ein Drittes bildet,
> dessen erborgtes Dasein uns bezaubert.« (J.W.v. Goethe,
> Italienische Reise, Vicenza, 19. September 1786)

Die dem Beitrag als Motti vorangestellten Zitate zeigen, mit welcher Implikation die Literaturwissenschaft mit Luhmann arbeitet, wie dieser Literatur versteht und wie diese selbst ihren fiktionalen Charakter fasst – damit ist der Inhalt/ Gegenstand meines Textes umrissen.

Die Literaturwissenschaft hat im Zuge ihrer Ausprägung als Kulturwissenschaft auch die Frage nach der Relation von Literatur und Gesellschaft gestellt. Um diese beantworten zu können, geben die Schriften Luhmanns wichtige Anregungen. Das moderne Konzept der Individualität, das spezifisch systemtheoretische Verständnis von Liebe und die Überlegungen zu einem autonomen Literatursystem werden kurz skizziert und in ihrer Anwendung an literarischen

Texten vorgeführt. Dabei wird deutlich, dass bestimmte Reflexionen der Literaturwissenschaft von der Systemtheorie profitieren können, ohne die ganze Supertheorie übernehmen zu müssen.

1 Literatur und Gesellschaft
2 Moderne Individualität
3 Die Literatur des Genies
4 Liebe ist kein Gefühl
5 Enthusiastische Liebe im Drama
6 Liebe im Roman – romantische Liebe
7 Ausdifferenzierung des Literatursystems
8 Literaturwissenschaftliche Ausdifferenzierungen

1   Literatur und Gesellschaft

Niklas Luhmann war kein Literaturwissenschaftler. Er verstand sich selbst als Soziologe – zwar hat er die Geschichts- und Kulturwissenschaften stark beeinflusst, aber die Grundfragen, die Luhmann in seinen Texten, Seminaren und Vorträgen immer wieder stellte, waren im Kern soziologische. Trotzdem interessierten sich Literaturwissenschaftler sehr bald schon für seinen Theorie-Entwurf und wandten sich mit direkten Fragen an Luhmann oder integrierten seine Überlegungen in literaturwissenschaftliche Abhandlungen. Allerdings hat ihn die disziplinäre Literaturwissenschaft nie als einen aus ihren Reihen betrachtet und die Systemtheorie nicht als genuine Literaturtheorie behandelt. Vielmehr steht die Auseinandersetzung mit diesem Gedankengebäude im Kontext des so genannten Theorieimports. Generell stellt sich immer wieder die Frage nach dem spezifischen Mehrwert theoretisch grundierten Nachdenkens in den einzelnen Disziplinen, zumal dann, wenn diese Theorien eigentlich im Kontext anderer Gegenstände entwickelt und erprobt wurden. Aber die Literaturwissenschaft hat damit ein eigenes Problem, da sie sich seit den 1970er-Jahren nicht zuletzt aus den eigenen Reihen mit dem Vorwurf konfrontiert sieht, nicht wissenschaftlich zu arbeiten. Ein methodisch fixes, regelgeleitetes Vorgehen nach ganz bestimmten Standards, das wiederholbar ist und in allen Punkten vergleichbare Ergebnisse hervorbringt, scheint einem so mannigfaltigen Gegenstand wie der deutschsprachigen Literatur jedoch auch nicht ganz gerecht werden zu können. Kurz gesagt, findet sich deswegen und auch wegen ihrer ideologischen Korrumpierbarkeit gegen die Literaturwissenschaft der Vorwurf formuliert, den viele gegen den Deutschunterricht an den Schulen erheben: es handle sich um ein Fach, in dem die Beliebigkeit herrsche, in dem derjenige gute Ergebnisse erziele, der entweder seinen Standpunkt eloquent und rhetorisch geschult zu vertreten wisse, was ja noch nicht das schlechteste ist, oder aber, wer genau das sage, was der Bewertende hören wolle. Objektive Kriterien zählten also nicht, bzw. seien nicht vorhanden im Fach, die – so die gutgemeinten Ratschläge – müsse man sich mit entsprechenden Konzepten aus anderen Wissenschaften holen. So der negativ formulierte Grund für den Theorieimport der Literaturwissenschaft, der einer jungen und selbstbewussten Generation von Literaturwissenschaftlern allerdings nur noch als Mythos präsent ist. Vielmehr hat sich inzwischen ein Selbstverständnis der Literaturwissenschaft als Kulturwissenschaft durchgesetzt, das es ganz selbstverständlich erscheinen lässt, sich mit den Modellen anderer Disziplinen auseinander zu setzen, und die für das eigene Arbeiten fruchtbaren Ansätze produktiv am eigenen Gegenstand anzuwenden. Das gelingt inzwischen sehr gut und mit ganz verschiedenen Anknüpfungspunkten. Immerhin ist die Literatur kein Phänomen, das losgelöst von allem anderen existieren könnte und wollte. Belege dafür finden sich schon im alltäglichen Leben: wenn wir den Zahlen und Titeln der Bestsellerlisten trauen, dann lesen immer noch mehr Menschen Bücher als nur diejenigen, die das aus beruflichen Gründen tun müssten. Noch immer gibt es Unternehmen, die nicht zuletzt mit Literatur ihren Umsatz erwirtschaften und die Foren zu Literatur im Internet zeugen von deren Situierung »mitten in der Gesellschaft«. Insofern möchte eine kulturwissenschaftlich ausgerichtete Literaturwissenschaft die Relation von Literatur und Gesellschaft in den Blick nehmen können. Für frühere Zeiten mag das leicht scheinen, wenn ein gelehrter Dichter für seinen Fürsten bzw. Mäzen geschrieben hat. Aber wie soll man sich das vorstellen, wenn Auftragslage und Wirkungsabsicht nicht ganz so – vordergründig zumindest – offensichtlich sind? Ein Modell, das hier ansetzt, ist eben die Systemtheorie. Innerhalb einer funktional ausdifferenzierten Gesellschaft weist sie der Literatur als System eine bestimmte Funktion und damit im Ganzen der Gesellschaft einen Platz zu. Sie funktioniert dann nach ihren eigenen Regeln, also nach einem bestimmten Code und als spezifische Form von Kommunikation. Wenn ich verstehen will, wann, warum und wie sich so ein Phänomen wie autonome Literatur ausgebildet hat – und hier ist tatsächlich die Terminologie der Systemtheorie ganz nah an der historischen Selbstbeschreibung literarischer Ästhetik – dann hilft mir als Literaturwissenschaftlerin die Systemtheorie weiter.

Im Folgenden möchte ich die Schriften Luhmanns kurz vorstellen, die der Literaturwissenschaft deutlich Impulse gegeben haben und zeigen, welche disziplinären Wirkungen davon ausgingen. Dazu werde ich an zwei Stellen Beispiele geben, die zeigen, was jeweils an literarischen Texten in den Blick genommen werden kann und was jenseits des Interesses systemtheoretischer Literaturwissenschaft liegt.

2   Moderne Individualität

Im dritten Band von *Gesellschaftsstruktur und Semantik* findet sich ein Abschnitt zu »Individuum, Individualität, Individualismus« (Luhmann 1989: 149 – 258), der die Genese der modernen Semantik von Individualität beschreibt. Luhmann zufolge wird Individualität im 18. Jahrhundert nicht entdeckt, sondern als ein Konzept entwickelt, das auf eine besondere Problemstellung reagiert. Individualität im modernen Sinne wird erfunden. Bis dahin, in einer stratifikatorisch geordneten Gesellschaft, wurde das Einzelwesen in der Gesellschaft gedacht. Das heißt, dass es seinen Platz über die Zugehörigkeit zu einer (Stände-)Ordnung fest inne hatte und sich über genau diesen Platz selbst definieren konnte. Wenn man so will, war der Einzelne als Mitglied des Menschengeschlechts und Inhaber seiner ständischen Position konturiert und fügte sich genau an diesem Platz in ein Gemeinwesen ein. Rechte und Pflichten, Verhaltensmuster und -möglichkeiten richteten sich nach dieser Position, die Gruppe/der Stand und die Gattung wurden als primär gedacht, das Einzelwesen als darin eingefügt, inkludiert. Mit der so genannten Sattelzeit, dieser Begriff wurde vom Historiker Reinhart Koselleck geprägt und hat sich für viele Modernisierungskonzepte als tragfähig erwiesen, ändert sich das, an die Stelle der Inklusion tritt die Exklusion, d. h. das Einzelwesen wird als der Position in der Gesellschaft vorgängig gedacht und definiert sich entsprechend nicht über seine Teilnahme an der Gesellschaft, sondern über seine – modern formuliert – ›Alleinstellungsmerkmale‹.

Individualität wird damit gleichzeitig zum Ausgangspunkt wie zum Lebensziel, die Ausprägung der eigenen Individualität im Sinne von persönlicher Einzigartigkeit wird zur Bestimmung des Menschen erhoben. Das geschieht im Zuge der Umstellung zu einer funktional ausdifferenzierten Gesellschaft, d. h. in dieser Gesellschaft nimmt das Individuum an verschiedenen Subsystemen teil, agiert in ihnen und ist nicht mehr über einen Platz in einem Gemeinwesen definiert. Während im Modell des *Ganzen Hauses* eines Handwerksmeisters familiäre Rolle, berufliche Rolle und ständische Rolle deckungsgleich sind, treten die Rollen im Zuge der Ausdifferenzierung auseinander. Der Arbeitende verlässt das Haus, agiert als Vater und Ehemann in der Familie, nimmt in jeweils anderer Form am Rechts- und Wirtschaftssystem teil. Er kann sich also nicht mehr über eine Position in einer konsistenten Ordnung definieren, sondern muss sich selbst *er-finden*, bevor er sich auf die jeweiligen Subsysteme einlassen kann. Die Ausprägung dieser Individualitätssemantik, also der Umstellung des Denkens und Sprechens vom Einzelwesen in der Gesellschaft auf das Einzelwesen gegenüber der Gesellschaft hat natürlich Folgen. So wird das Besondere dem Allgemeinen gegenüber betont, wird eine Subjektivierung und Individualisierung der Kultur gefördert bzw. möglich sowie eine individualisierte Einstellung gegenüber Religion und Staat. Geschmack wird als subjektiv-sinnliche Körpererfahrung zum überindividuellen, gemeinschaftsstiftenden Bezugspunkt ausgebaut.

3 Die Literatur des Genies

Die vorangegangenen Beobachtungen ermöglichen einen ganz spezifischen Blick auf die Literatur des 18. Jahrhunderts, den einige Fachvertreter mit Gewinn gewagt haben. Dass sich eine ganz spezifische Art von Literatur ausprägt, die mit dieser Individualitätssemantik operiert, steht wohl außer Frage. Der Münchener Germanist Karl Eibl schreibt in seiner grundlegenden Studie *Die Entstehung der Poesie* von den

> »Klagen über die ›Entfremdung‹, ›Vereinsamung‹, ›Entwurzelung‹, den Verlust ursprünglicher Einheit usw., die in den politischen, religiösen und philosophischen Diskursen seit jener Zeit immer wieder auftauchen und eben diese soziale Außenstellung der Individualität bezeichnen; erst in der ›Entfremdungs‹-Erfahrung wird Individualität sich selbst zum Thema. Individualitätsfeier und Entfremdungsklage sind zwei Seiten der selben Sache. Der Modus der Feier, ins Extreme gesteigert, bringt den Geniegedanken hervor, der Modus der Klage zeugt literarisch Elegien [...]« (Eibl 1995: 45).

Und etwas weiter:

> »Wenn Individualität als ablösbar von ihren sozialen Bestimmungen gedacht wird, dann verlieren diese Bestimmungen ihre (›Natur‹-)Notwendigkeit und geraten in den Rang bloß kontingenter, veränderbarer und veränderlicher, in der Sprache der Zeit ›positiver‹ Ordnungen. Sie verlieren damit drastisch an Verbindlichkeit und Haltekraft. Die Grenze zur Nichtwelt wird durchlässig, die Individualität sieht sich im Extremfall einer Welt ohne abgeschlossenen Horizont gegenüber. Sie kann sich dann nur noch – etwa unter dem Namen des Genies – durch Totalitätskorrespondenz definieren.« (Ebd.)

Eibl liest also mit systemtheoretisch gelenktem Blick die Genie-Literatur des Sturm und Drang als Repräsentanz des neuen Individualitätskonzeptes. Wobei die Repräsentanz letztlich beidseitig gedacht werden kann – ein auf Totalitätskorrespondenz ausgerichtetes Individuum bedarf entsprechender Formulierungsmuster, um sich als ein solches zu erfahren und zu bestätigen. Ein Schlüsseltext dafür ist sicherlich Goethes Rede *Zum Schäkespears Tag*, deren Anfang ich zitieren möchte:

> »Mir kommt vor, das sei die edelste von unsern Empfindungen, die Hoffnung, auch dann zu bleiben, wenn das Schicksal uns zur allgemeinen Nonexistenz zurückgeführt zu haben scheint. Dieses Leben, meine Herren, ist für unsre Seele viel zu kurz, Zeuge, daß jeder Mensch, der geringste wie der höchste, der unfähigste wie der würdigste, eher

alles müd wird, als zu leben; und daß keiner sein Ziel erreicht, wornach er so sehnlich
ausging – denn wenn es einem auf seinem Gange auch noch so lang glückt, fällt er doch
endlich, und oft im Angesicht des gehofften Zwecks, in eine Grube, die ihm, Gott weiß
wer, gegraben hat, und wird für nichts gerechnet.

Für nichts gerechnet! Ich! Der ich mir alles bin, da ich alles nur durch mich kenne! So
ruft jeder, der sich fühlt, und macht große Schritte durch dieses Leben [...].« (Goethe
1771: 185)

Der Begriff *Genie* fällt hier nicht, aber das entsprechende Konzept findet sich gut
fassbar darin gezeigt. Ein Ich – hier im zweiten Absatz mit Ausrufezeichen
hervorgehoben – ein Ich ist sich alles, ist zu groß für ein einfaches irdisches
Leben, empfindet sich als Schlüssel zur Welt und ist doch mit seiner eigenen
Sterblichkeit konfrontiert. Diese ist das einzige, was dieses Genie in seine
Schranken verweist, wird jedoch gleichzeitig angezweifelt. Die empfundene
Größe des Ich-seins kann doch eigentlich nicht einfach so in einer Grube enden,
zumal dieser Tod mit keinerlei Sinnhaftigkeit versehen wird, er markiert das
Ende einer Existenz, die ihren angestrebten Zweck, ihr Ziel noch nicht erreicht
hat, die also ihre Vollendung nicht finden kann. Das Genie verabschiedet religiöse Ordnungen, sie dienen maximal noch als Floskel, das Grab wird von »Gott
weiß wem« geschaufelt, ist aber kein Tor zu Gott oder einer Art Göttlichkeit
mehr. Das Gewaltige der Existenz liegt im Genie selbst, in seiner Selbstemp-
findung als Individuum, der nur das allgewaltige Schicksal gegenüber steht.

Von regelmäßiger Syntax und althergebrachter Rhetorik scheint sich die
Sprache des Genies ebenfalls verabschiedet zu haben. Zwar gibt es eine Anrede
der Zuhörer, doch ist diese keine captatio benevolentiae, wie man sie erwartet,
die männlich gedachte Zuhörerschaft wird als Gleichgesinnte adressiert, sie soll
nicht von der Logik und Stringenz der folgenden Argumentation überzeugt
werden. An deren Stelle tritt eine Sprache, die in Wortwahl und Syntax, in ihren
Gedankensprüngen und Ausrufen das freie Denken des Genies auf das Papier
bannt, mithin also einen Unmittelbarkeitsgestus zeigt. Das freigesetzte Individuum artikuliert sich also frei von artifiziellen Regulierungen und hat auch hier
als Gegenüber nur die Totalität – die Stärke der eigenen Empfindung und der
Fluss der eigenen Gedanken sind gleichzeitig das, was sich in der Sprache
Ausdruck verleiht und was diesen Ausdruck legitimiert. Mit Hilfe der Systemtheorie kann die Literaturwissenschaft eine derartige Rede, die schließlich eine
poetologische Position markiert, erklären, indem sie sie mit der neuen Individualitätssemantik verbindet.

Shakespeare wurde im 18. Jahrhundert als Referenz entdeckt, schon Lessing
bezog sich auf ihn, doch einen plausiblen Grund für die Verabschiedung der
althergebrachten antiken Vorbilder kann die beobachtende Literaturgeschichte
kaum angeben, wenn sie nicht den Blick weitet. Shakespeare stand, so zumindest

denken ihn die Vertreter des Sturm und Drang, eben gerade nicht in der antiken, griechisch-römischen Tradition, sondern einzig und allein, als großer, absolut zu setzender Autor eigenständiger, genialischer Dramen. Monolithisch groß ragen seine wilden und doch hochgradig künstlerischen Texte gegen die gepflegten, regelgeleiteten französischen Tragödien hervor. So bot er ein Bild alleinstehender Individualität innerhalb der Literatur, an das anzuknüpfen sich anbot. Denn statt um Nachahmung seines Stils ging es den Autoren des Sturm und Drang um die Nachahmung einer Einzigartigkeit.

4   Liebe ist kein Gefühl

Der Zugang zu Shakespeares Texten gelingt entsprechend auch nicht über die Kenntnis bestimmter Regeln, deren Umsetzung im Text erkannt und mit ästhetischem Genuss betrachtet werden kann. Das *Gefühl* wird zur zentralen Kategorie, das Individuum erkennt alles nur durch sich, durch sein Empfinden. Das soll in den Texten ausgedrückt und von ihnen stimuliert werden, die Literatur des Sturm und Drang liefert die Formulierungsmuster für freies Empfinden, das sie gleichsam darstellen will. Und so scheint es nur logisch, dass der nächste Text Luhmanns, der epochemachend auf die und in der Literaturwissenschaft gewirkt hat, ein Gefühl im Titel trägt: *Liebe als Passion* erschien 1982 und wurde zum Ausgangspunkt zahlreicher Studien zu Dramen, Romanen und auch zur Lyrik des 18. Jahrhunderts. Allerdings weist schon der Untertitel von Luhmanns Studie *Zur Codierung von Intimität* darauf hin, dass Liebe hier eben gerade nicht als Gefühl verstanden wird, sondern als ein »symbolisch generalisiertes Kommunikationsmedium«.

Luhmann vertritt also die These, dass Liebe mit der Semantik von Passion das gesellschaftsevolutionär entstandene Problem der Individualität behandelt und dieses sozial integrieren kann. Dabei funktioniert diese Liebe aber eben nicht als Gefühl, sondern als Verhaltensmodell. Sie wird als »Kommunikationscode« verstanden, »nach dessen Regeln man Gefühle ausdrücken, bilden, simulieren, anderen unterstellen, leugnen und sich mit all dem auf die Konsequenzen einstellen kann, die es hat, wenn entsprechende Kommunikation realisiert wird« (Luhmann 1982: 23).

In ihrer jeweils historisch spezifischen Codierung gibt »die Liebe« Vorgaben zum Fühlen, Kommunizieren und gemeinsamen Handeln. Der Liebescode dient der Reduzierung einer unübersichtlich komplexen Umwelt hin auf ein möglichst einfaches und effektives Raster der Wahrnehmung und stabilisiert Erwartungshaltung und Handlungsabläufe, so dass eine berechenbare Nahwelt erscheint. Erfunden, transportiert und stabilisiert wird die empfindsame Liebessemantik dabei von der Literatur, die damit einen genuinen Beitrag zur Entfaltung der neuen bürgerlichen Gesellschaft beisteuert.

5   Enthusiastische Liebe im Drama

Luhmann selbst beobachtet die historisch sich verändernden Codierungen von Liebe anhand von Beispielen aus der französischen, englischen und nicht zuletzt der deutschen Literatur. Allerdings geht es ihm weniger um die Literatur als um die Liebessemantik und ihre Funktion für die Gesellschaft. Er bleibt in seinen Beobachtungen und in der Argumentation deutlich Soziologe. Die Literatur allerdings liefert ihm einerseits ein relativ leicht zugängliches Reservoir an Liebesformulierungen und andererseits ist sie ja tatsächlich Vermittler und Verbreiter dieser Semantik, oder wie Luhmann es formuliert: »Die Dame hat Romane gelesen und kennt den Code.« (Ebd.: 37)

Mit der funktionalen Ausdifferenzierung der Gesellschaft und der Erfindung der neuen Individualität im 18. Jahrhundert bedarf es auch neuer Liebescodes. Und es ist tatsächlich so, dass diese von und in der Literatur geprägt und artikuliert werden. Die empfindsame, die enthusiastische und die romantische Liebe, letztere so, wie sie noch bis heute als Liebeskonzept tradiert wird, sind tatsächlich Erfindungen der Literatur und haben von dieser aus ihren Weg in die Semantik der Gesellschaft angetreten, letztlich versuchen auch wir noch, wenn wir uns nach romantischer Liebe sehnen sollten, ein literarisches Modell ins Leben zu übertragen. Dabei wandert die Artikulations- und Innovationskraft vom Drama in den Roman. Jutta Greis hat für ihre Studie zur Entstehungsgeschichte der modernen Liebe im Drama des 18. Jahrhunderts über 40 Dramen zwischen 1740 und 1800 untersucht. Dabei konnte sie zeigen, wie sich der Liebesdiskurs allmählich aus dem Empfindsamkeitsdiskurs ausdifferenzierte und universal wurde, insofern als er Identitätsfunktionen für das moderne Subjekt übernimmt und zur Gründung von Ehen im Sinne von Liebesheiraten führt. Das so genannte ›Bürgerliche Trauerspiel‹ handelt genau von dieser Problematik – Liebes- oder Vernunftheirat, Primat der familialen Bande, nach denen der Vater die Liaison der Tochter stiftet, oder Bund zweier Liebender.

Denn es ist tatsächlich das geliebte Gegenüber, das dem freigesetzten Individuum noch Weltzugang sein kann, allerdings in Absolutheit, wie Ferdinand von Walter in Friedrich Schillers *Kabale und Liebe* es formuliert:

»*Du, Luise und ich und die Liebe!* – Liegt nicht in diesem Zirkel der ganze Himmel?« Und wenig später heißt es noch deutlicher:

> »Mein Vaterland ist, wo mich Luise liebt. Deine Fußtapfe in wilden sandigten Wüsten
> mir interessanter als das Münster in meiner Heimat – Werden wir die Pracht der Städte

vermissen? Wo wir sein mögen, Luise, geht eine Sonne auf, eine unter, Schauspiele, neben welchen der üppigste Schwung der Künste verblasst. Werden wir Gott in keinem Tempel mehr dienen, so ziehet die Nacht mit begeisternden Schauern auf, der wechselnde Mond predigt uns Buße, und eine andächtige Kirche von Sternen betet mit uns. Werden wir uns in Gesprächen der Liebe erschöpfen? – Ein Lächeln meiner Luise ist Stoff für Jahrhunderte, und der Traum des Lebens ist aus, bis ich diese Träne ergründe.« (Schiller 1784: 808)

Die Liebe ist hier so total wie die genialische Individualität, in ihr liegt die ganze Existenz Ferdinands, der Bezug auf seine Geliebte überschreibt alle bis dahin bindenden Ordnungen, sie ist alleiniger und totaler Weltbezug. Oder, wie Karl Eibl es formuliert:

>»In einer als kontingent durchschauten Welt gewinnt die geliebte Person den Charakter des einzig Notwendigen. Gerade weil das enthusiastische Individuum alle sozialen Rollen als kontingent durchschaut, alle sozialen Bindungen als Kerker des wahren Selbst empfindet, reduziert sich das, was vorher Bezugsgruppe war, auf die eine Bezugsperson, die ihrerseits nur Symbolisant des Ganzen ist. […] Nur hier kann Bestätigung oder Verwerfung liegen, und damit wird Liebe zu einer Frage auf Leben und Tod. […] Auch literarisch gibt es [noch] keine Erfüllung.« (Eibl 1995: 129 f.)

Wir wissen es ja, Ferdinand von Walter vergiftet Luise, weil er glaubt, sie sei die Geliebte des Hofmarschalls von Kalb. Auf die Intrige des Sekretärs Wurm fällt er deswegen herein, weil sein Liebesmodell einzig die Liebe als Referenz zulässt, in ihr liegt alles begründet. Dass Luise ständische Unterschiede und den Gehorsam ihrem Vater gegenüber als Gründe angibt, nicht mit ihm zu fliehen, nimmt er ihr nicht ab, klingt in seinen Ohren nicht plausibel. Er kann nur Liebe als Grund für ihr Verhalten annehmen und glaubt so dem erzwungenen Brief Luises an Kalb weit mehr als ihren Beteuerungen ihm gegenüber. Erfüllung findet ein derart aufgeladenes Liebeskonzept nicht einmal in der Literatur, einzig die poetische Gerechtigkeit stellt sich am Ende des Dramas her, indem einerseits Luise und Ferdinand nach dem Tode im Jenseits sich vereint hoffen und andererseits die Urheber der Intrige, die eigentlich Schuldigen am Tod der beiden Figuren, der Gerichtsbarkeit und einer sicheren Verurteilung überantwortet werden.

Wenigstens auf dieser Ebene stabilisiert Schillers Trauerspiel die Ordnung noch, denn es gibt immerhin noch eine Gerechtigkeit, die am Ende hergestellt wird – es ist die Welt zwar zwischenzeitlich aus den Fugen geraten, doch noch dreht sie sich weiter. Mit Luhmanns Reflexion kann die Literaturwissenschaft diesem Text zwei Dinge entnehmen: Einerseits das enthusiastische Lieben als Totalitätsverweis und andererseits die Erkenntnis, dass auch literarische Liebespaare auf unterschiedliche Weise lieben können. Es bedarf des Wissens um historische variable Liebeskonzepte und deren spezifische Codes, um zu erkennen, dass Ferdinands Liebe nicht derjenigen Luises entspricht. Erst damit kann man verstehen, warum er der Intrige so leicht Glauben schenkt und letztlich die Katastrophe heraufbeschwört. Mit systemtheoretisch geleitetem Zugriff kann also der zentrale Konflikt, die Tragik des Textes konzise analysiert und beschrieben werden.

6   Liebe im Roman – romantische Liebe

Von der Dramatik, die über das Gattungsmodell und die schlussendliche poetische Gerechtigkeit immerhin die Welt noch nicht aus den Angeln gehoben hat, wandert der dominierende Liebesdiskurs am Ende des 18. Jahrhunderts in den Roman, der sich neu etablierenden Leitgattung. Dass in Romanen Liebesgeschichten erzählt werden, gilt als eines der ältesten und wohl noch immer wahrsten Vorurteile. Um Luhmann nochmals zu zitieren: »Die Dame hat *Romane* gelesen und kennt den Code.« (Luhmann 1982: 37; Hervorhebung E.B.) Das ästhetische Liebeserlebnis geht der realen Liebesbeziehung voraus. Das ästhetisch vermittelte Lieben in der Literatur, von dem gelesen wird, individualisiert den Leser und erzieht ihn – oder sie – als potenziell Liebenden allererst für die kommunikativen Erfordernisse einer intimen Beziehung, die den Zweck verfolgt, sich wechselseitig in der Identität zu bestätigen. Der Text, der wie kein anderer als Träger und Vermittler von Individualitäts- und Liebessemantik rezipiert wurde, ist natürlich Goethes Briefroman *Die Leiden des jungen Werthers*.

Noch bevor dieser Werther, dessen Briefe an seinen Freund Wilhelm den Roman zum größten Teil ausmachen, seine Lotte kennenlernt, begegnen wir ihm als jungem Mann seiner Zeit, als einem modernen Individuum, das sich selbst fühlt, dieser Empfindung aber kaum Ausdruck zu geben vermag. So schreibt er im Brief vom 22. May:

> »Das alles, Wilhelm, macht mich stumm. Ich kehre in mich selbst zurück, und finde eine Welt! Wieder mehr in Ahndung und dunkler Begier, als in Darstellung und lebendiger Kraft.« (Goethe 1774: 17)

Darstellen oder sprachlich vermitteln kann er seine Empfindungen kaum, dazu ist er zu sehr Dilettant und zu wenig professioneller Künstler – und damit auch Identifikationsfigur für ein breites Publikum, das individuelles Empfinden aber keine genialische Ausdruckskraft hat. Werther jedoch schafft es immerhin, sein Problem mit den Regeln der bildlichen Darstellung in einem Gleichnis zu schildern: »Guter Freund,« schreibt er am 26. May an Wilhelm,

> »soll ich dir ein Gleichniß geben: es ist damit wie mit der Liebe, ein junges Herz hängt ganz an einem Mädchen, bringt alle Stunden seines Tags bey ihr zu, verschwendet all seine Kräfte, all sein Vermögen, um ihr jeden Augenblick auszudrücken, daß er sich ganz ihr hingiebt. Und da käme ein Philister ein Mann, der in einem öffentlichen Amte steht, und sagte zu ihm: feiner junger Herr, lieben ist menschlich, nur müßt ihr

menschlich lieben! Theilet eure Stunden ein, die einen zur Arbeit, und die Erho-
lungsstunden widmet eurem Mädchen, berechnet euer Vermögen, und was euch von
eurer Nothdurft übrig bleibt, davon verwehr ich euch nicht ihr ein Geschenk, nur nicht
zu oft, zu machen. Etwa zu ihrem Geburts- und Namenstage &c. – Folgt der Mensch, so
giebts einen brauchbaren jungen Menschen, und ich will selbst jedem Fürsten rathen,
ihn in ein Collegium zu sezzen, nur mit seiner Liebe ist's am Ende, und wenn er ein
Künstler ist, mit seiner Kunst.« (Goethe 1774: 20 f.)

Der Absolutheitsanspruch einer Werther-Liebe wird also formuliert, bevor
Werther im Text sich überhaupt verliebt. Und eigentlich wird schon an dieser
Stelle klar, dass es nicht gut gehen kann mit diesem jungen Mann, der seinem
Freund davon berichtet, dass er für die in seinem Inneren gefundene Welt keine
geeigneten Ausdrucksmittel finden kann, weil ihm weder das Erlebnis der Natur
noch das eigene Kunstschaffen hinreicht an die Totalität dieser inneren Welt.
Und tatsächlich macht es ihm sichtlich Schwierigkeiten, sein eigenes Verliebt-
sein später adäquat in Worte zu fassen, um Wilhelm von der Begegnung mit
Lotte und von dieser zu berichten. Der Brief vom 16. Juny beginnt mit einer
Frage:

»Warum ich dir nicht schreibe? Fragst du das und bist doch auch der Gelehrten einer.
Du solltest rathen, daß ich mich wohl befinde, und zwar – Kurz und gut, ich habe eine
Bekanntschaft gemacht, die mein Herz näher angeht. Ich habe – ich weis nicht.
Dir in der Ordnung zu erzählen, wie's zugegangen ist, daß ich ein's der liebenswür-
digsten Geschöpfe habe kennen lernen, wird schwer halten. Ich bin vergnügt und
glücklich, und also kein guter Historienschreiber.
Einen Engel! Pfuy! das sagt jeder von der Seinigen! Nicht wahr? Und doch bin ich
nicht imstande, dir zu sagen, wie sie vollkommen ist, warum sie vollkommen ist; genug,
sie hat all meinen Sinn gefangen genommen.
So viel Einfalt bey so viel Verstand, so viel Güte bey so viel Festigkeit, und die Ruhe der
Seele bey dem wahren Leben und der Thätigkeit. –
Das ist alles garstiges Gewäsche, was ich da von ihr sage, leidige Abstraktionen, die
nicht einen Zug ihres Selbst ausdrükken. Ein andermal – Nein, nicht ein andermal, jetzt
gleich will ich dir's erzählen. Thu ich's jetzt nicht, geschäh' s niemals. Denn, unter uns,
seit ich angefangen habe zu schreiben, war ich schon dreymal im Begriffe die Feder
niederzulegen, mein Pferd satteln zu lassen und hinaus zu reiten und doch schwur ich
mir heute früh, nicht hinauszureiten – und gehe doch alle Augenblikke ans Fenster zu
sehen, wie hoch die Sonne noch steht. - - -
Ich hab's nicht überwinden können, ich mußte zu ihr hinaus. Da bin ich wieder,
Wilhelm, will mein Butterbrod zu Nacht essen und dir schreiben. Welch eine Wonne
das für meine Seele ist, sie in dem Kreise der lieben, muntern Kinder ihrer acht Ge-
schwister zu sehen! –
Wenn ich so fortfahre, wirst du am Ende so klug seyn wie am Anfange. Höre denn, ich
will mich zwingen, ins Detail zu gehen.« (Ebd.: 23)

Soweit aus diesem berühmten und oft interpretierten Brief. Dass uns als Leser
Werther hier relativ nahe kommt, weil er nicht etwa nur reflektierend beschreibt,
wie es ihm geht, sondern der Schreibprozess sein Empfinden, die innere Unruhe
des frisch Verliebten widerspiegelt und diese sowohl als Sprachgestus als auch in
der Mitteilung dem Leser präsentiert wird, muss zumindest zunächst nicht
systemtheoretisch betrachtet werden. Dass aber ein Liebeskonzept, das derart
sinnlich vermittelt wird, zu einem erfolgreichen Muster für seine Zeit und die
entsprechende Gesellschaft werden kann, ist nicht überraschend. Es geht nicht
mehr darum, das geliebte Gegenüber an seiner Tugend oder an seiner gesellschaftlichen Gewandtheit als geeignetes Liebesobjekt zu erkennen, Werther liebt
nicht um Tugend oder feiner Verhaltensweisen wegen. Lottes Auftreten während
des Balles, zu dem sie Werther und dessen Bekannte begleitet hatte, als er sie zum
ersten Mal traf, ist nicht der Ausgangspunkt dieser Liebe. Oder wie es Luhmann
selbst formuliert:

> »Lotte tanzte nicht, sie schnitt Schwarzbrot. Auch das kann der empfindsamen Seele
> genügen; freilich nur bei einer Empfindsamkeit, die die ganze Welt in Anspruch
> nehmen kann, um Liebe und Leid erfahrbar zu machen. Das überschreitet dann aber
> den Spielraum möglicher Kommunikation. Der Dialog von Verführung, Widerstand
> und Hingabe, mit dem man bis dahin zurechtkommen zu müssen meinte, wird ge-
> sprengt, und die eigentliche Liebeserfahrung zieht sich [...] ins liebende Subjekt zu-
> rück, das nicht mehr zureichend und vor allem nicht mit hinreichendem Erfolg
> kommunizieren kann.« (Luhmann 1982: 43)

Und in der Tat ist Werthers Liebe keine, die groß ausbuchstabiert würde,
»Klopstock« wird zu ihrem Code, nur dieses Wort sagen Werther und Lotte
einander nach dem Gewitter und haben damit ein vermeintliches Einverständnis
getroffen, das für Werther die Grundlage einer absoluten Liebe darstellt. Diese
Liebe ist absolut insofern, als sie einzig selbstreferentiell ist, unbegründbar und
jeglicher vernünftiger Rationalität entzogen. Das Wissen um Lottes Verlobung
mit Albert hat für Werther keine Konsequenz, er verliebt sich trotzdem in diese
Frau, die ihm als Brotschneidende begegnet ist und mit der er schon bei der
ersten Begegnung Walzer tanzt, die ihm beim Pfänderspiel stärkere Ohrfeigen zu
geben scheint als den anderen und deren Naturwahrnehmung wie die seine
literarisch vorgebildet ist, beide denken eben beim Gewitter an Klopstocks Ode
Frühlingsfeyer. Gerade in der Nennung des Dichternamens und dessen Bedeutung für Werthers Lieben zeigt, dass

> *»die Liebe ein literarisch präformiertes, geradezu vorgeschriebenes Gefühl ist*, nicht
> mehr dirigiert durch gesellschaftliche Mächte wie Familie und Religion, wohl aber in
> ihrer Freiheit um so mehr gebunden an ihre eigene Semantik« (Ebd.: 53).

So formuliert es Luhmann und so wird sie vermittelt an ein breites Lesepubli-
kum, das Goethes Buch zum Erfolgsroman macht und das literarisch geprägte

Modell von Liebe so weit stabilisiert, dass noch heute die Liebe, die individuell-persönliche und ja durchaus auch sexuelle Attraktivität für die – zumindest per definitionem als lebenslang gedacht – Verbindung zweier Menschen das ausschlaggebende Kriterium ist. Literatur kreiert und verbreitet diesen erst empfindsamen, dann enthusiastischen und schließlich romantischen Liebescode, macht ihn als sprachlich fixiert bestimmbar und wird damit sowohl zum Träger gesellschaftlich-semantischer Innovation wie auch zum Gegenstand systemtheoretischer Überlegungen. In aktuellen und relevanten literaturwissenschaftlichen Studien findet der »Werther« ebenso seinen Platz wie in akademischen Seminaren, oft genug (vgl. Huber 2003: 92 – 123; Wegmann 2002: 104 – 124) dient Luhmanns Studie als Ausgangspunkt, spezifische Problemstellungen zu erörtern.

Literatur stabilisierte also ein ganz bestimmtes Konzept von Individualität und brachte Liebestypen hervor, die durch sie in die Semantik der Gesellschaft eingespeist wurden. Während Luhmann in seinen Studien vor allem die Veränderungen der Gesellschaft bzw. der gesellschaftlichen Kommunikation in den Blick nahm, war es die Literaturwissenschaft, die gestützt auf systemtheoretische Beobachtungen sowohl einzelne Texte als auch die Gattungen untersuchte, ihren jeweiligen Impuls und Beitrag untersuchte und damit letztlich den Theorieimport als erkenntnisgenerierend im Fach auswies. Die beiden bisher reflektierten Texte Luhmanns lenkten die Literaturwissenschaft jedoch genuin auf Literatur der zweiten Hälfte des 18. Jahrhunderts und lieferten Erklärungsmodelle für literarische Ausprägungen genau dieser Zeit und deren Relevanz für gesamtgesellschaftliche Phänomene. Wenn nun Literatur zumindest an diesem historischen Punkt eine spezifische Funktion für die Gesellschaft erfüllen kann, ist zu fragen, ob und wie sie das zu anderen Zeiten auch tut. Die moderne Individualität und das ihr entsprechende Liebeskonzept sind allerdings artikuliert und deren Verbreitung und Verstetigung reichen wohl nicht, um die Funktion von Literatur seit damals zu erklären – zumal es Literatur – wenn auch in anderer Systemorganisation – länger als seit dem 18. Jahrhundert gibt. Allerdings beschreibt die Literaturtheorie, beschreiben die ästhetischen Texte des 18. Jahrhunderts ein literarisches Selbstverständnis, das begrifflich und von seiner Rhetorik her sehr nah mit dem verwandt ist, was Luhmann als autopoietische Systeme beschreibt. Literatur nennt sich nun autonom.

7   Ausdifferenzierung des Literatursystems

Indem Lessing in seiner *Hamburgischen Dramaturgie* formuliert, der mitleidige Mensch sei der zur Tugend am aufgelegteste, konzipiert er damit die Wirkung der Tragödie, nämlich Mitleid im Zuschauer auszulösen, auf Soziabilität hin. Der

Tod Emilia Galottis am Ende des gleichnamigen Trauerspiels macht also insofern Sinn, als er den Rezipienten mitleiden lässt und ihn so besonders »gesell-
schaftsfähig« macht. Eine solche Literatur hat eine bestimmte Aufgabe in der
Gesellschaft, die genau dann gebraucht wird, wenn man »zur Tugend aufgelegte«
Menschen/Bürger benötigt. Werther aber erschießt sich am Ende des Romans,
der Text beschreibt uns nicht etwa ein Mitleid erregendes Abweichen von
christlichen oder gutbürgerlichen Normen, das wir als Leser als uns rührend
empfinden und dann umso sensibler auf unsere Mitbürger eingehen. Der Text
inszeniert Werthers Tod als eine Imitatio Christi (vgl. Neumann 2001) und kehrt
so eine Todsünde, den Selbstmord, zur höchsten Tat, der Erlösung, um. Allerdings nicht, um so die Kirchen im Staat zu entmachten oder ein ähnliches Ziel zu
erreichen. Das wurde von den Literaturkritikern und vielen Schriftstellern und
Lesern der Zeit natürlich bemerkt und trug zum Skandalerfolg des Textes bei.
Die Stimmigkeit des Textes in sich, die konsequente Entwicklung von Werthers
Fühlen und Handeln, die gezeigten Wahrnehmungsverschiebungen und die
immer verzweifelter scheiternden Sinngebungsversuche dessen, was ihm passiert und wogegen er sich nicht wehren zu können scheint, machen den
Selbstmord Werthers absolut plausibel und nachvollziehbar, ohne dass er ein
höheres Ziel bestätigen oder für eine gestörte Ordnung büßen und mit dem Tod
für eine wiederhergestellte Ordnung sorgen würde. Um es auf den Punkt zu
bringen: Einzig die ästhetische Organisation des Textes legitimiert dessen
Ausgang, keine moralische Lehre und kein sozialdidaktisches Ziel stehen da-
hinter. Das machte den Roman zum Skandalon, denn eine derartige Literatur
ließ sich eben gerade nicht mehr funktionalisieren, sondern beanspruchte Autonomie. Ihr ging es um innere Stimmigkeit, um eine insofern selbstbezügliche
Artifizialität, als sie keine anderen Legitimierungsstrategien zuließ als die ihr
eingeschriebenen. In den theoretischen Schriften von Karl Philipp Moritz und
den entsprechenden kunstphilosophischen Schriften der Folgezeit wurde diese
Autonomie proklamiert und als conditio sine qua non von Kunstschönheit
postuliert. Mit Luhmanns Worten also eine Systemschließung, die Literatur ist
zum autopoietischen System geworden, das selbstbezüglich agiert und sich aus
sich heraus immer wieder selbst hervorbringt. Wenn das tragfähig beschreibbar
sein soll, dann muss das Literatursystem über einen bestimmten Code, über
spezifische Medien, Funktionsrollen und eine gesellschaftliche Funktion, über
Programmierung und Organisationen bzw. Institutionen verfügen. Bevor Luhmann selbst 1995 mit *Die Kunst der Gesellschaft* das Kunstsystem, zu dessen
Subsystem die Literatur dann erklärt werden muss, umfassend beschrieb und als
ein gesellschaftliches System gleichwertig neben Politik, Wirtschaft, Wissenschaft, Religion und Gesellschaft stellte, die Titel der entsprechenden Bände
weisen die Systeme ja ebenso als gleichwertig aus wie auch das zu Grunde
liegende Strukturmodell von funktional ausdifferenzierter Gesellschaft, hatte er

sich aber schon mehrfach mit Kunst – und damit zumindest implizit auch immer mit Literatur – auseinandergesetzt.

Schon Luhmanns erste explizite Betrachtung von Kunst unter systemtheoretischer Perspektive fand Resonanz innerhalb der Literaturwissenschaft. »Ist Kunst codierbar?« fragte er 1976 auf einem Symposion und schlug die Opposition *schön/hässlich* vor. Verschiedene Alternativen wurden in der Literaturwissenschaft formuliert: *interessant/langweilig, innovativ/tradiert* oder *literarisch/nicht-literarisch* waren Vorschläge von Plumpe/Werber, Meyer/Ort, Jäger und anderen. Was Luhmann generell für Kunst entwickelte, übertrugen diese Literaturwissenschaftler genuin auf Literatur und dachten in ihren Forschergruppen weiter und verästelter als Luhmann es in seinem Vortrag, der daraus resultierende Aufsatz umfasst ca. 30 Seiten in typischem Suhrkamp-Druck. Und natürlich wurde Luhmann in der Folgezeit immer wieder von Literaturwissenschaftlern befragt bzw. bedrängt, wie sich denn nun Kunst/Literatur systemtheoretisch denken ließe, wie nun das Kunstsystem, wie Literatur als System auszusehen habe. Die nächsten Texte jedoch erschienen erst 1985 und 1986, also zehn Jahre nach der ersten folgenreichen Publikation: *Das Medium der Kunst* und *Das Kunstwerk und die Selbstreproduktion der Kunst*. Diese beiden und der oben erwähnte Text zusammen entwickeln schon die Grundstruktur dessen, was dann in der *Kunst der Gesellschaft* zusammengestellt und entsprechend gegliedert und homogenisiert wird. Allerdings sind die drei Texte nicht bruchlos aneinander zu fügen, der ganz genau lesende Beobachter wird kleine Divergenzen erkennen, die aus der Auseinandersetzung Luhmanns mit anderen Axiomen resultieren, sei es denen von Humberto Maturana, von Fritz Heider oder George Spencer Brown. Die sollen uns hier aber zunächst weniger interessieren, sondern die grundlegende Struktur des Kunstsystems.

Wenn sich Kunst als System der Gesellschaft ausdifferenziert, dann muss sie auf eine ganz bestimmte Frage eine Antwort geben können, muss die Lösung für ein bestimmtes Problem bereitstellen, kurz eine spezifische Funktion erfüllen. Nach Luhmann besteht diese darin, dass es einzig Kunst ist, die Ordnung in der Kontingenz vermitteln kann. Wir hatten gesehen, dass die Kontingenz der Welt und ihrer Verhältnisse im 18. Jahrhundert ein ziemliches Problem für das moderne Individuum dargestellt hatte. Dass nun eine sich um diese Zeit ausdifferenzierende autopoietische/autonome Kunst genau auf diese Problemstellung reagiert, scheint einige Plausibilität zu haben. Wie allerdings sieht das heute aus – ordnet Kunst noch immer Kontingenz? Wenn man Kunst von der Produktionsseite aus denkt, dann muss der Künstler (die eine der angebotenen Funktionsrollen) immer wieder Entscheidungen treffen und Unterscheidungen machen – Grundoperationen in Luhmanns Denken. Beginnend mit der angestrebten Gattung bis hin zur konkreten Wortwahl in einem Vers. Doch von Entscheidung zu Entscheidung wird der Raum der Möglichkeiten enger. Habe ich mich entschieden, ein Gedicht zu schreiben und dann für ein Sonett und damit für ganz bestimmte Verse, kann ich nicht nach dem zweiten Quartett mit Prosa weitermachen – es sei denn, ich entscheide mich nachträglich für einen romantischen Roman, der Gattungsmischung zum Prinzip erklärt, und lege die beiden Quartette als ersten Teil eines Sonetts einer Romanfigur in den Mund oder in die Feder. Da Kunst aber nur als Kommunikation funktioniert, bedarf es auch des Rezipienten, also der zweiten Funktionsrolle. Wie schließt er an ein Kunstwerk an? Es geht bei Kunst nicht primär um die Identifizierung des Dargestellten, was ja auch schon Komplexitätsreduktion darstellte, weil dann klar wäre, dass nur gegenständliche Kunst Kunst sein kann. Es geht also nicht um Fremdreferenz in der Kunst, sondern immer schon um Selbstreferenz, oder in Luhmanns Worten:

> »Ein Betrachten von Kunst, das sie als solche nimmt und nicht als Weltobjekte irgendwelcher Art vorfindet, gelingt nur, wenn der Betrachter die Unterscheidungsstruktur des Werkes entschlüsselt und *daran* erkennt, daß so etwas nicht von selbst entstanden sein kann, sondern sich der Absicht auf Information verdankt. Die Information ist im Werk externalisiert, ihre Mitteilung ergibt sich aus ihrer Artifizialität, die ein Hergestelltsein erkennen läßt.« (Luhmann 1995: 70)

Und diese Lenkung des Blicks auf die Fiktivität also Gemachtheit des Werkes/ Textes zeigt dem Betrachter zweierlei: Erstens dass es mit aufeinander bezogenen Unterscheidungen und Entscheidungen gelingen kann, ein in sich schlüssiges Werk herzustellen, also dass Ordnung möglich ist und sinnstiftend funktioniert, und zweitens wie diese Ordnung hergestellt worden ist. Damit tritt an die Stelle der Beobachtung des dargestellten Gegenstands die Art der Darstellung als das Kommunikat des Werkes. An die Stelle des »Was« tritt das »Wie« – und daraus folgt nach Luhmann:

> »In einem solchen Falle ergibt sich die Wahrnehmung nicht mehr einfach aus der weltläufigen Vertrautheit der Objekte (was natürlich nicht ausschließt, daß ein Betrachter sich damit begnügt, wahrzunehmen, daß an der Wand ein Bild hängt). Soll Wahrnehmen des Objekts als Verstehen einer Kommunikation, also als Verstehen der *Differenz* von Information und Mitteilung gelingen, ist dazu ein Wahrnehmen des Wahrnehmens erforderlich. « (Ebd.)

Diese Wahrnehmung zweiter Ordnung ist das, was Kunst in ihrem Beobachter hervorruft und die spezifische Leistung, die sie für das moderne Individuum erbringt, ohne sich dabei anderen Funktionssystemen andienen zu müssen. Sie macht es damit letztlich dem modernen Individuum möglich, sich selbst als Teilnehmer divergenter Systeme zu sehen und zu beobachten, wie er selbst an der entsprechenden Stelle agiert. Kunst trainiert darin, Wahrnehmung wahrzunehmen – und das ist etwas, das der moderne Mensch leisten können muss. Auf der anderen Seite ist diese Blicklenkung historisch tatsächlich variabel, denn es ist nicht von vorn herein festgelegt, was jeweils als in sich stimmig und damit als ›schön‹ gilt, also der Codierung folgt. *Werther* kann ob seiner Stringenz, in der die Hauptfigur gezeigt und in ihrer Verstrickung bis zum Selbstmord geführt wird, als schön gelten, selbst wenn Schönheit und Selbstmord nicht zusammengedacht werden können. Was den Text zu Kunst – und eben nicht zu einer Handlungsanweisung für Verliebte – macht, ist die Kommunikation, die auf das »Wie« mehr Wert legt als auf das »Was«. Gleiches gilt für Handkes Gedicht *Die Aufstellung des 1. FC Nürnberg*, das eben nur die Namen der Spieler auf ihren jeweiligen Positionen anzeigt und trotzdem nicht bzw. nicht nur diese Aufstellung, sondern ein künstlerischer Text ist.

Die Codierung *schön/hässlich* hebt dabei nicht auf persönliches Gefallen ab. Ob ich Handkes Text als schön empfinde oder nicht, macht ihn nicht zum Gedicht, das hängt vom jeweiligen Programm von Kunst ab, wird in den entsprechenden ästhetischen Texten oder Manifesten artikuliert. Handke schreibt die *Aufstellung des 1. FC Nürnberg* in seinen Gedichtband und setzt damit die Maxime des Pop um, ohne ausgestellte Anführungszeichen zu zitieren. Ob mir das gefällt, oder ob ich darauf mit Irritation reagiere, weil eine Analyse hinsichtlich Metrik und Reimschema unmöglich ist, steht mir anheim. Allerdings ist ein gewisses Maß an Irritation tatsächlich wichtig für Kunst, denn auch sie wird als evolutionär gedacht, d. h. sie kann nicht die immer identische Ordnung immer wieder ausstellen, da sich die als Kontingenz empfundene Umwelt ebenso stetig ändert wie die Waren des Marktes oder die gesetzlich zu regelnden Verhältnisse.

8   Literaturwissenschaftliche Ausdifferenzierungen

Diese Vorgaben der Systemtheorie lenken die Aufmerksamkeit der Literaturwissenschaft auf ganz bestimmte Fragestellungen, die von dem theoretisch-ästhetischen Konzept der (historisch zu verortenden) Kunst schon vorgegeben sind. So ist für jedes Werk, jeden Text nachvollziehbar zu machen, welche Entscheidungen einander wie bedingen, um Schlüssigkeit/Ordnung hervorzubringen. Dazu käme die Rekonstruktion der Programmierung und zwar einerseits als Evolution der Stile und Manifeste, und andererseits als Gattungsgeschichte. Es wäre also zu fragen, was jeweils als schön gilt, wie diese Schönheit erreicht/erzeugt wird und wie sie schon postulierte Schönheit weiter entwickelt. Daneben bleibt zu beobachten, welche Aspekte von Umwelt wie im System verarbeitet werden, welche Kontingenz-Wahrnehmung also welche Ordnungsmodelle hervorruft. Damit ist einerseits eine ziemliche Aufgabenfülle für die Literaturwissenschaft aufgemacht, da es eine riesige Menge an Texten zu untersuchen gäbe, dazu die entsprechenden Linien durch die Literaturgeschichte zu entwickeln und schließlich die werktextuelle Unterfütterung für Luhmanns Systemevolution, wie sie in *Kunst der Gesellschaft* entwickelt wurde.

Da aber die Literaturwissenschaft ein eigenes System, zumindest ein eigenständiges akademisches Fach, ist, das eine spezifische Funktion erfüllt, lässt sie sich nicht einfach von einem Soziologen vorschreiben, was sie nun erst einmal zu tun habe. Natürlich ist eine Fülle von entsprechenden Studien entstanden, die von Greis und Eibl habe ich zitiert, die ganz konkret mit der Systemtheorie und grundlegend auf sie gestützt operieren. Doch werden einzelne Aspekte der Theorie auch jenseits des ganzen Modells funktionalisiert. Die Figur des Beobachters zweiter Ordnung wird für ein Konzept von Theatralität der Literatur wichtig (Huber 2003), die Frage, wie ein konkreter Text Kommunikation ist und herstellt, regt Textstudien genauso an wie Überlegungen zu konkreter System-Umwelt-Relation, also der Frage, wie sich Literatur jeweils mit Realität und mit ihrer historischen Umwelt in Beziehung setzt. Dabei ist es inzwischen tatsächlich so, dass weniger die Geschlossenheit der ganzen Theorie im Fach reflektiert wird als die funktionale Anwendung bestimmter Figuren. Auch damit bestätigt sich allerdings die Systemtheorie, denn was ein System aus seiner Umwelt aufnimmt, richtet sich nach der eigenen Codierung und Programmierung und die Literaturwissenschaft importiert eben Theoriebausteine, um damit fruchtbringend am Text zu arbeiten und codiert dabei *erkenntnisgenerierend/nicht erkenntnisgenerierend*.

Literatur

EIBL, KARL (1995): Die Entstehung der Poesie. Frankfurt am Main: Insel.

GOETHE, JOHANN WOLFGANG (1774): Die Leiden des jungen Werthers. Hg. v. Kiermeier-Debre, Joseph (1997). München: dtv.

GOETHE, JOHANN WOLFGANG (1771): Zum Schäkspears Tag. In: BA Bd. 17, S. 185 ff.

GREIS, JUTTA (1991): Drama Liebe. Zur Entstehungsgeschichte der modernen Liebe im Drama des 18. Jahrhunderts. Stuttgart: Metzler.

HUBER, MARTIN (2003): Der Text als Bühne. Göttingen: Vandenhoeck & Ruprecht.

JÄGER, GEORG (1994): Systemtheorie und Literatur. Teil I. Der Systembegriff der empirischen Literaturwissenschaft. In: IASL 19/1, S. 95–125.

LUHMANN, NIKLAS (1976): Ist Kunst codierbar? In: S.J. Schmidt (Hg.): »schön« Zur Diskussion eines umstrittenen Begriffs. München: Fink, S. 60–95.

LUHMANN, NIKLAS (1982): Liebe als Passion. Zur Codierung von Intimität. Frankfurt am Main: Suhrkamp.

LUHMANN, NIKLAS (1986): Das Medium der Kunst. In: DELFIN VII, S. 6–15.

LUHMANN, NIKLAS (1986): Das Kunstwerk und die Selbstreproduktion der Kunst. In: Gumbrecht, Hans-Ulrich/Pfeiffer, Karl Ludwig (Hg.): Stil: Geschichte und Funktion eines kulturwissenschaftlichen Diskurselements. Frankfurt am Main: Suhrkamp, S. 620 – 672.

LUHMANN, NIKLAS (1989): Gesellschaftsstruktur und Semantik. Studien zur Wissenssoziologie der modernen Gesellschaft. Bd. 3. Frankfurt am Main: Suhrkamp.

LUHMANN, NIKLAS (1995): Die Kunst der Gesellschaft. Frankfurt am Main: Suhrkamp.

MEYER, FRIEDERIKE/ORT, CLAUS MICHAEL (Hg.) (1990): Literatursysteme – Literatur als System. Frankfurt am Main u. a.: Lang (SPIEL, Siegener Periodicum zur Internationalen Empirischen Literaturwissenschaft, 9).

NEUMANN, GERHARD (2001): »Heut ist mein Geburtstag« Liebe und Identität in Goethes Werther. In: Wiethölter, Waltraut (Hg): Der junge Goethe. Genese und Konstruktion einer Autorschaft. Tübingen, Basel: Francke, S. 117 – 143.

PLUMPE, GERHARD/WERBER, NIELS (1993): Literatur ist codierbar. Aspekte einer systemtheoretischen Literaturwissenschaft. In: Schmidt, S.J. (Hg.): Literaturwissenschaft und Systemtheorie. Opladen , S. 9 – 43.

SCHILLER, FRIEDRICH (1784): Kabale und Liebe. In: SW Bd. 1, S. 755 – 858.

WEGMANN, THOMAS (2002): Tauschverhältnisse. Zur Ökonomie des Literarischen und zum Ökonomischen in der Literatur von Gellert bis Goethe. Würzburg. Königshausen & Neumann.

Helmut Klüter

Systemtheorie in der Geographie[1]

Raumabstraktionen sind weniger Instrument gesellschaftlicher
Beschreibung, sondern organisierter Programmierung.

Bei wachsender Umweltkomplexität sind viele Unternehmen und Behörden zur
praktischen Steuerung technischer und sozialer Systeme immer stärker auf
räumliche Synchronmodelle angewiesen. Sie ersetzen die früher bevorzugten
Diachron-Modelle, in denen hauptsächlich Kausalität rekonstruiert wurde.
Demgegenüber simulieren Internet, GIS, Google Earth und andere neue Techniken Gleichzeitigkeit, wobei Nutzung und Einsatzmöglichkeiten nicht mehr
kausal, sondern funktional erschließbar sind. Genau dafür liefert moderne
Systemtheorie neue Methoden. Das hat zur Folge, dass nicht nur in den traditionellen Raumwissenschaften, sondern auch in vielen anderen Disziplinen
vermehrt mit Raumabstraktionen gearbeitet wird. Lag früher der Akzent geographischer Arbeit auf der beschreibenden und interpretierenden Regionalanalyse, entwickelt das Fach sich heute zu einer raumbezogenen Informations-
und Organisationswissenschaft.

1 Zur Themenstellung
2 Mediengeographie nach Döring und Thielmann
3 Räumliche Abstraktion als spezifische Form von Text
4 Soziale Programmierung mit Hilfe von Raumabstraktionen
5 Raumwissenschaft und ihre Verbindung mit Technik-, Sprach- und Sozialwissenschaft

1   Zur Themenstellung

Seit einiger Zeit versuchen Geographen wie Wissenschaftler anderer Disziplinen
auch, wachsende Informationsströme in ihrem Fachgebiet mit neuen Syste-
matisierungen zu beherrschen. Nicht selten wird dabei die Größe eines Objek-
traumes rigoros verkleinert. Danach kann man in der kleineren Raumeinheit
wieder ›alles‹ bearbeiten, wie man es früher in größeren getan hat. Eine zweite

1 Für wertvolle Anregungen danke ich Roland Wenk, Nikolaus Roos und Stefan Sommer.

Strategie besteht darin, sich thematisch stärker zu spezialisieren: Beispielsweise wird anstelle früherer breit ausladender Klimageographie nur noch der jetzige Klimawandel betrachtet. Beide Strategien klingen modern, sind aber ihrem Wesen nach konservativ: Maßstabsvergrößerung und Spezialisierung gestatten es, ohne große methodische Innovationen mit einem überkommenen, weitgehend ontisch gesetzten Raumbegriff zu argumentieren, der nur auf andere Art und Weise wie ein großer Behälter mit aktuellen Fragestellungen und Sachverhalten angefüllt oder ergänzt wird. Bartels und Hard haben bereits 1973 und 1975 darauf verwiesen, dass eine Atomisierung geographischer Objekte und die Zerfaserung in immer speziellere Teilbereiche – d. h. faktisch ein Abwandern in andere Disziplinen – einer Auflösung der alten Geographie gleichkäme.

Ein qualitativ andersartiges Vorgehen streben Döring und Thielmann in ihrem Sammelband zur *Mediengeographie* (2009) an. Sie gehen davon aus, dass moderne Datenverarbeitungs- und Aggregationsmethoden sowie die Automatisierung räumlicher Visualisierung einen Teil des Komplexitätszuwachses auffangen können. Dabei wird *Mediengeographie* additiv den bereits existierenden geographischen Subdisziplinen hinzugefügt. Dieser Ansatz soll im zweiten Abschnitt kurz vorgestellt und besprochen werden.

Einige Autoren des genannten Sammelbandes reflektieren die soziologische Systemtheorie nach Luhmann. 1986 hatte ich unter dem Titel *Raum als Element sozialer Kommunikation* eine geographische Umsetzung dieses Ansatzes vorgestellt. Im dritten Abschnitt geht es um ungewohnte Axiome, mit denen Luhmann seinerzeit die Raumwissenschaften konfrontiert hat. Daher erschien es notwendig, das Verhältnis von System, Umwelt, Umgebung und Raum noch einmal aufzunehmen. Im vierten Abschnitt sollen mit dem *Administrativraum* und dem *Grundstück* zwei Abstraktionstypen näher untersucht werden.

Abschließend wird auf Konsequenzen eingegangen, die sich für einen systemtheoretischen Ansatz in den Raumwissenschaften ergeben.

2   Mediengeographie nach Döring und Thielmann

Döring und Thielmann haben die ersten Ergebnisse ihrer neuen Mediengeographie in zwei Bänden (2008 und 2009) vorgelegt. Erstmals seit den Arbeiten von Hard (1970, 1973) wurden dabei in größerem Umfang Ansätze aus Germanistik und Geographie miteinander verflochten. Auch soziologische Theoriebildung wurde berücksichtigt. Der erste Band unter dem Titel *Spatial turn* stellte 2008 interessante Aufsätze aus den Fachdisziplinen zusammen und weckte hohe Erwartungen daran, wie die verschiedenen Konzepte miteinander verknüpft werden können. Im zweiten Band *Mediengeographie* (2009) wird dazu Folgendes geschrieben:

»Wie die medienwissenschaftlichen Beiträge in diesem Band deutlich gemacht haben, kann Medienkommunikation ›nicht ohne ihre räumliche und topographische Erstreckung gedacht werden‹ (Nohr) [...] Der spatial turn der Medienwissenschaft entpuppt sich so als eine Normalisierungsbewegung in Folge einer Neubewertung der Raumverlustrhetorik, als eine Rückbesinnung auf transportwissenschaftliche Traditionen. Medienwissenschaft war, wie diese Ausführungen zu zeigen versuchten, schon immer Mediengeographie, angefangen von McLuhan und Virilio bis heute.« (Döring/Thielmann 2009: 49)

Die Rechtfertigungs- und Strategielasten aus der oben genannten Verknüpfungserwartung werden hier merkwürdigerweise an die Vergangenheit delegiert. Die »Rückbesinnung auf transportwissenschaftliche Traditionen« erinnert fatal an Maresch, der schon 2000 Medienwissenschaft und Verkehrswissenschaft gleichsetzte (vgl. Maresch 2000). Die Behauptung, Medienwissenschaft wäre schon immer Mediengeographie gewesen, wird in vier Unterpunkten erläutert:

»(1.) Geographie der Medien/Geographie in den Medien [...]: Dabei untersucht Geographie zum einen die Geographie der Medienproduzenten [...], zum anderen jene medieninternen Geographien wie etwa Raumkonstruktionen, Stadt- und Landschaftsdarstellungen z. B. in Spielfilm- oder Fernsehformaten. [...] Die räumlich-konkrete Geographie der Medienproduzenten wird dabei auf bewährte kultur- und sozialgeographische Weise behandelt. [...]
(2.) Mediengenerierte geographische Imaginationen: Hier kommt die Spezialkompetenz der Fachgeographie für die ›Verräumlichung‹ medialer Befunde wie z. B. massenmedial zirkulierende Visiotypen [...] oder geopolitische Leitbilder [...] zum tragen. [...] Hier wird – teils unter Handlungsdruck in Ermangelung komplexerer Beschreibungsmodelle, teils in manifest politischer Absicht – eine Raumsemantik fortgeschrieben, die an bewährte geographische Imaginationen und [...] Vorurteilsstrukturen anzuschließen sucht.
(3.) Mediale Konstruktion/Transformation physischer Räume [...]: Dabei wird die neu gewonnene Medienperspektive in die humangeographisch sehr traditionsreiche und forschungsergiebige Unterscheidung von space und place integriert. [...]
(4.) Geographische Perspektivierung der neuen Geomedien [...]: Dieser Forschungszweig ist für eine allgemeine Mediengeographie deshalb von allerhöchstem Interesse, weil im Falle der Emergenz neuer Medien, die unser Verständnis physischer Territorialität wie das situativer Nähe gleichermaßen soziotechnisch reorganisieren, die fachgeographische Expertise besonders gefragt scheint. Fragt man sich, welche fachspezifischen Beiträge aus dem Umkreis der New Cultural Geography den fächerübergreifenden spatial turn am meisten mitgeprägt haben, dann gehören die Analysen der Critical Geography von Landkarten – nun nicht länger als neutrale Rauminformationen, vielmehr gelesen als rhetorische thick texts [...] ganz gewiss zu den resonanzstärksten. [...] Die Fachgeographen sind noch uneins darüber, ob sie die neuen Geomedien besser auf der Objekt- oder auf der Darstellungsebene konzeptualisieren. Auf der Objektebene könnten sie ihre fachkonstitutive Kompetenz im Umgang mit Geomedien [...] ins kulturwissenschaftliche Feld einspeisen; auf der Darstellungsebene

liegt in den neuen Geomedien ein Potential zur massenattraktiven Popularisierung geographischer Inhalte bereit. Hier ist gewissermaßen die Faszinationsseite im Umgang mit geographischem Wissen thematisch, die seit der Entstehung der ältesten Geomedien – den frühesten kartenverwandten Darstellungen im Neolithikum, dem Mainzer Himmelsglobus römischen Ursprungs [...] – deren Transformationsgeschichte begleitet.« (Döring/Thielmann 2009: 46–48).

Die vielfachen Verweise auf Sekundärliteratur wurden hier zugunsten einer besseren Lesbarkeit ausgeklammert. Es fällt auf,

- dass in dem relativ kurzen Text ein Maximum an geographischen und sozialwissenschaftlichen Modeausdrücken untergebracht ist,
- dass ansonsten die Verknüpfung von germanistisch-sprachwissenschaftlichem und geographischem Theoriedesign nahezu vollständig von dem letzteren dominiert wird,
- dass die Sprachwissenschaft den ontologischen, quasi naturgegebenen, absoluten Raumbegriff aus der traditionellen Geographie als extern vorgegeben übernimmt,
- dass die isolierte Position der Geographie im Verhältnis zu den Sprach- und Sozialwissenschaften auf diese Weise weitgehend konserviert wird,
- dass wichtige Theoriebezüge aus dem Überschneidungsbereich von Sprach- und Raumwissenschaft – wie beispielsweise Kommunikationsmedien oder Sprachraum – wenig oder gar nicht beachtet werden,
- dass die »vier unterschiedlichen Zugangsweisen« (Döring/Thielmann 2009: 46) der Mediengeographie in der Vergangenheit verankert werden: »auf bewährte kultur- und sozialgeographische Weise«, »bewährte geographische Imagination«, »humangeographisch sehr traditionsreiche und forschungsergiebige Unterscheidung«,
- dass die Mediengeographie nicht die jüngste, sondern mit der Rückführung auf das Neolithikum die älteste geographische Teildisziplin sein soll,
- dass die meisten Beiträge in dem Buch vor allem den mehr oder weniger subjektiven Eindruck neuer Geomedientechnik darstellen, der von weitgehend traditionell arbeitenden Geographen erlitten wird. Auf Anwender, Ziele, Zwecke oder Nutznießer der neuen Techniken wird kaum eingegangen.

Der Eingangsaufsatz von Döring/Thielmann endet mit dem, was die Geographen schon immer zu wissen glaubten:

»Oder wie es Thrift [...] formuliert: Raum ›ist nicht länger das Nebenprodukt von etwas Tieferem oder eine bequeme Krücke oder ein konkretes Resultat, Raum ist vielmehr – möglicherweise immer mehr verhandelt, zweifelsohne aber aus Teilen zusammengesetzt – der Grundstoff des Lebens selbst.‹ Dass dies auch Auswirkungen auf die Medienwissenschaft haben muss, scheint unzweifelhaft.« (Döring/Thielmann 2009: 50)

Es hat sicher auch Auswirkungen auf das geographische Selbstbewusstsein, denn solche Anbiederungen aus ›raumfernen‹ Wissenschaften kommen selten vor. Aber es geht auch anders:

3 Räumliche Abstraktion als spezifische Form von Text

»Soziale Systeme haben, anders als organische Systeme, keine räumliche Existenz. Sie bestehen aus Kommunikationen und nichts anderem als Kommunikationen: Und Kommunikationen lassen sich nicht räumlich fixieren, da sie eine Synthese von Information, Mitteilung und Verstehen erbringen, wobei diese drei Selektionen, die in der Kommunikation synthetisiert werden, jeweils verschiedene räumliche Referenzen haben [können].« (Luhmann 1983: 1)

Luhmann kommt daher bei der Festlegung seiner Identitätsdimensionen ohne Raum aus. Ihm reichen eine zeitliche, eine sachliche und eine soziale Dimension. Diese angebliche Missachtung der Raumdimension ist sicher eine der Ursachen, weshalb im ersten Jahrzehnt nach Klüter (1986) nur wenige raumwissenschaftliche Autoren Luhmanns Systemtheorie positiv verarbeiteten. Ihre Brisanz haben Luhmanns Sätze auch heute, nach einem Vierteljahrhundert, noch nicht verloren: Akzeptiert man sie, dann erscheinen große Teile der von Döring und Thielmann vorgestellten Mediengeographie unbrauchbar. Immerhin ist bei Luhmann von räumlichen Referenzen die Rede. Es wird aber nicht ausgeführt, was damit gemeint sein könnte. Was sagen andere Systemtheoretiker dazu?

»[...] die Starrheit gewisser Naturkörper ist nicht eine aus räumlichen Messungen abgeleitete Tatsache, sondern eine den räumlichen Messungen zugrunde liegende Voraussetzung. Ursprünglich heißt es nicht: Körper sind starr, die zu verschiedener Zeit gleiche Raumteile erfüllen, sondern: Raumteile sind gleich, die derselbe starre Körper zu verschiedenen Zeiten ausfüllt. Es ist bei der Zeitmessung nicht anders; die physikalische Voraussetzung, die beim Raume Starrheit heißt, nennt sich hier Trägheit. Wir sagen, ein Körper bewege sich ohne Einfluss äußerer Kräfte, wenn er in gleichen Zeiten gleiche Strecken zurücklegt; aber was sind gleiche Zeiten? Eben solche, in denen ein träger (ohne Kräfte bewegter) Körper gleiche Strecken zurücklegt. [...] Man denke nicht, wir besäßen rein in uns selbst die psychophysischen Mittel, Raum- und Zeitgrößen zu messen oder wenigstens zu schätzen; Augenmaß und Zeitsinn werden durch die exakte Messung nicht nur geschult und kontrolliert, sondern überhaupt erst mit Objekten ihrer Betätigung versorgt. Nach dem Gesagten scheint unsere ganze Erfahrung von Zeit und Raum auf gewaltigen Zirkelschlüssen zu beruhen. [...] Das Wesen des Zirkels aber verrät sich immer wieder darin, dass das ganze Bauwerk in der Luft schwebt und sich nicht in transzendenter Bestimmtheit verankern lässt. Eben dies sprechen unsere Sätze von der beliebigen Transformabilität des Raumes und der Zeit aus (unser Fundamentalsatz der zeitlichen Sukzession besagt, dass zwischen absoluter und empirischer Zeit eine beliebige Transformation besteht).« (Hausdorff 1898: 101 – 102)

»Ich darf hiermit wohl den Beweis […] als erbracht ansehen, dass es keinen absolut
realen Raum von tatsächlich bestimmter Konstitution gibt, der von unseren Sinnen
einfach realistisch abfotografiert würde; denn bei Umformung dieses Raumes und
entsprechender Umformung der ihn erfüllenden physischen Körper bleibt unser Be-
wusstseinsbild unverändert. Es lässt sich stets ein Verhalten der starren Naturkörper,
die unsere Maßstäbe bilden, ersinnen, wobei die Messungen ein von der ›Wirklichkeit‹
völlig verschiedenes Resultat ergeben; es sind eben die Messungen und nicht diese
Wirklichkeit ›maßgebend‹. Nennen wir jene Raummessung, die auf Voraussetzungen
über Starrheit und freie Bewegung fester Körper beruht, die physische Geometrie, die
andere, im hypothetischen absoluten Raume angestellte die transzendentale, so können wir das Gesagte dahin zusammenfassen, dass die transzendentale Geometrie
überflüssig ist, wofern sie der physischen beistimmt, unbrauchbar, wenn sie ihr wi-
derspricht.« (Hausdorff 1898: 105).

Schon die Benennung stellt einiges richtig: Der erdräumliche, oft so genannte
»physisch-materielle Raumbegriff« gilt als absolut, somit transzendental angelegt und aus mathematischer Sicht überflüssig, der abstrahierte Raumbegriff
wird bei Hausdorff »physisch« genannt. Luhmanns Verzicht auf eine wie auch
immer geartete »räumliche Erkenntnisdimension« findet bei Hausdorff eine
eindrucksvolle – 80 Jahre ältere – Bestätigung. In der damaligen Geographie
wurde dies jedoch nicht zur Kenntnis genommen. Geradezu fatal für die Wis-
senschaftsgeschichte war, dass der absolute Raumbegriff sich erst nach 1898,
also zu einer Zeit, als ihm bereits aus naturwissenschaftlicher Sicht widersprochen worden war, zur »Geopolitik« entfaltete und in zwei Weltkriegen als
Raumideologie zur nationalen Aggressionsverstärkung diente. In dieser Funktion wird er immer noch gebraucht, z. B. in Huntington (1996).
    Für Hausdorff ist Raum also eine Abstraktion über andere bzw. von anderen
Elementen. Zu dieser Auffassung gibt es Parallelen bei Luhmann:

»Von daher bin ich, was die allgemeine Theorie sozialer Systeme angeht, bisher nur zu
der Annahme gekommen, dass die Bezugnahme auf Raum in der Kommunikation
unter Umständen erhebliche technische Vorteile hat. So lassen sich Objekte oft leicht
und zweifelsfrei dadurch identifizieren, dass man angibt, wo sie zu finden sind, ohne
dass dies eine Verständigung über das ›Wesen‹ der Sache erfordern würde. Beschreibungen sind dann nur insoweit notwendig, als sie erforderlich sind, um das Objekt von
ähnlichen Objekten in der näheren Umgebung zu unterscheiden (falls die räumliche
Bestimmung nicht ganz eindeutig erfolgen kann). Meine Frage in diesem Zusammenhang wäre dann: ob und wie die Vorteile einer räumlichen Bezeichnung zugleich
Nachteile sind, in dem sie die genauere Abbildung des Objekts in der Kommunikation
als entbehrlich erscheinen lassen und damit normalerweise unterdrücken.« (Luhmann
1983: 1–2)

Luhmann weist damit der Abstraktion *Raum* eine Position *innerhalb*, und nicht
außerhalb sozialer Kommunikation zu. Raum ist also eine spezifische Form von
Text. Luhmann unterstreicht im genannten Zitat, dass räumliche Orientierung

eine Vereinfachung oder Verkürzung der sozialen und sachlichen Orientierung bietet. Damit ergibt sich bereits eine wichtige Funktion für vertextete räumliche Abstraktion: Sie dient dazu, andere soziale und personale Systeme räumlich zu orientieren – beispielsweise zur Mobilitätssteuerung.

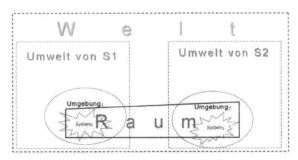

Abb. 1: Abstraktion von Welt über Umwelt und Umgebung zum Raum

Welt ist als Totalität der Erscheinungen einer wissenschaftlichen Analyse unzugänglich. Sie ist zu groß, überkomplex. Diese Überkomplexität wird noch problematischer, wenn – wie von einigen Philosophen angemahnt – auch Möglichkeiten und Kontingenzen (nicht realisierte Möglichkeiten) als Bestandteile von Welt gedacht werden sollen. In der Geographie werden Begriffe wie *Erde, unsere Erde* oft synonym zur *Welt* gebraucht.

Davon zu unterscheiden ist der astronomisch-naturwissenschaftliche Begriff der Erde, der sie als Planet mit bestimmten physischen Eigenschaften abbildet. Viele physiogeographisch relevante Erkenntnisse wurden und werden nicht nur in der Geographie, sondern auch in der Physik und anderen Naturwissenschaften erforscht und bearbeitet.

Ein Ausschnitt der Welt wird dann zur *Umwelt*, wenn er einem technischen, abiotischen, biotischen, psychischen, personalen oder sozialen System zugeordnet werden kann. Je nachdem, wie systematisiert wird, müssen also technische, abiotische oder andere Umwelten voneinander unterschieden werden.

Tab. 1: Praktische Sachverhalte und Möglichkeiten ihrer wissenschaftlichen Bearbeitung

Sachverhalte	Wissenschafts-bereich	Output	Argumentation	Vorhersagbarkeit
technische	Ingenieur-wissenschaften	Hilfsgeräte, Maschinen, Automaten	Kausalität (Ur-sache-Wir-kung-Folge)	++++
abiotische	Naturwissen-schaften	Physikalische und chemische Gesetze		+++
biotische		weitere Natur-gesetze und ihre Ableitun-gen	Kausalität, ein-fache Zweck-Mittel-Ratio-nalität	++ Verhalten
medizinische	Medizin	Krank/Ge-sund-Schema; Ziel: Heilung	Kausalität, Funktionalität, Finalität	++- Objekte handeln strategisch
psychische	Psychologie			+- Objekte handeln strategisch
sprachliche	Linguistik und Sprachwissen-schaften	Übersetzung: verstehen – nicht verste-hen; Ziel: mehr Verständnis	funktionale Äquivalenz	+- Objekte handeln strategisch
soziale/einschl. wirtschaftliche, philosophische, institutionale, juristische u. a.	Wirtschafts- und Sozialwissen-schaften	Empirie und Daten, Handlungs-empfehlungen, Leitlinien, Konzepte, richtig-falsch-Sätze	Kausalität, Finalität, Funktionalität, Kompatibilität	+— Objekte handeln strategisch

Daraus folgt:

a) Es gibt nicht – wie in der Geographie häufig angenommen – nur eine, sondern viele Umwelten. Jedes System ist nur anhand einer eigenen, spezifischen
System-Umwelt-Differenz identifizierbar.

b) Umwelt an sich kann kein System sein – wie es z. B. die traditionelle Geographie mit dem Begriff *Geosystem* meint. Ein solches System wäre überkomplex. Sofern es um strukturierte oder geordnete Umwelt geht, muss die
Strukturierung oder Ordnung dem zugerechnet werden, der sie veranlasst
oder vorgenommen hat. In der soziologischen Systemtheorie wird das
Ordnende, das Strukturierende, das Handelnde bzw. Kommunizierende
soziales System genannt. In der Technik wird ein aus mehreren Teilen zu
einem neuen Zweck Zusammengesetztes *Maschine* oder *technisches System*

genannt. Auf analoge Weise (vgl. Tab. 1) werden biotische, abiotische, psychische Systeme mit den entsprechenden Umwelttypen gebildet.

Umgebung – ist hier eine auf einen Punkt bezogene offene Menge. Definiert sich ein soziales, personales oder psychisches System als ein solcher Punkt, ist die Umgebung der Ausschnitt der Welt, der durch die Abgrenzung einsehbar wird. *Umgebung* ist somit spezifische Umwelt. Oder: *Umgebung* ist sensibilisierte, erfassbare Umwelt. Der mathematische Begriff der Umgebung wird meist durch vier Axiome bestimmt, die dieses Verhältnis für weitere logische Prozesse formalisieren.

Umgebungen werden erst dann zu einem *Raum*, wenn ein soziales System darüber kommuniziert, wenn beispielsweise der eigene Standpunkt mit dem Standpunkt des anderen oder mit denen von anderen Gegenständen in Beziehung gebracht, verglichen, angenähert oder abgedrängt wird. Ein Raum besteht aus mindestens zwei Punkten mit je einer Umgebung, wobei die Umgebungen sich nicht vollständig überschneiden (Hausdorff'sches Trennungsaxiom). Die Reduktion einer Umwelt auf zwei oder einige Umgebungen ist nur mit Hilfe einer drastischen Abstraktion möglich: alles, was nicht den gewählten Umgebungen zugeordnet werden kann, wird im Sinne von William of Ockham ›abgezogen‹.

Da Raum als Umgebungsderivat eingeführt wurde, und dies wiederum von der jeweiligen System-Umwelt-Differenz abhängig ist, unterscheiden sich die entsprechenden Raumabstraktionen parallel dazu: Ein technischer Raumbegriff muss anders abgeleitet werden als ein biotischer, psychischer oder sozialwissenschaftlicher (vgl. Tab. 1). Die folgenden Ausführungen beziehen sich auf soziale Systeme und die daraus abgeleiteten Raumabstraktionen. Ausgehend von den bereits genannten drei Erkenntnisdimensionen, den von Luhmann genutzten Kommunikationsmedien, seinen drei Systemtypen ergeben sich auch hier entsprechend unterschiedliche Abstraktionsmöglichkeiten, die in Tab. 2 dargestellt sind. Die schwierigste Abstraktionsleistung wird im Bereich der Zeit gefordert. Raumabstraktionen sind Gleichzeitigkeitsmodelle. Prozesshaftigkeit kann nicht abgebildet werden. Eine Vorher-Nachher-Differenz kann nur über eine neue zweite oder dritte Abstraktion eingebaut werden. Rigorose Gleichzeitigkeit bedeutet auch Abstraktion von Bewegung. Alles, was sich bewegt oder bewegt wird, muss aus der Raumabstraktion ausgeschlossen oder so transformiert werden, dass es starr erscheint. Gleichzeitigkeit kann aber nicht absolut, sondern nur graduell erreicht werden. Vor der Erstellung der Raumabstraktion wird ein Zeitstreifen festgelegt, für den die Abstraktion gültig sein soll, für den also die Zeit angehalten wird. Für eine geologische Karte, die in Jahrmillionen rechnet, sieht dies erwartungsgemäß anders aus als für eine Wetterkarte, deren Objekte sich innerhalb von Stunden verändern können. Die Ausschließung von Bewegung hat auch zur Folge, dass keine Menschen abgebildet werden können.

Nur Unbelebtes, bestenfalls noch Pflanzen, können direkt in die Abstraktion übernommen werden. Die Abstraktion von Zeit, Mobilität und Menschen ist möglicherweise eine der Quellen des Unbehagens, mit dem viele Sprach- und Sozialwissenschaftler Raumkategorien zu umschiffen versuchen. Die Unwahrscheinlichkeit eines ›spatial turn‹ liegt auf der Hand. Da es trotzdem eine solche Wende gegeben hat, muss die Attraktivität von Raumabstraktionen anders erklärt werden.

Tab. 2: Differenzierung von Raumabstraktionstypen sozialer Systeme

Sozialwissen-schaftliche Identitätsdimension:	sachlich	sozial	zeitlich
Umgebung als:	kombinatorisches Problem (mit Bezug auf Systemtyp)	Kodierungs- und Adressierungsproblem (mit Bezug auf gesellschaftliches Teilsystem; *Code, Kommunikationsmedium*)	Synchronisierungsproblem
Abstraktion erzeugt als	Konstellation mehrerer Elemente und ihrer Umgebungen	Kommunikation oder Aktion zwischen/in sozialen Systemen	Gleichzeitigkeit von Prozessen/Systemaktivitäten
Raumabstraktionstypen	Kulisse (Interaktion) Programmraum (Organisation) Sprachraum (Gesellschaft)	Administrativraum (Politik; *Macht, Recht*) Grundstücke, Ergänzungsraum, anonymer Adressenraum (Wirtschaft; *Geld, Eigentum*) Landschaft (*Kunst*) Heimat, Mittelstadtidyll, Ökoidyll (Familie, Lokalverein; *Vertrauen, Liebe*) Vaterland (»Volk«, Schule, Streitkräfte, Sport; *Glaube*)	Topologien metrische Netze geometrische Flächen

1987 und 1997 näherte sich Luhmann der Raumproblematik mit einem Abschnitt über »Zentrum und Peripherie« (Luhmann 1987: 69–70; 1997: 663–678), in dem einige Anregungen aus dem Werk von Wallerstein verarbeitet werden. Luhmann thematisiert vor allem Territorialisierungsprozesse vorneuzeitlicher Großreiche. Dabei wird Territorialisierung als Instrument zur Machtausweitung zentraler Administrationen auf deren Peripherien eingeführt. Es ist leicht zu erkennen, dass es sich bei der Zentrum-Peripherie-Problematik um eine Variante der vorher angesprochenen System-Umgebungs-Frage handelt. Im Zentrum steht als soziales System die formale Organisation einer Administration, die sich die Aufgabe gesetzt hat, andere Systeme, an denen sich die Untertanen beteiligen, zu kontrollieren. Die biologisch gesetzte Fähigkeit von Personen zur Mobilität wirft die größten Kontrollprobleme auf, da die Richtung der Mobilität nicht vorhersehbar ist. Als funktionales Äquivalent der kontrollierenden Verfolgung von Personen durch ebenso viele administrationstreue Personen dient Territorialisierung, d. h. die Festlegung räumlicher Grenzen und deren organisierter Stabilisierung. Der Grundgedanke ist einfach. Beispiel: Die Mobilität eines Tigers, die Frage, in welche Richtung er sich fortbewegen wird, ist nur schwer steuer- oder kontrollierbar. Die Kontingenz möglicher Bewegungsrichtungen ist zu groß. Der Tiger ist für andere Systeme und ihre Umgebungen entsprechend gefährlich. Diese Gefährlichkeit wird gebannt, wenn man seinen Aufenthaltsort mit einem Käfig umgibt. Wenn der Käfig stabil genug ist, kann es für die Umgebung gleichgültig sein, in welche Richtung der Tiger sich bewegen möchte.

Jahrtausendelang war Administration daran interessiert, menschliche Mobilität möglichst zu beschränken und zu lenken, denn selbstgesteuerte Mobilität war gleichbedeutend mit Unkontrollierbarkeit. Sklaven und Leibeigene waren direkt an Gebäude, Grundstücke, Städte, Dörfer oder Gutsbezirke gebunden. Zum Verlassen dieser Einheiten benötigte man eine besondere Erlaubnis, einen besonderen Pass oder ein Sendschreiben. Die territorialen Immobilitätsmodelle für Menschen (= Bezugsterritorien für Immobilität) waren kleinflächig. Der technische Fortschritt in Verwaltung und Kontrolle gestattete es seit dem 18. Jahrhundert, die Bezugsterritorien für Immobilität zu vergrößern. Ein erheblicher Kapazitätsgewinn der Listensysteme für Personen ergab sich aus der Alphabetisierung, Einführung von Nachnamen und der Standardisierung von Adressen. Im 20. Jahrhundert konnte die allgemeine Reisefreiheit innerhalb von Nationalstaaten durchgesetzt werden, wobei die Identität einer Person nicht mehr aus persönlicher Kenntnis des Kontrollierenden, sondern aus den Personaldokumenten abgeleitet wurde, die der zu Kontrollierende mit sich führte. In der ersten Hälfte des 20. Jahrhunderts hatte die politische Grenze als generelles Mobilitäts- und Kommunikationsverbot zwischen verschiedenen Staaten ihre Blütezeit. Sie wurde zeitweilig zur ›absoluten Grenze‹, d. h. war nicht nur für politische, sondern auch für wirtschaftliche, familiäre, künstlerische, journalistische und wissenschaftliche Kommunikation schwer zu überwinden (›Kulturgrenzen‹, ›Gesellschaftsgrenzen‹).

Doch gleichzeitig trugen die Evolution der Eisenbahn, die Automobilisierung und die Entwicklung des Flugzeugs zum Massenverkehrsmittel erheblich dazu bei, die personellen Aktionsradien technisch weiter zu vergrößern. Sie gestatteten es auch, die Mobilität von Waren und Dienstleistungen weitgehend von der Mobilität ihrer Besitzer oder Verwalter zu trennen. Nach dem Zweiten Weltkrieg setzte daher eine drastische Re-Funktionalisierung der politischen Grenze ein. Das bedeutet, dass politische Grenzen ihren absoluten Gültigkeitsanspruch wieder verloren und nur im relativ kleinen Funktionszusammenhang bestimmter politischer Systeme gelten, für andere jedoch nicht. Beispiel einer Entnationalisierung ist die Einführung von Pässen der Europäischen Union und die entsprechende Reisefreiheit innerhalb der Länder des Schengener Abkommens. Sie ist Ergebnis der Standardisierung der internationalen Personenkontrollorganisation. Die Flächengröße des jeweils zur Anwendung kommenden territorialen Immobilitätsmodells war und ist eine Funktion des Standes der Kontrolltechnik, mit denen eine Administration die ihr zugeordneten Personen beobachten kann. Die Kontrolltechnik kann nur noch von Großorganisationen aufgebaut und bedient werden. Die hier beispielhaft aufgezeigte Asymmetrie zwischen hochgradig organisierter Erstellung von Raumabstraktionen einerseits und der beiläufigen, eher als Hintergrundprogramm konzipierten räumlichen Orientierung seitens der Adressaten erscheint hier besonders groß. Der Fremdsteuerungsanteil seitens der erstellenden Organisation ist meist in der Raumabstraktion versteckt – etwa in der Selektivität einer Karte. Der Adressat, der sich daran räumlich orientiert, realisiert vor allem seinen Selbststeuerungsanteil. Über Raumabstraktionen können Fremd- und Selbststeuerung der Adressaten kombiniert werden, so dass Befehlshierarchien oder -abläufe nicht in Erscheinung treten.

Zwischen der Entwicklung territorialer Kontrolle und der Entwicklung von Sprache gibt es einige interessante Parallelen. So heißt es bei Luhmann über vorneuzeitliche Großreiche:

> »Jedenfalls wiederholen sich typisch diejenigen Strukturprobleme, nämlich Probleme der Diffusion und Kontrolle, die für diese Differenzierungsform charakteristisch sind. Verfügung über Schrift war unerlässlich, um wenigstens in der Zentrale den Überblick zu behalten und um die von ihr ausgehenden Kommunikationen zu festigen. Dabei dürften Schriftformen wie die chinesische oder eine eigene Schriftsprache (das Akkadische der Keilschrift, das Arabische bei afrikanischen Territorialreichen, das Latein im Heiligen Römischen Reich des Mittelalters) wichtig gewesen sein, die das Netz der Aufzeichnungen und Botschaften von lokal gesprochenen Sprachen unabhängig machen und ohne Übersetzungsprobleme funktionieren konnten.« (Luhmann 1997: 671 – 672)

Die Notwendigkeit der Transformation von Administrationskontrollsprachen zu Staatssprachen für die gesamte Bevölkerung ergab sich spätestens beim Übergang von relativ kleinen Söldnerheeren der frühen Neuzeit zu den großen Volksheeren der niederländischen, englischen und französischen Revolution. Die Befehlssprachen in den jeweiligen Armeen mussten einheitlich sein. Interessant, aber in gewisser Weise auch verräterisch dabei ist, dass als eine Art Nebenprodukt der dafür notwendigen Alphabetisierungs- und Bildungsanstrengungen meist auf romantische Weise ›National‹-dichter auf den Schild gehoben wurden: Shakespeare in England, Goethe und Schiller in Deutschland, Puškin in Russland und andere. Sie schufen aus den Administrationssprachen landesweit propagierte Theater- und Literatursprachen, die – multipliziert durch administrativ gesicherte Bildungssysteme – schließlich zu Gesellschaftssprachen entwickelt wurden. Das wiederum gestattete den staatlichen Administrationen, nicht nur die Mobilität, sondern auch weitläufige Kommunikationsaktivitäten ihrer Bürger zu kontrollieren. Solche Administrationen, die weiterhin Regionalsprachen als vollwertige Literatur- und Bildungssprachen gestatteten, mussten entsprechende Übersetzungs- und Kontrollbürokratien produzieren oder gewisse Stabilitätsprobleme hinnehmen – wie früher Österreich-Ungarn, Jugoslawien, Sowjetunion oder heute die Europäische Union.

4 Soziale Programmierung mit Hilfe von Raumabstraktion

Luhmann hat nicht nur einige Geographen verschreckt, indem er deren Raumontologie anzweifelte. Er bezweifelte auch die Subjektontologie der traditionellen Geisteswissenschaften (vgl. z. B. Luhmann 1994). Das autarke, schaffende, erkennende, leidende, schreibende Subjekt kommt nicht mehr vor. An seiner Stelle agieren bei Luhmann Interaktion, Organisation und Gesellschaft. *Der* Philosoph, *der* Dichter, *der* Künstler, *das* Genie, *der* Geograph, *der* Literaturwissenschaftler und viele andere hatten entsprechende Schwierigkeiten, sich in Luhmanns Ansatz wieder zu finden. Dabei ist die Idee einer Auflösung des Subjekts keineswegs neu. Sie findet sich bei Joyce, Hausdorff, in der Proletkul't-Bewegung, bei Majakovskij, Pil'njak, in der Mathematik bei Bourbaki und vielen anderen. Erinnert sei auch an den Kollektivroman *Die großen Brände* (Grin 1927), in dessen 22. Kapitel V. Kaverin eine kongeniale Idee zu Mareschs Titel *Die Rückkehr des Raumes* (2000) liefert.

Nach Luhmanns Tod 1998 begannen seine Nachfolger trotz der eindringlichen Warnung (Luhmann 1994) mit der Rehabilitation des Subjekts. Auf Basis der schon von Luhmann eingeführten Begriffe *Beobachtung*, *strukturelle Kopplung* und *Interpenetration* wurde Systemtheorie nun für alles Mögliche geöffnet. Manche Beiträge unter dem Label *Systemtheorie* lesen sich wie verspätete Rachefeldzüge gegen Luhmann – in Bezug auf Raumwissenschaften beispielsweise Stichweh (2003) und Egner (2008). Bisweilen wird nur noch über Beobachtungen erster und zweiter Ordnungen philosophiert, wobei die strukturelle Kopplung zwischen sozialen und psychischen Systemen mit großer Regelmäßigkeit und etwas plump auf die Person des jeweiligen Autors hinausläuft. Als subjektivierte Beobachtungsexegese wurde Systemtheorie auch für die Nachbarwissenschaften der Soziologie attraktiv. In der Geographie versuchte man, mit Hilfe des ›beobachteten Raums‹ wieder zum ontologisch-materiellen Raumbegriff zurückzukehren (Egner 2008). Insofern ist die anfangs erwähnte Vergangenheitsorientierung in Döring/Thielmann (2009) kein Zufall, sondern eher Methode.

Wie überzeugend ist derartige Restauration? Zwei gewichtige Argumente sprechen gegen ein solches Vorgehen:

1. Die Erstellung dauerhafter Raumabstraktionen ist nur als arbeitsteiliger Prozess vorstellbar. Geographische Karten und Atlanten können nicht von einer Person allein gezeichnet, verfasst und herausgegeben werden. In gewisser Weise gilt das für fast alle gedruckten Texte, denn auch der einsamste Autor ist auf einen Verlag, auf eine Web domain oder auf eine andere Informationsverteilungsinfrastruktur angewiesen. In den Raumwissenschaften ist jedoch offensichtlich, dass vor der Kartenerstellung eine oder mehrere formale Organisationen vorhanden sein müssen, die sich die Herausgabe eines solchen Werkes zum Ziel gesetzt haben. Daraus ergibt sich ein organisatorisches A priori der Produktion dauerhafter Raumabstraktionen. Ein subjektzentrierter Ansatz kann also höchstens die *Rezeption von Raumabstraktionen* (= räumliche Orientierung), nicht aber deren Erzeugung erläutern.

2. Im Rahmen traditioneller Raumontologie kann nicht erklärt werden, warum eine Organisation sich mit der teuren und aufwendigen Erstellung von Raumabstraktionen befasst. Anders ausgedrückt, es geht um Luhmanns Frage (1983), warum eine genauere Abbildung des Kommunikationsobjekts unterdrückt wird, und wem die in Raumabstraktionen verkürzte und vereinfachte Information nützt.

Aus der Fülle möglicher Raumabstraktionstypen (vgl. Tab. 2) sollen im Folgenden das Grundstück und der Administrativraum genauer bestimmt werden. Eine Einordnung und Erläuterung anderer Typen (vgl. Tab. 3) lieferte Klüter (1986) und (1999).

Eine formale Organisation – beispielsweise ein Unternehmen – muss vor allem die innerbetriebliche Arbeitsteilung koordinieren. Dazu muss ein unternehmensexternes Programm entwickelt werden. Die technischen, juristischen, ökologischen und wirtschaftlichen Einzelheiten eines solchen Programms können sehr kompliziert sein. Außerdem ist es aufgrund der Arbeitsteilung und der Produktionsgeheimhaltung nicht nötig bzw. nicht erwünscht, dass jeder im Unternehmen das gesamte Programm kennt.

Tab. 3: Raumabstraktionstypen in Ableitung von Umgebungsstrukturen sozialer Systeme

Mindestan-forderung räumlicher Abstraktion	....mit folgenden Struktur-vorgaben	... durch folgende Typen sozialer Systeme			
		Bezeich-nung	Selektion durch	Stabilisie-rung durch	Zeithori-zont
Kulisse	Ordnungs-relationen über be-stimmte Um-gebungs-elemente	*Interaktion*	Anwesen-heit	Personen, The-men	sehr kurz-fristig
Programm-raum	Topolo-gischen bzw. geometri-schen Abbil-dungen be-stimmter Um-gebungs-elemente in adressaten-spezifische Exaktheit	*Organisation*	Mitglied-schaft	Stellen Mitglied-schaftsregeln, Entscheidungs-prämissen (Programm)	Entwick-lung: Vergangen-heit: Ge-schichte, Tradition, Gegenwart: Entschei-dung Zukunft: Planung
Sprachraum	Arealen von Gültigkeits-, Verstehbar-keits- und Verwen-dungsspektren	*Gesellschaft*	Kommuni-kative Erreichbar-keit, interorgani-satorische Kompati-bilität	Heute: funktionale Differen-zierung in neue Teilsysteme	Evolution

Als funktionales Äquivalent zum Unternehmensprogramm erhält der einzelne Arbeiter nur Angaben darüber, wo die von ihm zu bedienende Maschine im Werk steht, wie sie pflegt, auf wessen Anweisung er sie in Betrieb setzt usw. Die Ortsangabe innerhalb des Grundstücks ersetzt also Teile der Unternehmens-programmatik. Sogar die Frage, wann sich ein freier Staatsbürger in einen folgsamen Arbeiter verwandelt, kann per Raumabstraktion bestimmt werden: Die Grenze des Unternehmensgrundstücks, insbesondere das Betriebstor, symbolisiert diese Metamorphose, wenn sie von einer Person mit Arbeitsvertrag überschritten wird.

Hinzu kommen Aspekte der Allgemeinverständlichkeit: Es reicht nicht aus, dass ein einziger Arbeiter auf diese Weise gelenkt wird, es müssen alle Be-schäftigten des Unternehmens gleichzeitig beeinflusst werden. Die Eindeutig-keit programmräumlicher Abstraktion kann durch die Einbeziehung immobiler

Grundstück =   Projektion von Geldskalen/Verfügungsrechten auf eine
                geometrische Fläche
Der Preis eines Grundstückes ist bestimmt:
-    durch seine **Flächengröße**,
-    als Ort von Bodenschätzen und **natürlichen Ressourcen**,
-    durch die **relative Lage** zu bestimmten anderen Grundstücken,
-    als Gegenstand des **Grundstücksverkehrs**,
-    als Fläche, auf der der **Marktpreismechanismus** (über die Eigentumsrechte) und
     gewisse **Persönlichkeitsrechte** derjenigen, die sie nicht besitzen, **außer Kraft ge-
     setzt** sind.
-    als Ort, wo **große und größte materielle Güter** vor dem Zugriff anderer geschützt
     sind,
-    durch die Art **der bisherigen Nutzung**, der installierten Anlagen und deren Neuein-
     richtungswert an anderer Stelle.
Das Grundstück ist von den drei Raumabstraktionstypen im Teilsystem Wirtschaft die mit
     dem längsten Zeithorizont. Ergänzungsraum als Projektion von Geldskalen auf geo-
     metrische Netze (z. B. Liefer- und Absatzbeziehungen) sowie Adressen- und Infor-
     mationsraum als Projektion von Geldskalen auf topologisch geordnete Daten (Ad-
     ressbücher, Internetdaten) werden mittel- bzw. kurzfristig strukturiert.
Das Grundstück wird nach einem Verkauf durch einen neuen Rechts- oder Eigentumsti-
     tel gesichert, der über eine Person oder Organisation identifizierbar wird. Grund-
     stückslisten sind damit auch Personen- und Organisationenlisten – und zwar als Ad-
     resslisten. Dieser Nebeneffekt ist für die politische Kontrolle von größter Wichtigkeit.
Grundstücksparadoxon:
Öffentlich-rechtlich ist garantiert, dass der öffentliche Bereich an der privaten Grund-
     stücksgrenze enorme Einschränkungen erfährt.

Abb. 2: Grundstück als eine Raumabstraktion im gesellschaftlichen Teilsystem Wirtschaft

Umweltelemente, durch genormte Signaturen, Piktogramme und Schilder und durch sprachliche Bezüge erreicht werden. Mit diesen Elementen wird *Raum* zu einem universell einsetzbaren Instrument sozialer Programmierung. Der Programmraum des Unternehmens wirkt für die Adressaten wie eine standardisierte Modellkulisse. Kulisse ist der Abstraktionstyp, mit dem Interaktionssysteme räumlich orientiert werden können (vgl. Tab. 3).

Die eingesetzten Raumabstraktionen brauchen keineswegs unbedingt geometrisch exakt zu sein. Ist die Kontingenz möglicher Bewegungsrichtungen technisch beschränkt, wie etwa in einer U-Bahn, dann reicht ein grobes Linienschema mit Markierung der Haltestellen zur Orientierung aus. Fehlen solche Beschränkungen, beispielsweise für Fußgänger in einer Stadt, müssen nicht nur bestimmte Wege, sondern auch vielfältige andere Markierungen und Signaturen eingetragen werden. Gestattet Stenographie eine Verminderung von Zeichen der Buchstabenwelt, werden Raumabstraktionen als Stenographie der modernen Bilderwelt entwickelt. Parallel zur Evolution der Bild- und Fotoaufnahme- und -reproduktionstechnik, insbesondere der Bildschirmtechnik und -steuerung entwickelten sich auch die Techniken zur Ikonisierung, einschließlich der Erstellung von Raumabstraktionen. Sie sind keineswegs nur maßstäbliche Verkleinerungen einer wie auch immer gearteten ›Realität‹. Wäre das richtig, müsste jeder Passagier beim Blick aus dem Flugzeugfenster in 10.000 m Höhe wissen, wo er sich gerade befindet. Orientierung ist erst dann möglich, wenn man neben sich die Karte liegen hat, und dem Blick aus dem Fenster mit dem Blick auf die Karte vergleicht. Erst mit Hilfe der Namen von Städten, Flüssen und

Bergen der Karte gelingt die Orientierung. In das Umgebungsbild muss also Sprache importiert werden. Ähnlich wie bei den Signaturen und Markierungen besteht auch hier ein hochgradiger Standardisierungsbedarf. Wenn verschiedene Orte denselben Namen tragen – z. B. Neustadt –, entsteht Desorientierung.

Geordnete Mobilität (z. B. von Waren und Dienstleistungen) kann über die Ordnung möglicher Ziellisten erreicht werden – wie beispielsweise über ein Postleitzahlsystem. Die wiederum setzt entsprechende Zuordnungen von Grundstücks- und Grundstücksgruppen voraus. Dieses Interesse trifft sich mit politischen Ordnungsinteressen (vgl. Abb. 3).

Administrativraum = Projektion öffentlich-rechtlicher Ordnungsansprüche auf eine Umgebung geometrisch abgegrenzter Flächen und alles, was darauf an menschlichen Aktivitäten stattfindet.

Die Organisation interner Abläufe und die Koordination der planenden Behörden untereinander, einschließlich ihrer raumbezogenen Aktivitäten, erfolgt über Gesetze, Weisungen und Ausführungsbestimmungen. Sie werden ggf. **juristisch** gegeneinander abgewogen, also nicht über ökonomische Nutzungsfunktionen.

Die kleinsten Einheiten im Administrativraum sind Gemeinden und Ortsteile. „Das **Gebiet der Gemeinde bilden die Grundstücke**, die nach geltendem Recht zu ihr gehören. Grenzstreitigkeiten entscheidet die Rechtsaufsichtsbehörde." KV MV § 10 (1); 2004.

Grenzen und Inhalte administrativräumlicher Einheiten sind bestimmt:

- durch Verfassungen, Satzungen und Programme der Träger öffentlicher Belange, vorzugsweise der **Gebietskörperschaften** (= in Deutschland: Gemeinden, Länder und Bund). In den Verfassungen und Satzungen der Gebietskörperschaften erhält dieser räumliche Bezug faktisch Verfassungsrang und entfaltet eine entsprechende normative Wirkung – auch für Wissenschaft.

- durch Aktivitäten und Entscheidungsgeschichten der einzelnen **Fachplanungen.** Im Unterschied zu legislativer und exekutiver Gewalt bilden sie die „administrative Gewalt" (Klüter 2000). Genau wie die anderen politischen Gewalten bildet die **Administrative** keinen kohärenten Block. Sie besteht aus vielen Einzelbehörden, die gerade in Hinblick auf Regionalisierungen selten zusammenarbeiten. (Beispiel: Arbeitsamtsbezirke sind in Mecklenburg-Vorpommern anders abgegrenzt als Planungsregionen, die wiederum anders als Industrie-und-Handelskammer-Bezirke usw.)

- Die Abgrenzungen und Programmräume der Gebietskörperschaften ergänzen einander **flächendeckend** parallel zur staatlichen Verwaltungshierarchie. Im Gegensatz zu komplexeren wirtschaftsräumlichen Abstraktionen lässt sich der Administrativraum eindeutig geometrisch auf physische Umgebungen abbilden. Die Abbildung politischer Grenzen in physische Raumabstraktionen wird Verwaltungsgebiet oder Territorium genannt.

Als **einzige geometrisch flächendeckende Raumabstraktion**, verstärkt durch **langfristig** gesicherte Ordnungs- und Zuordnungsansprüche der verwaltenden Behörden, gewinnen Administrativräume **normierende Funktionen** für viele alle andere Formen raumbezogener Kommunikation.

Abb. 3: Administrativraum als Raumabstraktion im gesellschaftlichen Teilsystem Politik

Mit Hilfe ihrer Katasterämter sorgen politische Administrationen – und um diese geht es im Folgenden – dafür, dass Grundstücke sich nicht überschneiden, dass sie alle nach denselben Kriterien vermessen werden. Der Administrativraum ist somit Programmraum für das gesellschaftliche Teilsystem *Politik*.

Als Summe von Grundstücken, die Eigentümern zugeordnet sind, fungiert der Administrativraum als Adressliste. Auch Aufenthaltsberechtigungen besonderer Art (etwa solche, die durch Mietverhältnisse entstehen) werden für Adressen genutzt. Die Adresse ist somit ein Immobilitätsmodell von Personen, die eigentlich mobil sind. Für Kommunikationsprozesse, und somit für soziale Systeme, ist die Adresse eine Erreichbarkeitsversicherung. Über die Adresse erscheint jemand, der gerade nicht anwesend ist, trotzdem erreichbar.

Tab. 4: Einige Funktionen des Administrativraums für andere Teilsysteme

Teilsysteme	Administrativ-räumliche Komponente	Effekte	Umsetzung
...für technische, Kommunikations- u. Verkehrsinfrastruktur	Administration als Träger von Ver-/Entsorgungs- und Verkehrssystemen	Schaffung der Grundvoraussetzungen für wirtschaftliches und administratives Handeln	Hoch- und Tiefbaubehörden, Verkehrs- u. Kommunikationsunternehmen
...für Recht	Eindeutige Abgrenzung von Grundstücken	Bestimmung der Reichweiten der jeweiligen Privatsphären, Bestimmung der Reichweite öffentlich-rechtlicher Regelungen	Parlamente, Katasterämter
...für Wirtschaft	Eindeutige Abgrenzung von Grundstücken	Kompatibilität widersprüchlicher Nutzungen	Flächennutzungsplanung
...für Wirtschaft	Adressen	Eine der Grundlagen für Adressen- und Informationsräume	Gewerbeaufsicht, IHK u. andere Kammern
...für Gesellschaft	Benennung von Orten, Fluren, Territorien, Gewässern, Erhebungen, Teilregionen	Eingang der Namen in die Hochsprache als besondere Vokabeln, Eindeutigkeit der Orientierung, metaphorische, allegorische Aufladung	Zeitungen, Sender, Websites, Literatur, Kunst, private Kommunikation
...für Wissenschaft	Administrationen als Träger/Finanzier der Bildungsinfrastruktur	Schul-/Hochschuleinzugsgebiete; Ausbildung/Bildung in bestimmten Territorien, öffentl. Auftragsforschung	Kultusministerien, Schulen, Hochschulen, Forschungseinrichtungen
...für Wissenschaft	Bezugsrahmen, für den die amtliche Statistik Daten sammelt	Wirtschafts- und Sozialwissenschaften, Geographie und Geschichte sammeln »Empirie« als Ergänzung zu admin. Vorgaben und Grenzen	Forschungseinrichtungen

In der Praxis wird Adresse als Erreichbarkeitsmodell auch für formale Organisationen (Unternehmen, Behörden, Verbände, Vereine u. ä.) genutzt. Standardisierte Verortung von Personen und Organisationen kann auch funktional gesehen werden: Administrationen versuchen durch Verortungsgebote, Personen und Organisationen zu domestizieren. Unter den Bedingungen der modernen Funktionsgesellschaft ist der mit Adressen besetzte Administrativraum die einzige objektiv fassbare Abbildung gesellschaftlicher Akteure.

Administrativräume sind wie Grundstücke segmentär gegliedert. Nur so können die unterschiedlichen Verfassungen der Körperschaften, die solche Territorien geschaffen haben, miteinander auskommen: Ihre Gültigkeit ist territorial beschränkt. Ihr ›Miteinander‹ ist also – genau genommen – ein ›Nebeneinander‹. Die segmentäre Gliederung von Grundstücken auf Gemeindeebene, Gemeinden auf Länderebene, von Bundesländern auf staatlicher Ebene und von Staaten auf EU-Ebene gestattet die weitgehende Objektivierung. Da viele Administrationen auch über Statistik-, Datenverarbeitungs- und kartographische Ämter verfügen, gibt es viele Versuche, die politisch-administrative Gliederung als Idealraum zu behandeln, als Norm für alle möglichen anderen Programmräume und Regionalisierungen. Dafür spricht auch, dass administrativräumliche Abstraktionen öffentlich sind und daher aus praktischen Gründen vielfach normativ genutzt werden (vgl. Tab. 4).

Gegen eine solche Auffassung spricht,

1. dass Administrativräume durch Verwaltungsreformen und Kriege geändert werden können, und dass Administrationen nicht nur Verwaltungseinrichtungen sind, sondern auch im Wettbewerb zueinander stehen. Während eine durchschnittliche schwedische Gemeinde mit einem Etat von 162,3 Millionen € als Großunternehmen auftreten und eine entsprechende Standortpolitik betreiben kann, muss die durchschnittliche Gemeinde in Mecklenburg-Vorpommern mit nur 4,3 Millionen € auskommen. Die Zersplitterung in Klein- und Kleinstgemeinden mit völlig unzureichendem Dienstleistungsniveau ist einer der Gründe für die starken Bevölkerungsverluste in Mecklenburg-Vorpommern;

2. dass Administrationen ihre Programmräume auch als Planungsinstrumente für ihre Zukunft benutzten. Damit attestieren sie der jeweiligen gegenwärtigen administrativräumlichen Abstraktion implizit, dass sie unter den gegebenen Bedingungen (noch) nicht perfekt sei. Dabei bleibt zunächst unklar, ob es sich um Schwächen der eigentlichen Abstraktion oder um Probleme auf Basis der dargestellten Sachverhalte handelt.

Die Vorzüge des Administrativraums für die Planung sind altbekannt:

> »Sie [»Beschreibungen der Welt und des Reiches« – also Administrativräume, H.K.]
> nehmen für ihre Weltbeschreibung Vollständigkeit (und damit Alternativenlosigkeit,
> N.L.) in Anspruch. Sie übergreifen Ungleichheiten, territorialisieren sie und stellen so
> über eine imaginierte Raumordnung die Einheit des Differenten her. Mit heutigen
> Augen liest man sie wie eine entfaltete, in Räume aufgelöste Paradoxie.« (Luhmann
> 1997: 676–677)

Man könnte es auch anders ausdrücken: Raumordnung ermöglicht Kompatibilität, und zwar nicht nur die von sozialen Disparitäten, sondern auch von Nutzungen, die einander widersprechen.

> »Völlig widersprüchliche Aktivitäten wie das lärmende, stark riechende, eventuell die
> Sonne verfinsternde Herstellen von Kunststoffteilen und das anheimelnde Wohnen in
> Einfamilienhäusern können dann miteinander vereinbar sein, wenn dazwischen ein
> Park oder ein Wäldchen als Grünfinger geschoben wird.« (Klüter 2002: 151)

Damit ist Kompatibilität als Koordinierungs- oder Steuerungsmodus belastbarer als Funktionalität. Funktionalität setzt mehr, interne Information über die zu steuernden Systeme voraus. Kompatibilität benötigt nur Informationen darüber, wann und wie das eine System ein anderes signifikant stören könnte.

Genau dieses Kompatibilitätskalkül wird in der funktionalen Flächennutzungsplanung genutzt. Die politische Zuweisung von Nutzungskategorien auf Grundstücke schafft nicht nur Freiräume für unternehmerisches Handeln – sie ist auch Grundlage dafür, dass die Administration über Straßen und andere Infrastrukturtechniken die privaten Grundstücke und die dort vorgenommenen Aktivitäten gesamtgesellschaftlich erreichbar macht. Die Erzeugung gesellschaftlicher Kompatibilität widersprüchlicher Aktivitäten ist eine der Hauptaufgaben politischer Planung. Dieser Koordinationsauftrag bedeutet unter anderem, dass die gebietskörperschaftliche Planung permanent damit beschäftigt ist, Komponenten ihres eigenen Programmraums in die Raumabstraktionen anderer Kommunikationsmedien, also in Grundstück, Ergänzungsraum, Informationsraum, Landschaft, Heimat, Ökoidyll, Mittelstadtidyll usw. zu übersetzen. Im Gegenzug bemüht sich die Lobby wirtschaftlicher und gesellschaftlicher Verbände oder Interessenträger, ihre Raumabstraktionen in administrativräumliche Elemente zu übersetzen, wobei auch hier die Offenhaltung in Bezug auf Abstraktionsmethodik oder Schwächen der dargestellten Sachverhalte das Anschlusshandeln der Administration sichert.

Übersetzung bedeutet, dass nur über funktionale Äquivalenzen Erkenntnisgewinn oder Erläuterung gewährleistet ist. Soweit sie in verschiedenen Kommunikationsmedien formuliert sind, können die einzelnen Raumabstraktionstypen in Tab. 2 nicht kausal miteinander verknüpft oder gar voneinander abgeleitet werden. Sie müssen wie linguistische Sprachen aus dem einen Kommunikationsmedium in das andere übersetzt werden, wenn Koordinationseffekte erzeugt werden sollen.

Konträr zu jenem Stabilisierungsprogramm durch Übersetzung und Transformation konkurrierender und konfligierender Interessen in Grundstücksnutzungen soll die Administration im politisch gesetzten Auftrag auch regionale Disparitäten ausgleichen und überall gleichwertige Lebensbedingungen ermöglichen. Außerdem sollen grundstücksübergreifend Wachstum, Entwicklung, Umweltschutz und gesamteuropäische Konversion gesichert werden. Diese im Raumordnungsgesetz festgelegte Pluralität von Zielen bedeutet, dass Administrativräume kein Perpetuum mobile sind, sondern durch administrative Planung immer wieder verändert werden. Die Euphorie, dass mit Raumplanung gesamtgesellschaftliche Planung umgesetzt werden könnte, ist etwa mit der zu vergleichen, Esperanto könne die internationale Sprachenvielfalt aufheben. Denn da nicht alles koordiniert werden muss und kann, bleibt für die überwältigende unkoordinierte Restmenge nur Kompatibilität als Modus vivendi. Da die Planer Übersetztes und Transformiertes unterschiedlich selegieren und dies in verschiedenen Administrationen asynchron umsetzen, kann der Administrativraum auch deswegen kein Idealraum sein.

Der nahezu mechanistische Wirkungszusammenhang zwischen räumlicher Abstraktion und räumlicher Orientierung kann also nicht extern – etwa durch Perfektion und totale Eindeutigkeit der Texte oder durch die Überzeugungskraft eines ontisch gesetzten Raumbegriffs – erklärt werden, sondern nur durch kommunikativ entstandene Konventionen, Akzeptanzen, Traditionen, Gebote, Sanktionen und Belohnungen, wie sie beispielsweise ein Gesetzbuch oder ein Arbeitsvertrag liefern.

5 Raumwissenschaft und ihre Verbindung mit Technik-, Sprach- und Sozialwissenschaft

Die Modernität räumlicher Abstraktion liegt also keineswegs in der Präsentation einer offenbar unbegrenzten Vermehrung von Umweltwissen für ›den Menschen‹ oder die Gesellschaft. Das Gegenteil ist der Fall:

1. Raumabstraktionen gestatten es auf überzeugende Weise, große Wissensbestände abzuschneiden oder auszuschließen und trotz verminderter Information komplexe Anschlussaktivitäten zu ermöglichen. Raumabstraktionen sind dann weniger Instrument gesellschaftlicher Beschreibung, sondern organisierter Programmierung. Insofern ist logisch, dass bei gleich bleibender Management-Kapazität ein verstärkter Übergang zur Steuerung mit Raumabstraktionen immer größere formale Organisationen ermöglicht.

Vorreiter sind in gewisser Weise politische Administrationen. Sie gehörten schon immer zu den größtmöglichen Organisationen. Luhmanns Systemtheorie markiert hier einen Übergang von Kausalität zu Funktionalität als leitendem Organisationsprinzip. Darüber hinaus kann mit Hilfe von Raumabstraktionen und anderer Schemata von Funktionalität auf Kompatibilität umgeschaltet werden – was zur Steuerung vieler sozialer Aktivitäten ausreichend ist (vgl. Klüter 2002). Die Kapazitätsersparnis bedeutet in vieler Hinsicht auch Personalersparnis.

2. Ein weiteres Modernitätsmoment ergibt sich aus der neuen allgemeinen Zugänglichkeit geographischen Wissens. Noch vor drei Generationen fielen topographische Informationen und entsprechende Karten unter das Dienstgeheimnis. Heute kann jeder Einzelne ähnlich exakte Informationen bei Google maps und anderen Anbietern im Internet abrufen (vgl. Klüter 2009). Die verbesserte Zugänglichkeit zum Expertenwissen heißt keineswegs, dass Laien es wie Experten anwenden könnten. Allerdings werden durch Erstere und durch Satellitennavigation die Selbststeuerungskapazitäten um ein weiteres erhöht, so dass organisierte Fremdsteuerung hier wiederum eingespart werden kann.

3. Auch bei der Übersetzung von einem Kommunikationsmedium – etwa von *Macht/Recht* in ein anderes, z. B. *Geld/Eigentum* – können Raumabstraktionen neue Vereinfachungen produzieren. Die Vermessung von Grundstücken und geplanten Baumaßnahmen, einschließlich der Kostenschätzungen im Gelände, die früher von Ingenieuren geleistet werden mussten, werden heute mit Aufnahmegeräten umgesetzt, die direkt an Referenzalgorithmen, Richtwerte und die entsprechenden Datenbanken angeschlossen sind und für eine entsprechende Abfrage zu Verfügung stehen. Auch die linguistische Übersetzung von einer EU-Verwaltungssprache in eine andere kann durch die Benutzung internationalisierter Signaturen und entsprechend standardisierter kartographischer Grundlagen vereinfacht werden. Der Bezug auf ›europäische‹ kommissionseigene Eurostat- und ESPON-Daten erspart langwierige Anfragen bei den nationalen Statistikämtern und Erläuterungen zu deren Vergleichbarkeit, die wiederum in EU-Sprachen zu übersetzen wären.

4. Konnte der Nutzer noch vor zwei Jahrzehnten damit rechnen, dass es sich bei komplexen kartographischen Informationen um Spezialistenwissen aus erster oder zweiter Hand handelte, muss heute in Betracht gezogen werden, dass Primärwissen immer schwieriger erreichbar ist. Sogar der einzelne Wissenschaftler steht oft am Ende einer langen Informationskette, in der es nahezu unmöglich ist, die Daten- und Geländeaufnahmen am Anfang dieser Kette zu identifizieren oder gar zu kontrollieren. Die geometrische Basis von Raumabstraktionen wird längst durch spezialisierte Verwaltungen oder

Unternehmen erzeugt, die Weitergabe und Verarbeitung dieser Informationen wird von zweiter oder dritter Seite geleistet, und erst dann ist es möglich, entsprechend anonymisierte Datensätze für die Wissenschaft abzurufen oder zu kaufen. Auch das Ergebnis der wissenschaftlichen Expertise unterliegt dann mehreren Übersetzungs- und Transformationsprozessen, bevor es den Endverbraucher erreicht.

5. Bedenkt man, dass räumliche Orientierung meist in linienhaft gerichtete Mobilität transformiert wird, enthält die dazu genutzte räumliche Abstraktion mit ihrer flächenhaften Umgebungsdarstellung riesige Redundanzen. Um eine bestimmte Bewegung zu planen, zeigt Google maps dem Nutzer fast alle Straßen der Welt. Alle Information, die sich nicht auf die Umgebung entlang der gewählten Mobilitätslinie bezieht, ist eigentlich überflüssig. Man kann argumentieren, dass hier Informationstiefe durch Informationsbreite ersetzt werden soll, um auf diese Weise die Entscheidungssicherheit sozialer Systeme zu gewährleisten – vor allem in Organisationen. Andererseits suggeriert die flächige Darstellung, alle möglichen Varianten einer individuellen Bewegung abzubilden – was wiederum ein Auswählen des eigentlich Fremdgesteuerten zu fordern scheint. Die Informationsbreite in Raumabstraktionen und der daraus induzierten zusätzlichen Kommunikation kann also Selbststeuerung bei der räumlichen Orientierung nicht nur ermöglichen sondern auch simulieren.

6. Die Asymmetrie zwischen organisiert erzeugten Raumabstraktionen und der räumlichen Orientierung, zumeist in strukturell schwächeren Interaktionssystemen, wird durch neue Datenverarbeitungs- und Rechentechniken verstärkt. Der Nutzer räumlicher Orientierungsangebote hat kaum Möglichkeiten, Methoden und Inhalte der zur Verfügung gestellten Abstraktionen zu prüfen. Der Ansatz, solche Entwicklungen über die Aufnahme- und Leidensfähigkeit des alten geisteswissenschaftlichen beobachtenden Subjekts zu theoretisieren, ist wenig zielführend. Organisationstheoretische Ansätze wie die, die Luhmann in seiner frühen und mittleren Schaffensperiode entwickelt hat, sind eher geeignet, die erweiterten Nutzungen räumlicher Abstraktion zu erläutern. Die Transformation verbalisierter sozialer Orientierung in ikonisierte räumliche Orientierung gestattet nicht nur Rationalisierung und Automatisierung von Kommunikation, sondern auch Anonymisierung der Fremdsteuerungsinputs. Die allgemeine Versprachlichung neuer Abstraktionstechniken – und somit auch ihre weitere Vergesellschaftung – sind in vollem Gange.

7. Den Unterhaltungswert ikonisierter, verräumlichter Information und Selektion hat die Industrie der Computerspiele längst erkannt und vermarktet. Kontingenz wird durch das Einspeisen von Zusatzinformationen als Grundlage für nun mögliche eigene Entscheidungen erhöht – manchmal

sogar erst erzeugt. Allerdings ist die latent eskapistische Tendenz gespielter räumlicher Abstraktion keine Erfindung von heute. Mit Arkadien und dem Schlaraffenland entstanden solche Abstraktionen bereits in der Antike und im Mittelalter. Neu ist vielleicht die Raffinesse der kommerziellen Vermischung bekannter mit irrealen Umgebungen in Tourismuswerbung, Literatur und Computersimulation.

8. Räumliche Abstraktion als Stenographie moderner Bilderwelt (s. o.) erfordert drastischere Selektion, Informationsverkürzung und stärkere Vereinfachung. Die Aggregation komplexer Steuerungsinformation in Raumabstraktionen, die Übersetzung von einem Raumabstraktionstyp in andere, die gezielte Kontrolle der verlängerten Informations- und Kommunikationswege und das Ausloten der damit ermöglichten Organisations- und Planungsmöglichkeiten, sind Aufgaben, denen sich die Raumwissenschaften stellen müssen.

9. All das bedeutet, dass neue Techniken der Datenverarbeitung und ihrer Nutzung in Raumabstraktionen nicht einfach auf der Straße liegen und darauf warten, von einer Mediengeographie entdeckt zu werden. Vielmehr sind sie Output spezifischer Kontroll-, Organisations- und anderer Steuerungsinteressen, die in hochgradig spezialisierten Unternehmen erzeugt und aus einer Vielfalt technischer und sozialer Möglichkeiten für neue Formen räumlicher Abstraktion ausgewählt worden sind. Dies kann raumwissenschaftlich nur erfasst werden, wenn die dafür notwendigen Organisations- und Kommunikationsanstrengungen mit berücksichtigt werden.

Mit der Nutzung und Bearbeitung von Abstraktion, Statistik, Information, Programmierung, funktionaler Äquivalenz, Kompatibilität, Steuerung, Kommunikation, Vertextung, Übersetzung muss Geographie in vielfältiger Weise auf Strategien und Methoden der Mathematik sowie der Sprach- und Sozialwissenschaften zurückgreifen, so dass die traditionelle isolierte Positionierung als eine Art raumzentrierter Parallelwelt kaum zu halten sein dürfte. Der durch das einzelne erkennende Subjekt sprachextern gesichtete Raum als quasi-objektive Projektionsfläche der nur noch schwer erfassbaren Spannweite zwischen Individuum und Gesellschaft – wie in Döring/Thielmann (2009) erneut reanimiert – erscheint vor dem oben skizzierten Hintergrund als eskapistisches Idyll, als Illusion.

Literatur

BARTELS, DIETRICH (1978): System, Theorie und Methode der Geographie. Raumwissenschaftliche Aspekte sozialer Disparitäten. In: Mitt. d. Österr. Geogr. Ges. 120, S. 227 – 242.

BARTELS, DIETRICH/HARD, GERHARD (1975): Lotsenbuch für das Studium der Geographie als Lehrfach. Bonn, Kiel: Selbstverlag.

BUDKE, ALEXANDRA/KANWISCHER, DETLEF/POTT, ANDREAS (Hg.) (2004): Internetgeographien. Beobachtungen zum Verhältnis von Internet, Raum und Gesellschaft. Stuttgart: Franz Steiner Verlag

DÖRING, JÖRG/THIELMANN, TRISTAN (Hg.) (2008): Spatial Turn. Das Raumparadigma in den Kultur- und Sozialwissenschaften. Bielefeld: Transcript.

DÖRING, JÖRG/THIELMANN, TRISTAN (Hg.) (2009): Mediengeographie. Theorie, Analyse, Diskussion. Bielefeld: Transript.

DÖRING, JÖRG/THIELMANN, TRISTAN (2009): Mediengeographie. Für eine Geomedienwissenschaft. In: Döring/Thielmann (Hg.) (2009), S. 9 – 64.

EGNER, HEIKE (2008): Gesellschaft, Mensch, Umwelt – beobachtet. Stuttgart: Franz Steiner Verlag.

GRIN, ALEKSANDR ET AL. (1927): Bol'šie požary. Moskau. Deutsch: Die großen Brände. Ein Roman von 25 Autoren. Berlin, Frankfurt, Wien: Ullstein 1982.

HARD, GERHARD (1970): Die »Landschaft« der Sprache und die »Landschaft« der Geographen. Semantische und forschungslogische Studien zu einigen zentralen Denkmotiven in der modernen geographischen Literatur. Bonn: Dümmlers Verlag.

HARD, GERHARD (1973): Die Geographie. Eine wissenschaftstheoretische Einführung. Berlin, New York: de Gruyter.

HARD, GERHARD (2002): Landschaft und Raum. Aufsätze zur Theorie der Geographie. Band 1. Osnabrück: Universitätsverlag Rasch.

HARD, GERHARD (2003): Dimensionen geographischen Denkens. Aufsätze zur Theorie der Geographie. Band 2. Göttingen: V & R Unipress.

HAUSDORFF, FELIX (1898): Das Chaos in kosmischer Auslese. Erschienen unter dem Pseudonym Paul Mongré. Leipzig: Naumann.

HUNTINGTON, SAMUEL (1996): The Clash of Civilizations and the Remaking of World Order. New York 1996, deutsch: Kampf der Kulturen. Die Neugestaltung der Weltpolitik im 21. Jahrhundert. München: Europaverlag 1998.

KAVERIN, VENJAMIN (1927): Die Rückkehr des Raums. In der deutschen Ausgabe von 1982. In: Grin (1927), S. 211 – 217.

KLÜTER, HELMUT (1986): Raum als Element sozialer Kommunikation. Gießen: Selbstverlag des Geographischen Instituts der Justus-Liebig-Universität Giessen.

KLÜTER, HELMUT (1999): Raum und Organisation. In: Meusburger, P. (ed.): Handlungsorientierte Sozialgeographie. Benno Werlens Entwurf in kritischer Diskussion. Stuttgart 1999, S. 187 – 212.

KLÜTER, HELMUT (2000): Regionale Kommunikation in Wirtschaft und Politik. In: Informationen zur Raumentwicklung 2000, Nr. 9/10, S. 599 – 610.

KLÜTER, HELMUT (2002): Raum und Kompatibilität. In: Geographische Zeitschrift 90, 2002. Heft 3 und 4, S. 142 – 156.

KLÜTER, HELMUT (2005): Kultur als Ordnungshypothese über Raum? In: Geographische Revue 7, 2005, Heft $\frac{1}{2}$, S. 43–66.

KLÜTER, HELMUT (2009): Öffentliche Geographie. In. Geographische Revue 11, 2009, Heft 2, S. 7–15.

KRÄMER-BADONI, THOMAS/KUHM, KLAUS (Hg.) (2003): Die Gesellschaft und ihr Raum. Raum als Gegenstand der Soziologie. Opladen: Leske & Budrich.

LUHMANN, NIKLAS (1981): Soziologische Aufklärung 3. Soziales System, Gesellschaft, Organisation. Opladen: Westdeutscher Verlag.

LUHMANN, NIKLAS (1983): briefliche Mitteilung vom 12. 10. 1983 an mich.

LUHMANN, NIKLAS (1984): Soziale Systeme. Grundriss einer allgemeinen Theorie. Frankfurt am Main: Suhrkamp.

LUHMANN, NIKLAS (1987): Soziologische Aufklärung 4. Beiträge zur funktionalen Differenzierung der Gesellschaft. Opladen: Westdeutscher Verlag.

LUHMANN, NIKLAS (1994): Die Tücke des Subjekts und die Frage nach dem Menschen. In: Luhmann (1995): Soziologische Aufklärung 6. Die Soziologie und der Mensch. Opladen, S. 155–168.

LUHMANN, NIKLAS (1997): Die Gesellschaft der Gesellschaft. 2 Bd. Frankfurt am Main: Suhrkamp.

MARESCH, RUDOLF (2000): Die Rückkehr des Raumes. http://www.rudolf-maresch.de/texte/42.pdf (Zugriff am 28. März 2010)

STICHWEH, RUDOLF (2003): Raum und moderne Gesellschaft. Aspekte der sozialen Kontrolle des Raums. In: Krämer-Badoni/Kuhm (2003), S. 93–102.

Jana Möller-Kiero

Urbane Wohn(t)räume am Beispiel des professionell vermittelten Immobilienverkaufsangebots aus textlinguistisch-systemtheoretischer Sicht

> »Also nicht die Tür oder die Mauer, nicht der Schlagbaum oder das Vorzimmer machen die soziale Räumlichkeit aus, sondern die kommunikative Herstellung eines räumlichen Unterschieds, der einen Unterschied macht, und zwar sozial. Die Räumlichkeit des Raums – etwa einer Tür – kommt nur dann sozial zum Tragen, wenn diese Tür Kommunikation strukturiert – letztlich ist dann die Tür ein Erzeugnis der Kommunikation selbst, nicht umgekehrt.«
> (Nassehi 2002: 218)

Die vorliegende Darstellung möchte einen Beitrag zu der sich bereits im Vollzug befindlichen Entwicklung eines Beobachtungsinstrumentariums leisten, das Konzepte sowohl aus der Systemtheorie als auch aus der Textlinguistik produktiv bezieht. Der Beitrag versteht sich in erster Linie als Versuch, die Beobachtungsbasis einer derartigen Perspektivierung hinsichtlich raumbetonter Kommunikationen zu erweitern, die sich empirisch anhand konkreter Texte/ Textsorten unter hinreichender Berücksichtigung des jeweiligen Kontexts bzw. Kommunikationsbereichs beobachten lässt. Dieser übergreifende Beobachtungsmodus soll am Beispiel des professionell vermittelten Immobilienverkaufsangebots (im Folgenden: IVA) vorgeführt werden. Es wird argumentiert, dass Raum hierbei vorrangig der Erwartungsbildung einschließlich der Beförderung entscheidungsrelevanter Kommunikation dient, die eng mit der Funktion von räumlichen Formen verbunden ist, und zwar der Kopplung von sozialen und psychischen Systemen. Die Konstruktion Sinn stiftender, anschlussfähiger Raumbilder erscheint daher unabdingbar und folglich nicht vernachlässigbar.

1 Einführung und Problemstellung
2 Raum als Medium der Wahrnehmung sowie sozialer Kommunikation
3 Das Immobilienverkaufsangebot im und als Spiegel raumrelevanter Entscheidungskommunikation
4 Raumkonstruktion mittels Persuasion *par excellence?*
5 Resümee: Re-thinking ›Werbung‹

1   Einführung und Problemstellung

Zwischen Wohnen, Raum und Immobilienkommunikation scheint neben dem offensichtlichen thematischen Zusammenhang eine weitere Gemeinsamkeit zu bestehen: Alle drei Phänomene sind bis in die jüngere Vergangenheit hinein aus der systemtheoretischen Betrachtungsweise weitgehend ausgespart worden. In Bezug auf die Raumkategorie hat sich die distanzierte Haltung der Gesellschaftstheorie gegenüber Raum mittlerweile geändert, wobei nicht nur die Geographie sondern auch die Soziologie und weitere Sozial- und Kulturwissenschaften die Raumkategorie wieder entdeckt haben. Im Zuge jener Aufwertung der Raumproblematik entstanden zahlreiche systemtheoretisch gerahmte Arbeiten[1], die trotz ihrer Unterschiedlichkeit betonen, dass räumliche Strukturen gleichermaßen auch soziale Strukturen sind und folglich das Räumliche nicht vom Gesellschaftlichen abzugrenzen, sondern *als* Teil dessen zu untersuchen bzw. zu beobachten ist.

Zwar stellt das (urbane bzw. städtische) Wohnen ein zentrales Thema der empirischen Sozialforschung dar, allerdings konzentriert sie sich zuvörderst auf die Erbringung von extern verwertbaren Erkenntnissen wie zum *Wohnbedarf* und *Wohnverhalten* für Stadtplaner[2], Architekten, Möbelhersteller und Innenausstatter und Immobilienentwickler. Somit droht zum einen das Raumphänomen Wohnen als lebensalltägliche Praktik im Hauptstrom der sozialwissenschaftlichen Diskussion hinter derart reduzierten Abstraktionen zu verwässern und folglich an lebens(raum)alltäglicher Relevanz zu verlieren. Zum anderen fokussieren solcherart Studien üblicherweise die soziale Konstruktionsweise von Raum, d.h., der relationale Sozialraum wird dem territorial als Container konzipierten physischen Raum gegenübergestellt, und das Wohnen *im* territorial gedachten physischen Raum (bspw. Städte, Regionen) verortet. Infolgedessen bleibt jedoch die Frage nach dem eigentlichen *Wie* der sozialen Konstruktion von Raum unterbelichtet und folglich unhinterfragt.

Ebenso wenig, wie der Bezug der jüngeren systemtheoretisch orientierten Raumdiskussion bislang kaum Eingang in wohnbezogene – oftmals fallstudienhafte – Arbeiten gefunden hat, haben sich die Textlinguistik sowie die Kommunikationswissenschaften mit der Immobilienkommunikation im Allgemeinen und dem professionell vermittelten Immobilienverkaufsangebot im Besonderen auseinandergesetzt. So wurden Immobilienanzeigen bislang als Werbemittel in der Tradition der sprechakttheoretisch orientierten Textlinguistik

---

1 Vgl. exemplarisch: Baecker (2004); Esposito (2002); Hard (2002); Nassehi (2002); Redepenning (2006); Stichweh (2000).

2 Aus reinen Platzgründen wird hier von der Doppelverwendung weiblicher und männlicher Endungen Abstand genommen. In jedem Falle sind selbstverständlich immer männliche und weibliche Formen gemeint.

pauschal den direktiven bzw. appellativen Textsorten zugeordnet, wodurch ihnen zugleich persuasives bzw. überredendes Potenzial zugesprochen wurde. Insgesamt scheint die Frage nach der Textfunktion des IVA in den wenigen Beiträgen auffallend oberflächlich gelöst, ohne näher auf die jeweiligen gesellschaftlichen Funktions- bzw. Sinnzusammenhänge einzugehen. Rolf (1993: 250) ordnet im Rahmen seiner sprechakttheoretisch fundierten Klassifizierung[3] Immobilienanzeigen ebenso wie Werbeanzeigen »personenbezogenen«, nichtbindenden, direktiven, beiden Parteien Nutzen bringenden Textsorten zu, mit denen »Personen zu einer Aktion bewegt werden« sollen und »deren Ausführung nicht nur im Interesse des jeweiligen Textproduzenten liegt, sondern auch in dem des Adressaten«. Damit hat er zwar gleichermaßen den Rezipienten im Blick, allerdings überschattet der angenommene direktive Charakter die zweiseitige Sichtweise. Sokolowski (2001: 70) konstatiert u. a. unter Bezug auf die m. E. redliche Bezeichnung *Appartement*, dass die Anpreisung für Verkaufs- und Vermietungsanzeigen charakteristisch sei, und leistet damit den Annahmen der kommunikationswissenschaftlich sowie werbewirtschaftlich orientierten Werbesprachenforschung Vorschub, denen zufolge jedwede Werbung eine persuasive Sprachform und Kommunikation darstellt (vgl. Barth/Theis 1991: 222; Janich 2005: 36 f.), in der folglich »das Streben nach Wahrheit nicht die ausschlaggebende Triebfeder sprachlicher Äußerungen« (Ortak 2004: 81) darstellt.

Der Werbekommunikation unterstellt man demnach global und branchenunabhängig verhaltensverändernde Intentionen und fokussiert somit den Werbewirkungsprozess bzw. die Jagd auf persuasive Effekte im Sinne der Perlokution. Grundsätzlich ist jedoch die Kausalkette anzuzweifeln, nach der interpretierbare Anpreisungen als dominierendes Indiz für persuasiv ausgerichtete Werbesprachlichkeit gelten, zumal die Grenze zwischen informativer Bewertung und (semantischer) expressiver Aufwertung fließend ist. Der negativ konnotierte Begriff der persuasiven Intention erscheint deshalb für die adäquate Erfassung der Textfunktion des IVA bzw. kommunikativen Wirklichkeit unzureichend. Zwar wird in der Linguistik durchaus reflektiert, dass Werbesprache von zahlreichen sich wandelnden Faktoren abhängt, die es zu berücksichtigen

---

3 Dabei werden Verkaufs-, Tausch- und Mietanzeigen global als einer Textsorte zugehörig betrachtet und folglich nicht näher voneinander differenziert. Zurückzuführen ist dies wohl auch auf ein fehlendes Klassifikationsinstrument, das erst durch die Integration systemtheoretischer Überlegungen in die Systemtheorie ermöglicht wurde. Auf klassifikatorische Aspekte *en détail* kann im Rahmen dieses Beitrags nicht näher eingegangen werden, diesbezügliche Erkenntnisse soll meine kontrastiv (deutsch-finnisch) ausgerichtete Dissertation erbringen. Eine Hypothese meiner Untersuchung lautet, dass die *Immobilienverkaufsanzeige* eine Textsorte darstellt.

und zu untersuchen gilt, dennoch dominiert die appellativ-persuasive Sicht auf Werbemittel.[4]

Aus soziologischer Sicht bemerkt beispielsweise Uuskallio (2001: 127, 183) in ihrer Fallstudie, dass Makler emotionale Attribute luxurierenden Charakters in Verbindung mit Wohnräumen und -orten verwenden würden, um den potenziellen Käufer vornehmlich in seiner Identitätserfahrung zu bestärken, wobei stadtsoziologische Studien dieser Art von der Prämisse ausgehen, wonach der Ort sowie die Art zu wohnen Rückschlüsse auf den sozio-kulturellen Hintergrund des Individuums bzw. Einwohners zulassen, und sich mithin der soziale Raum tendenziell mehr oder weniger verzerrt in den physischen Raum übersetzt.

Wie die vorangehenden Betrachtungen vermitteln, scheint sowohl in textlinguistischer als auch soziologischer Hinsicht Konsens darüber zu bestehen, dass das IVA eine expressive-prestigehafte und zweckgerichtete Verräumlichungssprache aufweist, die in der Logik der Werbesprachenforschung schlechthin der Überredung bzw. beabsichtigten Beeinflussung bis zur Täuschung des Rezipienten dient. Im gleichen Zuge lassen sich die vorgelegten stadtsoziologischen Beobachtungen zu der Schlussfolgerung verdichten, nach der zwischen Raum und seiner jeweiligen Darstellung ein Zusammenhang besteht, der sich nicht ohne Weiteres auf eine persuasive Funktion reduzieren lässt. Allerdings, so offenbart auch die Studie von Uuskallio, reicht die ausschließliche Blickrichtung auf die soziale Konstruktion von Raum bzw. Wohnen nicht aus.

Vor diesem hier skizzierten Hintergrund möchte der Beitrag anhand der Raumkategorie der Frage nachgehen, ob und, wenn ja, inwiefern jene Charakterisierung des IVA als direktiv bzw. appellativ-persuasiv *tatsächlich* haltbar ist. Pointierter formuliert: Welche Funktion erfüllt Raum bei der Konstituierung und (Re-) Produktion von ›wohnlichen‹ Strukturen bzw. Kommunikationen im IVA? Im Mittelpunkt der Beobachtung steht also die Frage nach der strukturbildenden Relevanz des (Wohn-) Raums innerhalb des zu betrachtenden immobilienwirtschaftlichen Kontexts, um darauf aufbauend die Textfunktion(en) des IVA mit determinieren zu können.

Diese Frage wird in exemplarischer Weise verfolgt durch einen Vergleich anhand von Immobilienverkaufsanzeigen, den entsprechenden Webangeboten sowie den per Post oder E-Mail zugestellten sogenannten Langexposés, die Ei-

---

4 So räumt Janich (2005: 222) ein, dass beispielsweise die Direktwerbung per E-Mail bislang noch nicht auf der sprachwissenschaftlichen Agenda stünde, weshalb sie anregt zu untersuchen, »ob der Gehalt an sachlicher Information bei Werbe-Mails höher ist als bei klassischen Werbebriefen, ob also die Informationsfunktion gegenüber der Appellfunktion überwiegt«. In der Argumentation offenbart sich jedoch ein Paradoxon, wenn jegliche sachliche Information in werbesprachlicher Diktion unter den appellativ-persuasiven Charakter subsumiert wird.

gentumswohnungen zum Kauf anbieten und aus der Feder von professionellen Anbietern stammen. Die hier der Untersuchung zugrunde liegenden Immobilienverkaufsanzeigen sind den Tageszeitungen *Süddeutsche Zeitung* und *Hamburger Abendblatt* aus den Jahren 2005 bis 2009 entnommen, die eine feste Position innerhalb der deutschen Zeitungslandschaft einnehmen und die jeder Leser bzw. Wohnungssuchende käuflich erwerben kann. Die Wahl dieser Zeitungen gründet sich zudem darauf, dass ihr jeweiliger Immobilienteil ein in der Literatur als urban ausgewiesenes Zentrum (Hamburg, München) betrifft und dass sie an einen Online-Immobilienmarkt (www.immonet.abendblatt.de; www.sueddeutsche.de/immobilienmarkt) gekoppelt sind, der von der entsprechenden Zeitung ausgewiesen wird, um die entsprechenden Webangebote und diesbezüglichen Langexposés heranziehen zu können.

Eine angemessene Behandlung der vorliegenden komplexen Raumfrage setzt angesichts der verschiedenen Perspektiven einer systemtheoretischen Auseinandersetzung mit Raum voraus, diese in Bezug auf ihre Anschlussfähigkeit für spezifisch textlinguistische Zwecke näher darzustellen (Abschnitt 2). Dabei wird von einer ausführlichen Analyse des Raumbegriffs auf theoretischer Basis abgerückt, sondern vielmehr seine knappe Rekapitulierung und unmittelbare Integration ins textlinguistisch-methodische Beobachtungsinstrumentarium verfolgt. Die Betrachtung geht von der Annahme aus, dass eine verstärkte Hinwendung zur zeitweise unterprivilegierten Raumkategorie in diesem Zusammenhang nicht nur die gesellschaftstheoretisch gerahmte Erfassung des städtischen bzw. urbanen Wohnens erleichtern, sondern gleichermaßen auch in textlinguistisch-stilistischer Hinsicht die Bestimmung der Merkmale von Texten/Textsorten, die einen starken thematischen Raumbezug aufweisen, begünstigen kann.

2   Raum als Medium der Wahrnehmung sowie sozialer Kommunikation

Was Luhmanns Systemtheorie mit der (Text-) Linguistik fachübergreifend verbindet, ist ihre Fokussierung auf Prozesse der Kommunikation. Kommunikationen stellen aus Sicht der Systemtheorie die Letztelemente, die Bausteine, sozialer Systeme dar. Soziale Systeme bestehen gemäß Luhmann exklusiv aus Kommunikation: Sie produzieren sich und ihre Elemente in rekursiven Prozessen durch den Anschluss von Kommunikation an Kommunikation. Wie ist Raum nun aus systemtheoretischer Perspektive zu betrachten bzw. zu beobachten?

Obgleich Luhmann selbst in seinen Arbeiten Raum eher eine geringe Bedeutung »einräumt« bzw. nicht als einen zentralen Baustein seines Theoriegebäudes erachtet (vgl. Stichweh 2000: 184 ff.; vgl. Ziemann 2003), thematisieren seine Arbeiten *Raum* in zweierlei Hinsicht. Einerseits verweist Luhmann basierend auf der abstrakten Prämisse, wonach soziale als auch psychische Systeme keine räumlich-materielle Grenze aufweisen, Raum und damit verbundene Raumfragen ins Abseits, d. h. in die (nicht-kommunikative) Umwelt von Gesellschaft. Geschuldet ist diese Sichtweise vor allem der bereits oben dargestellten Abstraktheit der Theorie, die es vermeidet, soziale Systeme als territoriale, erdräumlich fixierte Gebilde zu betrachten.[5]

Soziale Systeme verfügen demnach – anders als organische Systeme, deren Zellmembranen, Haut räumlich-materielle Grenzen bilden –, nicht über eine räumlich-materielle Form von Grenze, vielmehr haben sie »eine völlig andere, nämlich rein interne Form von Grenzen« (Luhmann 1998: 76). Das heißt, soziale Systeme (re-) produzieren ihre Grenzen mittels Kommunikationen selber; die Grenze eines sozialen Systems ist »nichts anderes als die selbst produzierte Differenz von Selbstreferenz und Fremdreferenz, und sie ist als solche in allen Kommunikationen präsent« (ebd.: 76 f.).

Zum anderen konzipiert Luhmann (1997: 179 ff.) im Rahmen seiner Kunsttheorie *Raum* als ein Medium der Wahrnehmung, auf dessen Grundlage die Wahrnehmung Objekte an Stellen bzw. im Raum anordnet, wobei *Raum* als kognitives Schema oder Konzept, d. h. als eine Konstruktion von psychischen Systemen betrachtet wird, die ihrerseits keinen direkten operativen Kontakt zu ihrer Umwelt unterhalten. Während Luhmann die »neurophysiologische Operationsweise des Gehirns« (ebd.: 179) fokussiert, und *Raum* als eine ›physiologische Basisstruktur‹ der Wahrnehmung von Objekten auffasst (und damit in der Umwelt von Sozialsystemen verortet), stellt Stichweh (2000: 186) heraus, dass aus Sicht der Systemtheorie Raum auch als gesellschaftsinhärentes Phänomen – als Element bzw. Medium der sozialen Kommunikation – konzipiert werden kann. Zugleich integriert er Raum in das Universalmedium des Sinns. In der Architektur der Systemtheorie fungiert *Sinn* als Universalmedium, das als Differenz zwischen Aktualität und Potenzialität aufgefasst wird. Sinn ist nicht einfach in der Umwelt außerhalb der Systeme gegeben, sondern ist beständiges Aktualisieren von Möglichkeiten, d. h. bestimmte Möglichkeiten werden selek-

---

5 Bei Ziemann (2003: 132) ist diesbezüglich zu lesen: »Vielleicht liegt in der Besonderheit der Luhmannschen Soziologie, die die moderne Selbstbeschreibung der Gesellschaft und sich selbst ineins setzt, ein weiteres Motiv für das dominante Ausblenden des Raumbegriffs. Das Argument müsste dann ungefähr so lauten: Weil die Selbstbeschreibung der Gesellschaft nur in Sonderfällen auf Räumlichkeit bzw. Territorialität referiert, passt sich die systemtheoretische Soziologie dem in ihren Funktionsanalysen an und kann Raum gegenüber *klassischen* Soziologien nicht mehr als Grundbegriff setzen«.

tiert und so die Komplexität an Sinnalternativen reduziert. Selektiert wird das Sinngeschehen im Sinne Luhmanns aber bekanntlich nur in drei Dimensionen:

>»Die Sachdimension wird durch die Differenz von dieses und anderes gebildet. Jede Kommunikation bezieht sich aktuell auf ein Was, auf ein Thema und deutet zugleich weitere thematische Anschlussmöglichkeiten an. Für die Zeitdimension ist hingegen die Unterscheidung von vorher und nachher konstitutiv. Jede Kommunikation interpretiert die Welt im Hinblick auf ein Wann und verweist gleichzeitig auf andere Vergangenheits-, Gegenwarts- und Zukunftsverhältnisse. Die Sozialdimension schließlich geht auf die Differenz von ego und alter zurück. Jede Kommunikation kann im Hinblick auf ein Wer (erlebt und handelt auf diese Weise) befragt werden, parallel damit werden weitere Auffassungsperspektiven intendiert.« (Kneer 1996: 332)

In diesem Zusammenhang drängt sich die in der Literatur kontrovers diskutierte Frage, ob Kommunikation nicht nur unter dem Aspekt *Wer*, *Wann*, *Was*, sondern auch in Bezug auf ein *Wo* differenziert/differenzierend ist, förmlich auf. Während Stichweh (2000: 188) im Rahmen der Systemtheorie eine konzeptuell unabhängige Raumdimension für durchaus plausibel hält, weist Baecker (2004: 225) darauf hin, dass Luhmann selbst dafür plädiert habe, die Raumdimension innerhalb der Sachdimension zu verorten. Diesbezüglich bemerkt Hard (2002: 283), dass die Raumdimension auch der Sozial- oder Zeitdimension zugerechnet werden könne, spiegelt sich doch das nahe Verhältnis dieser Dimensionen zum Raum im Sprachgebrauch wider (man spricht beispielsweise von *Zeitraum*, *Zeitdistanz* oder gebraucht metaphorische Wendungen wie *Sie steht mir sehr nahe*, *Das darf erst mal als Frage im Raum stehen gelassen werden* etc.).

Es leuchtet ein, dass im Rahmen des vorliegenden Beitrags, die Frage, ob Raum nun eine eigenständige Sinndimension bildet, nicht annähernd erschöpfend beantwortet werden kann. Für ein solches durchaus lohnendes Unterfangen müsste man sich eingehender mit dem theoretisch proklamierten Wechselverhältnis bzw. reflexiven Verhältnis der einzelnen Sinndimensionen beschäftigen[6]; Anregungen dazu sind u. a. bei Baecker (1993) zu finden. Für diese Arbeit soll es ausreichen, Raum sowohl als ein Medium der Wahrnehmung als auch im Sinne von Stichweh als ein Medium der Kommunikation aufzufassen. Mit dieser Bestimmung von Raum als Medium bzw. systemeigener Konstruktionsleistung von operativ geschlossenen Sinnsystemen wird zugleich die unterstellte Annahme einer Dualität von Raum relativiert (vgl. dazu u. a. Lippuner 2007; vgl. Stichweh 2000). Wenngleich es Raum dem vorliegenden Verständnis entsprechend ›an sich‹ nicht gibt, setzt die räumliche Medium/Form-

---

6 In gewisser Hinsicht spricht die Kombinierbarkeit räumlicher Schematismen (wie *oben/ unten*) mit unterschiedlichen Objekten dafür, Raum innerhalb der Sachdimension zu verorten.

Unterscheidung paradoxerweise Raum bzw. eine Vorstellung von Extension selbst im metaphorischen Kontext voraus.[7]

Wie kommt es nun zur Konstruktion von Räumen?

An dieser Stelle kommt die für die Systemtheorie grundlegende Unterscheidung zwischen Medium und Form ins Spiel. Medien und Formen werden dem systemtheoretischen Denkgebäude zufolge jeweils von Systemen selbst bzw. systemintern als Differenz konstruiert und sind folglich beobachtungsabhängig (vgl. Luhmann 1998: 195 ff.). Daraus folgt, dass sich Raum als eine spezifische beobachtungsabhängige Differenz von Medium/Form-Differenz bestimmen lässt, genauer gesagt als Unterscheidung von Stellen und Objekten. Raum wird von psychischen Systemen als Wahrnehmungsmedium dadurch konstruiert, indem »Stellen unabhängig von den Objekten identifiziert werden können, die sie jeweils besetzen« (Luhmann 1997: 180). Diese die Wahrnehmung leitende Unterscheidung von Stellen und Objekten trifft jedoch ausschließlich auf psychische Systeme zu, soziale Systeme sind, um Räume kommunikativ-operativ konstruieren zu können, auf weitere räumliche Unterscheidungen bzw. sog. Schemata angewiesen. Bei solchen Schematismen handelt es sich um kommunikative Formen wie *nah* und *fern*, *innen* und *außen*, *vor(ne)* und *hinter/hinten* etc.[8] Wie u. a. Lakoff/Johnsen (1998) und Schlottmann (2005: 187) belegen, lassen sich diese Formen unter linguistischem und damit wiederum beobachtungsleitendem Aspekt z. B. nach indexikalischen Unterscheidungen (*hier/dort*) oder Richtungskonzepten (*oben/unten*) systematisieren.

Auch diese Unterscheidungen verhalten sich paradox, da sie als Differenzen im Medium des Raums eine Vorstellung von Raum im extensionalen Sinne voraussetzen und gleichwohl den Raum als Medium erst konstruieren. So argumentiert Stichweh aus systemtheoretischer Sicht, dass Raum »ein Medium der Wahrnehmung und der sozialen Kommunikation, das auf Leitunterscheidungen von Objekten und Stellen und von Ferne und Nähe aufruht [...]« (Stichweh 2000: 191), ist. Mit dem Hinweis darauf, dass es für die soziale Relevanz einer Sache oder einer anderen Person einen erheblichen Unterschied machen könne, ob diese nah oder fern sind, begründet er allerdings nicht, warum die Basal- bzw. Leitunterscheidung Nähe/Ferne als grundlegende räumliche Unterscheidung anzusehen ist. Bislang scheint es in der Literatur darüber, welche Basalunterscheidung(en) letztlich relevant für die kommunikative Strukturbildung sind, noch keinen Konsens zu geben. Dennoch zeichnet sich einerseits die Präferenz für die Leitunterscheidung *hier/dort* ab, auf die sich weitere Unterscheidungen

---

7 Zurückzuführen ist der Zusammenhang zwischen Extension und Raummedium auf die körperzentrierte menschliche, evolutionär begründete Erfahrung mit der Ausgedehntheit der Welt (vgl. Sturm 2000: 85).

8 Zu weiteren räumlich schematisierbaren Unterscheidungen vgl. u. a. Kuhm (2000); Redepenning (2006: 128).

zurückführen lassen. Anderseits geht Stichweh (2003: 96) in einem jüngeren Aufsatz nunmehr von der »Pluridimensionalität des Raums« aus, dessen Konstruktion dementsprechend mehreren konstituierenden Unterscheidungen obliegt.

Im Rahmen des vorliegenden Beitrags kann und soll der Frage nach den räumlichen Basalunterscheidungen nicht nachgegangen werden, vielmehr gilt es am Beispiel des IVA die Relevanz von Raum für die Strukturierung der immobilienwirtschaftlichen Kommunikation einschließlich des urbanen (Städte-) Wohnens zu untersuchen, um rückkoppelnd die Textfunktion(en) des IVA mit determinieren zu können.

Der hier aufgezeigte systemtheoretisch orientierte Untersuchungsmodus setzt neben einer Verbindung der Medium/Form-Unterscheidungen mit räumlichen Unterscheidungen bzw. Formbildungen (z.B. Wohnung, Stadtteil) die Berücksichtigung des Kontexts bzw. des kommunikativen Zusammenhangs voraus, in dessen Rahmen räumliche Formen generiert oder als bereits etablierte räumliche Sinntypisierungen bzw. *Raumsemantiken* reproduziert werden, da Wahrnehmung und Bewusstsein den hier übernommenen systemtheoretischen Prämissen folgend nicht beobachtet werden können.

Helmut Klüter, der als Erster in seinen sozialgeographischen Ausführungen hervorhebt, dass die Raumbegriffe auf die einzelnen Systemtypen der Interaktion, Organisation und Gesellschaft sowie an die symbolisch generalisierten Kommunikationsmedien und gesellschaftlichen Funktionssysteme zu beziehen seien, fasst unter *Raumabstraktionen* kommunikative Verkürzungen, die komplexe soziale, ökonomische oder technische Informationen vereinfachend darstellen und dadurch soziale Komplexität reduzieren. Im Medium *Macht/Recht* beispielsweise werden *Administrativräume* (Gemeinden, Bundesländer etc.) konstruiert als Ergebnis der Projektionen von juristisch definierten Rechten auf Erdoberflächlich-Materielles. Durch derartige Räume werden Verfügungsansprüche über Personen und Güter festgelegt (vgl. Klüter 1987: 92), deren Regulierung mittels Raumabstraktionen auch in anderen Medien wie *Geld/Eigentum* relevant sind. Insofern dienen Raumsemantiken als persistente Themen- und Sinnvorräte der räumlichen Strukturierung und damit der Anschlussfähigkeit der modernen Gesellschaft: »Sie schränken Beliebigkeit ein, um zu regeln, was ausgeschlossen bleibt, neu erfunden bzw. weiterverfolgt wird« (Redepenning 2006: 72). Dies bedeutet auch, dass einmal etablierte Raum- und Ortsbilder durchaus wandelbar, aber langlebig sind. Vor diesem Hintergrund gilt es in der vorliegenden Untersuchung ansatzweise zu eruieren, welcherart Raumsemantik *wie* immobilienwirtschaftliche Kommunikationen rahmt.

3   Das Immobilienverkaufsangebot im und als Spiegel raumrelevanter Entscheidungskommunikation

Der oben formulierten Forderung nach Berücksichtigung der kommunikativen Zusammenhänge ist verstärkt auch in der jüngeren Vergangenheit im Rahmen der Text(sorten)linguistik[9] Rechnung getragen worden. Die germanistische Textlinguistik begab sich dazu auf eine verstärkte (Sinn-) Suche nach formidablen Ansätzen. Als produktiv hat sich sodann die reflektierte Übernahme soziologisch-systemtheoretischer Überlegungen nach Niklas Luhmann in die Textlinguistik mit ihrem Herzstück der Textsortenlinguistik erwiesen. Die programmatische Vernetzung beider Wissenschaftsdisziplinen ermöglicht die komplexitätsreduzierende Kategorie des Sinns, da in beiden Disziplinen Kommunikation dahingehend untersucht wird, inwieweit sie – etwas plakativ formuliert – Sinn bzw. kommunikative Bedeutung stiftet.

So wird der textlinguistische Begriff des Kommunikationsbereichs mit dem soziologischen Systembegriff gleichgesetzt, aber dennoch reflektiert, dass es sich dabei sehr wohl um Konzepte unterschiedlicher Wissenschaftsbereiche handelt (vgl. Gansel/Jürgens 2007: 76). Wie bereits dargestellt, bestehen soziale Systeme in Luhmann'scher Diktion aus Kommunikationen, die sich selbst ohne jedwedes menschliche Handeln reproduzieren (vgl. Luhmann 1984: 192 f., 225 ff.). Die Kommunikationsbereiche werden hingegen mittels Textsorten konstituiert, die menschliches Handeln reflektieren (vgl. Gansel/Jürgens 2007: 69 f.). Der soziologische Blick auf den Kommunikationsbereich hebt weitgehend einstige Probleme bei der Zuordnung von Texten/Textsorten auf, eliminiert diese – wie im Falle des IVA – nicht gänzlich. Zugleich hilft die Kenntnis der Systeme, in denen Texte/Textsorten produziert werden, und für die sie als Träger der Kommunikation Leistungen erbringen, ihre textinternen Merkmale eindeutiger zu determinieren und zu verstehen. Nach dem dominanten Leistungskriterium unterscheiden Gansel/Jürgens (ebd.: 78) zwischen *Kerntextsorten*, die konstitutiv für ein soziales Systeme sind (Interaktion, Organisation oder funktional ausdifferenziertes Teilsystem*); Textsorten der institutionell geregelten Anschlusskommunikation*, die die Reaktion auf das Kommunikationsangebot des eigenen Systems erfordern (z. B. *Gutachten* in der Institution Hochschule) und *Textsorten der strukturellen Kopplung*, die zur Kommunikation fester Beziehungen zwischen Systemen dienen, von denen mindestens eines ein Organisationssystem oder ein psychisches System ist (denn nur diese ›kommunizieren‹ mit anderen Systemen). Für eine adäquate Bestimmung der internen Textfunktion ist mithin die Verortung von Texten in ihren entspre-

---

9 Vgl. Ausführungen bei Adamzik (2004); Brinker (2005); Gansel/Jürgens (2007); Gansel (2008).

chenden Kommunikationsbereichen essenziell. Der hier relevante Kommunikationsbereich umfasst die Immobilienwirtschaft-Kommunikation bzw. das
funktional ausdifferenzierte reflexive Teilsystem ›Immobilienwirtschaft‹, das
nach den Modalitäten des Wirtschaftssystems einschließlich dazugehörigem
Code *zahlen/nicht-zahlen* operiert und dessen Leistung in der Befriedigung von
(Wohn-) Bedürfnissen besteht. Da die spezifische immobilienwirtschaftliche
Forschung insgesamt noch als relativ jung und unerschlossen gilt, kann hier
lediglich auf eine allgemein formulierte betriebswissenschaftliche Bestimmung
von ›(Wohn-) Immobilienwirtschaft‹ zurückgegriffen und aus systemtheoretischer Sicht ergänzt werden. In Anlehnung an Brauer (1999: 5 ff.) bezieht sich die
Immobilienwirtschaft auf sämtliche Leistungsprozesse, infolge deren zum einen
das Wirtschaftsgut *Immobilie* im Ergebnis des betrieblichen Leistungsprozesses
entsteht und zum anderen die Immobilie wesentlicher Produktionsfaktor ist, der
in den Leistungsprozess des Immobilienunternehmens (Immobilienfonds,
Makler u. a.) eingebracht wird, um letztlich ein wirtschaftliches Ergebnis aus der
Immobilie zu erzielen. Vor dem Hintergrund der aufgezeigten Definition kann
die (Wohn-) Immobilienwirtschaft als soziales System konzeptualisiert werden,
das mit marktlichen und gesellschaftlichen Teilöffentlichkeiten in wechselsei-
tigen Beziehungen steht und dessen Herausbildung – vereinfacht ausgedrückt –
in dem Bedürfnis nach einer den eigenen Wünschen entsprechenden Wohnung
liegt. Wie jedes soziale System weist auch das System der Immobilienwirtschaft
eine bestimmte Struktur auf, deren konstitutive Elemente einerseits durch das
Subsystem psychischer Systeme wie Auftraggeber und Kaufinteressenten und
andererseits durch institutionelle bzw. organisationale Subsysteme (z. B. Im-
mobilien-/Maklerunternehmen bzw. Makler) geprägt ist, mit denen die psychischen Systeme zur Bedürfnisbefriedigung Beziehungen mittels Verträge
(Kaufvertrag, Vertrag über Konditionen) und Zahlungen anstreben (sodass die
Existenz des Systems der Immobilienwirtschaft die beständige Reproduktion
der Beziehung zwischen den konstitutiven Elementen impliziert). Somit bahnt
das professionell vermittelte IVA feste Beziehungen (strukturelle Kopplungen)
zwischen Immobilienkaufinteressenten (psychische Systeme) und Immobilienunternehmen bzw. Makler an. Darüber hinaus sichert es die Kommunikation
des Immobilienwirtschaftssystems mit dem System der Massenmedien, welches
jedoch nicht direkt an der Produktion bzw. Erstellung des IVA beteiligt ist,
sondern in erster Linie den »medialen Raum« zur Verfügung stellt.[10] Trotz
starker ökonomisch motivierter Interdependenzen zwischen Wirtschaft und
Massenmedien durchdringen sich diese Systeme im Fall des IVA nicht gänzlich
über die strukturelle Kopplung, da hier die Systemlogik der Wirtschaft domi-

---

10 Speziell trifft dies auf Immobilienangebote zu, die in Tageszeitungen oder über die dazu-
gehörigen Internetportale veröffentlicht werden.

niert. Um die strukturelle Kopplung bzw. Kontaktanbahnung zwischen Maklerunternehmen auf der Anbieterseite und psychischen Systemen als Nachfrager
zu begünstigen und damit letztlich die Überlebensfähigkeit des Unternehmens
zu sichern, bedarf es Immobilienverkaufsangebote, die zugleich die Bedürfnisse
der potenziellen Kunden/Wohnungssuchenden berücksichtigen. Da sich nun in
Luhmann'scher Prägung das Maklerunternehmen bzw. der Makler nicht in das
psychische Bewusstsein des Käuferinteressenten hineinkatapultieren kann,
bleiben ihm der Erwartungshorizont und die konkreten Motive des Interessenten trotz kalkulierter Motivlagen auf der Grundlage von Beobachtungen relativ vage. Auf der anderen Seite bleibt wiederum dem Interessenten das Leistungsrepertoire vermittelnder Immobilienunternehmen in seiner Gesamtheit
undurchschaubar. Jene Konstellation ist der Kontingenz zuzuschreiben, die
Luhmanns Systemtheorie durchzieht, und mit der die grundsätzliche Ungewissheit, Beliebigkeit und Zukunftsoffenheit sozialer Situationen bezeichnet
wird, denn:

> »Kontingent ist etwas, was weder notwendig ist noch unmöglich ist; was also so, wie es
> ist (war, sein wird), sein kann, aber auch anders möglich ist. Der Begriff bezeichnet
> mithin Gegebenes (zu Erfahrendes, Erwartetes, Gedachtes, Phantasiertes) im Hinblick
> auf mögliches Anderssein; er bezeichnet Gegenstände im Horizont möglicher Ab
> wandlungen.« (Luhmann 1984: 152)

Immobilienverkaufsangebote erbringen daher im Rahmen der strukturellen
Kopplung für Maklerunternehmen und Kaufinteressenten die Leistung der
Kontingenzregulierung, indem sie für beide Seiten zu erwartungs-erwartende
Informationen bereitstellen, um letztendlich Entscheidungskommunikation
befördern zu können. Darin liegt sodann die Bereichsfunktion des IVA begründet. Allerdings ist es im Falle des IVA mit der Ermittlung der Bereichsfunktion als kontingenzregulierend und folglich informativ im weiteren Sinne
allein noch nicht getan, um dessen Textfunktion(en) eindeutig determinieren zu
können. Denn die Untersuchung der konkreten Vertextung konzentriert sich in
gängigen Textbeschreibungsmodellen – selbst unter Berücksichtigung der Bereichsfunktion und des Kommunikationsbereichs – auf die globale Beobachtung
erster Ordnung, d.h. auf das *Was*. So lässt sich aus dieser Sicht wohl beobachten,
dass dem lokalen Bezug im IVA eine wichtige Bedeutung zukommt. Bei der
Benennung des Ortes spielen im IVA die geographischen Bezeichnungen der
Städte und Stadtteile (*München*, *Schwabing*, *Laim* etc.) sowie geographische
Eigennamen (*Alster*, *Isar* etc.) als auch die Bezeichnungen der Himmelsrichtungen (sowohl als Substantive als auch als Adjektive und Adverbien) eine
wichtige Rolle. Das eigentliche *Wie* der thematischen Verräumlichung, welche
das Immobilienverkaufsangebot determiniert, wird damit jedoch nur unzureichend erfasst, zumal auf diese Weise beobachtete Raumkonstruktionen dazu

verleiten, weitgehend im Medium *Geld* gelesen und emotional wirkende Raumdarstellungen folglich als persuasiv interpretiert zu werden. Jene stark reduzierte Beobachtung würde sodann implizieren, dass Motive für den Erwerb einer Wohnung auf eine Immobilienwerbung persuasiver Art zurückzuführen und der Erwerb einer Wohnung auf ein bloßes Konsumgut reduzierbar sei. Unbestritten sind – wie angeklungen – Aspekte des Wohnens eng mit Wirtschaftlichem verknüpft. Ohne das Angebot und die nachfrageorientierte Entwicklung und Vermarktung von Wohnungen bzw. Wohnraum wäre Wohnen ebenso wenig möglich wie ohne den Erwerb der entsprechenden Angebote und Leistungen durch letztlich zahlungsbereite Wohnungsinteressenten. Dennoch scheint sich das Phänomen Wohnen nicht auf die wirtschaftliche Perspektive zu beschränken. Eine dementsprechend resolut ökonomisch begründete Betrachtung des IVA, dessen Vertextung dem wirtschaftlichen Code *zahlen/nicht-zahlen* folgt bzw. sich über die Orientierung an ihm erschöpfend erklären lässt, erscheint deshalb zu einseitig. Die Beschäftigung mit der Raumrelevanz im immobilienwirtschaftlichen Kontext erfordert somit auch eine Auseinandersetzung mit dem Phänomen des (Städte-)Wohnens. Einschränkend soll an dieser Stelle darauf hingewiesen werden, dass hier keine umfassende Soziologie des Wohnens vorgelegt, sondern lediglich eine stark abstrahierende Annäherung an dieses Phänomen aus systemtheoretischer Sicht auf der Grundlage des IVA angestrebt wird.

4   Raumkonstruktion mittels Persuasion *par excellence?*

Wie oben ausgeführt, setzt die Betrachtung der kontextspezifischen Konstruktion bzw. deren Rekonstruktion von Raum an den räumlichen Unterscheidungen an, die den Raum als Medium und die in diesem Raum konstruierten Formen erst entstehen lassen. Welche grundlegenden räumlichen Unterscheidungen kommen nun im IVA zum Tragen und welche Funktionen üben diese konkret im zu beobachtenden Kontext aus?

In einer ersten Hinsicht werden im IVA das Wohnen und die Wohnung erwartungsgemäß regionalisiert. Der mit der Wohnungssuche verbundene Ortswechsel impliziert einen regionalisierenden Vergleich, denn im kontrastierenden Vergleich mit dem bereits bestehenden Wohnort wird das noch Fremde und Unbekannte »besichtigt« und (womöglich auch vor Ort) erfahren. Dabei bezieht sich der Vergleich nicht nur auf die entsprechenden Stadtviertel, -teile, -bezirke und die Gebäude, sondern auch auf das unmittelbare Umfeld bis hin zu städtischen Freizeit- und Konsummöglichkeiten. Systematisch verglichen wird ein *Hier* mit einem *Dort*; ein Wohndomizil mit einem anderen. Da nun – wie bereits im vorangegangen Abschnitt 3 skizziert – das Maklerunternehmen die Motive für einen neuen Wohnort nur kalkulieren kann, wird auf bestimmte Vergleichsparameter zurückgegriffen, die zugleich die Blickrichtung des immobilienwirtschaftlichen Systems kommuniziert. Es handelt sich dabei zum einen um Aussagen zur Lage des Wohnorts. Bezüglich der Darstellung der Lage bzw. Lagebeschreibung sind signifikante intermediale[11] Unterschiede augenfällig: Während in den Printanzeigen neben der obligatorischen Nennung des Ortsteils Informationen zur Lage – häufig beschränkt auf qualitative Bewertungen bzw. emotive Attribuierungen des betreffenden Wohngebiets – an einem Superlativ, wie z.B. *beste Lage*, oder an Adjektiven wie *ruhig, gut, zentral* ›aufgehängt‹ werden, zeigt sich im Internet eine vergleichsweise deutliche Konkretisierung in Form einer als stark prototypisch bis obligatorisch zu betrachtenden Lagebeschreibung, die der ebenfalls obligatorischen Objektbeschreibung vorangestellt ist und häufig eine Charakterisierung des Ortsteils aufweist. Ferner zeichnet sich ab, dass die Lagebeschreibung systematisch Informationen vermittelt zur Infrastruktur wie Verkehrsverbindungen (öffentliche Verkehrsmittel, Autobahnen/ Schnellstraßen) einerseits und zu Einkaufsmöglichkeiten, öffentlichen Einrichtungen (Kindergärten, Schulen, Ärzten) sowie örtlichen Freizeitmöglichkeiten (Sportstätten, Wandermöglichkeiten, kulturellen Einrichtungen etc.) andererseits. Thematisiert wird die Dort-Perspektive aus der Sicht des Wohnungssuchenden als ein erstrebenswertes Hier:

(1) Hier finden Sie neben altem Baumbestand und herrschaftlichen Ein- und Zweifamilienhäusern mit gepflegten Grundstücken den beliebten Park »Wandsbeker Gehölz«.

Kombiniert werden diese Aussagen, die die Erwartungen des Wohnungssuchenden strukturieren, mit der nah/fern-Unterscheidung und damit weiter differenziert. In diesem Zusammenhang fällt der Gebrauch von rekurrenten, stereotypen Formulierungen auf, wie z.B. *X ist / sind ... fußläufig / zu Fuß / zu erreichen / erreichbar*. Unter den Formen der in den Angeboten als Stadtviertel bezeichneten Orte und Wohnlagen ist neben den Unterscheidungen hier/dort und nah/fern auch die Unterscheidung innen/außen, die in der Regel als *in/im* der Stadt/Umland-Unterscheidung gegenübergestellt ist, frequent. Das *Dort* bzw. das Stadtviertel ist ein Ort, *in* dem sich nicht nur die zu besichtigende Wohnung, sondern auch die genannten Freizeitangebote und markanten städtischen Wahrzeichen wie Sehenswürdigkeiten oder Parks befinden. Mittels der innen/außen-Unterscheidung wird demnach das *Dort* bzw. das Stadtviertel näher spezifiziert. Diese Spezifikation lässt sich auch mit dem Begriff des Wohnumfelds oder der Wohnumgebung erfassen, dessen Charakterisierung die

---

11 Näheres zum IVA aus intermedialer sowie kontrastiver Sicht vgl. Möller-Kiero (2008).

innen/außen Unterscheidung impliziert. Mit der Beobachtung einer Raumstelle als Stadtviertel oder (Wohn-) Lage wird der dementsprechend unterschiedene und bezeichnete Ort zu einer intern differenzierten und strukturierten Region bzw. zum Wohnumfeld.

Hiebei ist augenfällig, dass mithilfe der innen/außen-Unterscheidung sowie der Stadt/Umland-Unterscheidung die Stadt in der regionalisierenden Sichtweise konsequent als Zentrum dargestellt und somit von der sie umliegenden Region unterschieden wird. Die in diesem Zusammenhang kommunizierte Nähe und in den Angeboten erwähnte Vielfalt von (verschiedenartigen) Freizeit- und Konsumangeboten einschließlich gastronomischen Einrichtungen, wie z.B. *gemütliche Cafés und Restaurants mit internationaler Küche, zahlreiche Erholungsmöglichkeiten, diverse Einkaufsmöglichkeiten,* implizieren sowie symbolisieren zugleich räumlich-städtische Dichte und Kompaktheit, die als innenstadttypisch bzw. »urban« interpretierbar sind. Insofern fördert solcherart Heterogenisierung eine territorialisierende Differenzierung, wobei die hier/dort-Regionalisierung in das territorialisierte *Dort* (Ortsteil, Lage) eingeführt wird. Trotz dieser räumlich gebundenen Thematisierung von urbaner Heterogenität bezüglich des jeweiligen Konsumangebots geht aus den vorliegenden IVA eindeutig die Artikulation des jeweiligen Stadtviertels als eine Einheit hervor, die mittels der nah/fern-Unterscheidung zum jeweiligen Stadtzentrum in Beziehung gesetzt wird. Auch *im* Stadtviertel dominieren flächen- und behälterförmig dargestellte Einheiten wie Parks oder Plätze, bedingt durch die Projektion der menschlichen Innen/Außen-Orientierung auf physische Objekte wie der Erdoberfläche oder Gebäude, infolge derer »Menschen permanent eine Grenze und einen ›Inhalt‹ erfahren« (Schlottmann 2005: 173). Selbst die sich aus topologisch-geometrischer Sicht eher als Linien darzustellenden Straßen und *Lage* werden mit der innen/außen-Unterscheidung flächen- oder behälterförmig spezifiziert. So werden Straßen zu Teilräumen und Wohnungen/Gebäude zu Behältern, die man entweder ›von innen‹ besichtigen kann oder die als solche lokalisiert und dementsprechend benannt werden, z.B. *die bekannten Einkaufstraßen von Winterhude und Eppendorf mit einem vielfältigen Angebot an Fachgeschäften, Restaurants und Bars.*

Jene Territorialisierung im zu beobachtenden Kontext ist der Komplexitätsreduktion geschuldet: Die vieldimensionale Komplexität des Wohnens, genauer gesagt des »Wohnorts«, wird zu einer deutlich konturierten Einheit (Stadtviertel/-teil/-bezirk), die nach außen wie nach innen relativ abgegrenzt erscheint. Zugleich mutiert dadurch – wie im Nachfolgenden noch genauer zu zeigen ist – dieser Flächen- oder Behälterraum zu einem form- und damit durchaus auch modifizierbaren Medium der immobilienwirtschaftlichen Kommunikation sowie Wahrnehmung von Differenzen.

Ferner wird das Wohnen im Allgemeinen und die Wohnung im Besonderen in

ästhetisch-atmosphärischer und emotionaler Hinsicht spezifiziert bzw. kon-
kretisiert. Diese sinnliche Perspektive ist ebenfalls räumlich verklammert.
Dementsprechend zielen Immobilienunternehmen und ihre Angebote mittels
›konstruierter‹ Raumbilder darauf ab, die an einen Wohnwechsel gebundenen
Erwartungen und Vorstellungen auch sinnlich bereits vor der eigentlichen Besichtigung vor Ort erfahrbar zu machen. Für eine Betrachtung des Verhältnisses
von Kommunikation und Wahrnehmung erweist sich an dieser Stelle die Spezifizierung des räumlichen Schemabegriffs hilfreich. In Anlehnung an Miggel-
brink/Redepfennig (2004: 323 ff.) wird als *räumliches Schema* die kommunikative Verwendung eines textlichen oder bildlichen Zeichens aufgefasst, welche
eine alltagsverständliche Ortsreferenz und damit eine erinnerbare Einheit generiert. Räumliche Schemata verbinden wie andere kognitive Schemata Kategorisierung und Information. Ferner lassen sie sich durch sinnliche Wahrneh-
mungsformen spezifizieren (*Hier sehen Sie...*) und sind mit unterschiedlichen
»Objekten« kombinierbar. Aufgrund ihrer Einfachheit und Kombinierbarkeit
eignen sie sich zur kommunikativen Weiterverwendung und Kommunikation
unterschiedlicher Räume und *können* somit das Verstehen erleichtern. Entscheidend ist hinsichtlich des Verstehenprozesses jedoch, dass die Operationen
der Bewusstseinsysteme der psychischen Systeme stets systemeigenen Logiken
folgen, denn bei

> »der Verwendung von Schemata setzt die Kommunikation voraus, dass jedes beteiligte
> Bewusstsein versteht, was gemeint ist, dass aber andererseits dadurch nicht festgelegt
> ist, wie die Bewusstseinsysteme mit dem Schema umgehen, und erst recht nicht:
> welche Anschlusskommunikationen sich aus der Verwendung von Schemata ergeben«
> (Luhmann 1998: 111).

Dies erklärt, dass die in IVA mittels räumlicher Schemata hervorgebrachten
raumbezogenen Repräsentationen Wahrnehmungen der Kaufinteressenten zwar
präformieren, jedoch nicht determinieren können. So kann sich das jeweilige
Bewusstsein auch andere nicht vorstrukturierte Wahrnehmungen selektieren,
als sie ihm die immobilienwirtschaftliche Kommunikation vorgibt. Dies impliziert zugleich auch, dass die Beziehung von Wahrnehmung und Kommunikation
umwelt- und daher irritationssensibel ist. Unwahre, d. h. nicht wahrnehmbare
Repräsentationen hinsichtlich einzelner Wohnorte und Wohnungen bzw. of-
fensichtliche Diskrepanzen zur Realität werden sich nicht bewähren können,
ohne das Schwinden des Käuferinteresses und letztlich das Weiterbestehen des
Immobilienunternehmens zu riskieren. Die raumbezogenen Repräsentationen
sind also der Reflexivität von Kommunikation unterlegen und können Irritationen auslösen. Dieser Umstand wird sodann auch im immobilienwirtschaftlichen System reflektiert, wie diesbezügliche Interviews mit Maklern bestätigen,
denen zufolge die Darstellung eines Objekts im Exposé und in der Anzeige der

»Besichtigungskontrolle« standhalten und folglich der erfahrbaren Realität entsprechen muss. Grundsatz ist es daher, IVA nicht als übertrieben-persuasiv zu strukturieren, sondern Texte mit realitätsorientierten Darstellungen der Immobilienobjekte zu präferieren.

Bei Durchsicht der vorliegenden IVA fällt auf, dass sich möglicherweise als nachteilig erweisende bzw. als solche wahrnehmbare Mängel kontrolliert, aber dennoch kommuniziert werden (im Internet wird diese Blickrichtung auf Mängel sogar durch die standardisierende Kategorie des Zustands bzw. der Qualität des jeweiligen Objekts präformiert):[12]

(2) Da dieses [Badezimmer], ebenso wie das Gäste-WC dem Standard des Baujahres entspricht, besteht hier Renovierungsbedarf.

(3) Die Wand zwischen Küche und dem Ankleidezimmer kann entfernt werden (was wir aufgrund der Größe der Küche empfehlen würden). Dadurch gewinnen Sie eine schöne große Küche.

(4) Die Mieten[13] sind zwar hoch und der Verkehrslärm manchmal störend. Aber die Nähe zum Englischen Garten, die optimale Verkehrsanbindung, die Theater und kulturellen Einrichtungen wie die Seidl-Villa und die zahlreichen Einkaufsmöglichkeiten machen diese Nachteile wett.

Wie die vorangehenden Beispiele aus Webangeboten sowie Langexposés zeigen, können die Nachteile durchaus argumentativ aufgewertet werden. Die endgültige Konklusion bleibt jedoch dem Rezipienten überlassen, der zudem selbst im Rahmen einer Besichtigung vor Ort z. B. den Lärmpegel wahrnehmen kann. Gleichsam klingt in diesen Beispielen an, dass immobilienwirtschaftliche Organisationen – und folglich auch das Maklersystem – der Körperlichkeit bzw. Leibgebundenheit von Kommunikation Rechnung tragen muss. Räumliche Schemata spezifizieren somit auch die Art und Weise, wie (Käufer-) Körper sich im immobilienwirtschaftlichen Kontext ›bewegen‹. In diesem Sinne tragen die raumbezogenen Informationen des IVA sowie den jeweils dort aufgeführten Stadtplänen, Objektfotos und Grundrissen auch zur körperlichen Orientierung und Steuerung der Käuferinteressenten bzw. Wohnungssuchenden bei, indem

---

12 Die Wiedergabe aller nachstehend aufgeführten Textbelege folgt in Schreibweise und Interpunktion dem jeweiligen Original.

13 Interessanterweise wird in diesem aus einem Verkaufsexposé stammenden Beispiel auf die Höhe der Mieten hingewiesen, was die Vermutung nahe legt, dass es sich bei diesem Textauszug um einen vorgefertigten handelt, der bei Bedarf auch in Mietexposés herangezogen wird.

sie den Käufer sowohl bei Besichtigungen assistierend als auch ›virtuell‹ im
Vorfeld durch Ortsteile und Wohnungen bzw. Räume navigieren.

Neben Fakten (wie Wohnfläche in Quadratmetern etc.) ist die Vermittlung
von Wohnatmosphären im IVA von Bedeutung, die ebenfalls aus der territorialisierenden Verortung resultiert, denn »ein besetzter Raum lässt Atmosphäre
entstehen. Bezogen auf die Einzeldinge, die die Raumstellen besetzen, ist Atmosphäre jeweils das, was sie nicht sind, nämlich die andere Seite ihrer Form;
also auch das, was verschwinden würde, wenn sie verschwänden« (Luhmann
1997: 181). In Bezug auf atmosphärische Aussagen im IVA ist insgesamt eine
gewisse Zurückhaltung spürbar, man verzichtet auf stilistisch-lexikalische ›Ex-
travaganzen‹ und ausholende Ausschmückungen:

(5) Ein großzügiger Wohn- und Essbereich (26 qm) und die daran angren-
    zenden, zweiseitig umlaufenden Terrasse/Balkon, geben der Wohnung
    Großzügigkeit und ein schönes Raumgefühl. Alles ist nicht einsehbar und
    trotzdem sehr offen, da die nächsten Häuser weiter entfernt sind.

(6) Die abschließbaren Kunststofffenster aus dem Jahre 1985 sind in der
    kompletten Wohnung doppelt isolierverglast. Die höheren Decken tragen
    ebenfalls zum Wohlfühlfaktor dieser Wohnungen bei.

Zur Sprache kommen die offene Raumgestaltung und die Deckenhöhe, die an-
scheinend als atmosphärische Merkmale angenehmen Wohnens gelten. Zugleich werden diese sinnlichen Aspekte aus einer kognitiv-rationalen Sicht argumentiert, um mögliche Einwände gegen bspw. eine zu freizügige Einsicht
einzudämmen.

Folgt man den Annahmen der Werbesprachenforschung, in deren global-
perspektivisch ausgerichteten Lesart *schönes Raumgefühl* und *Wohlfühlfaktor*
emotional appellieren, ließe sich einvernehmlich argumentieren, dass man bewusst versuche, den Werbecharakter hinunterzuschrauben und durch eine gewisse Bescheidenheit zu verschleiern. Bezieht man jedoch die kontingenzregu-
lierende, entscheidungsfördernde Funktion von Raum ein, die raumbezogene
Darstellungen im IVA rahmt, wird deutlich, dass diese pauschale einseitige
Einschätzung im Falle des IVA nicht ohne Weiteres haltbar ist.

Vielmehr wird der Tatsache Rechnung getragen, dass die Kaufentscheidung
nicht ausschließlich auf rationalen Fakten basiert, sondern sich auch zu einem
hohen Anteil aus leiblichen Eindrücken speist. Da diese je nach persönlicher
Wahrnehmung variieren, wird ein emotionaler Rahmen gesetzt, der ein individuelles gefühlsmäßiges Erleben der jeweiligen Raumsituation in Aussicht
stellt, ohne dennoch Stimmungen überschwänglich in Szene zu setzen. Auch
werden sinnlich-ästhetische Aspekte im Vergleich zur diesbezüglich offensive-

ren herkömmlichen Produktwerbung eher verhalten zur soziokulturellen Selbstverortung herangezogen: In den IVA finden sich zahlreiche Belege für implizite Formulierungen über Wohnlagen im Sozialraum der Stadt, die auf das Bedürfnis einer soziokulturellen Selbstverortung hinweisen und somit dem Rezipienten ein Identifikationspotenzial eröffnen. Dabei fällt die symbolische Sprachverwendung besonders auf:

(7) Die Lage bietet ruhiges Wohnen in dem lebendigen Stadtteil Eimsbüttel, die Nachbarschaft ist durch stilvolle Mehrfamilienhäuser von 1900 geprägt [...].

Neben der bereits erwähnten urbanisierenden Perspektivisierung durch das Attribut lebendig wird im Beispiel (7) über die Gleichsetzung der Nachbarschaft mit als stilvoll bewerteten Mehrfamilienhäusern ein Wohnumfeld skizziert, das auf eine gemeinsame milieuspezifische, gutbürgerliche Lebenssituation anspielt. Im Wesentlichen entspricht die Verortung in den vorliegenden Beispielen dem Integrationsmilieu bei Schulze (1995), der soziale Milieus als erhöhte Binnenkommunikation und gruppenspezifische Existenzformen darstellt.[14] Milieus sind weniger direkt ortsgebunden im herkömmlich soziodemographischen Sinne, sondern vielmehr durch ihren sozialen Stil gekennzeichnet, unter den Schulze die »Gesamtheit der Wiederholungstendenzen in den alltagsästhetischen Episoden eines Menschen« (ebd.: 746) fasst. Wie das obige Beispiel (7) zeigt, wird zwar vom Rezipienten nicht direkt erwartet, dass er selbst aus einem sozio-ökonomisch ›gehobenen‹ Milieu stammt, aber durchaus nahegelegt, dass die Wohnlage (an dieser Stelle im sozialen Raum der Stadt) mit dem eigenen soziokulturellen und -ökonomischen Status korreliert (vgl. auch Beleg 1).[15]

Der für das jeweilige Milieu typische soziale Stil bedingt sodann die Wahl aus dem Angebot an Genuss-, Sinn- und Identifikationsangeboten. Bei der Betrachtung der vorliegenden Angebote ist die Dominanz des Integrationsmilieus augenfällig, dass das Streben nach Konformität auszeichnet. Für das jeweilige Milieu sind bestimmte sprachliche Merkmale charakteristisch, die im Falle des IVA durchaus dem in der Linguistik etablierten Etikett der Werbesprache entsprechen. So finden sich neben den bereits genannten zahlreiche weitere als Hochwertwörter identifizierbare Ausdrücke wie *Ambiente*, *Flair*, *charmant*, *traumhaft* in den Texten (die dennoch kaum innovativ bzw. werbesprachlich-originell wirken dürften). Mit dem vorliegenden (Be-) Fund wäre sodann die

---

14 Schulze (ebd.: 746) unterscheidet zwischen *Selbstverwirklichungsmilieu*, *Harmoniemilieu*, *Integrationsmilieu*, *Niveaumilieu* und *Unterhaltungsmilieu*.

15 Im Sinne der Exklusion/Inklusion bzw. sozialer Ein- und Ausgrenzung erweist sich hierbei das Ästhetisch-Sinnliche durchaus auch als Medium der Segregation, denn das Ästhetische »übernimmt also virtuell eine Identität stiftende Funktion« (Müller/Dröge 2005: 101).

sich daraus ableitende einseitige Sichtweise des IVA als persuasiv begründet. Gegen ein solches vorschnelles Pauschalurteil spricht wiederum das sich abzeichnende Bemühen um eine Standardisierung und Kategorisierung: Es werden zwar viele, aber nicht sämtliche Wohnungen als leicht gehoben bis überdurchschnittlich charakterisiert, wobei die Semantik des Wohnungscharakters mit den Attributen der Ausstattung korreliert. Überdies sind im IVA auch Begriffe wie *attraktiv, freundlich* und *gepflegt* frequent, die aus heutiger Sicht gemäßigt erscheinen und eine dem durchschnittlich-mittleren Standard entsprechende Wohnung vermuten lassen.

Ferner wurde deutlich, dass sinnliche Aspekte, die erwartungsgemäß vermittelt werden, infolge ihrer individuellen Erfahrbarkeit keineswegs in einem stark übertriebenen Maße vertextet sind. Aufgrund ihrer Vagheit und individuellen Auffüllbarkeit mit Assoziationen schließen die positiven Bewertungen im konkreten Fall mögliche Fehlinterpretationen nicht gänzlich aus; in der Praxis scheint es sich etabliert zu haben, dass der selbstreflexive Immobilieninteressent bei Interpretationsschwierigkeiten nachfragt oder umgehend von dem Angebot ablässt und folglich selbst mögliche, im Einzelfall unüberbrückbare Vagheiten im IVA identifiziert. Zudem begründet das oftmals knapp bemessene Zeitbudget der Interessenten den niedrigen Komplexitätsgrad und hohen Anteil exemplarischen Kommunizierens und Vergleichens.

Mithin strukturieren die räumlichen Unterscheidungen in den Angeboten das Wechselverhältnis von Kommunikation und Wahrnehmung: Als Schemata formen und steuern sie die Blickrichtung der Kaufinteressenten und reduzieren somit wechselseitige Komplexität. Als Folge dieser Wechselseitigkeit von Kommunikation muss das selbstreflexive Maklersystem die Bedürfnisse der Wohnungssuchenden im Blick haben, die es seinerseits mithilfe räumlicher Schemata sowie raumbezogener Repräsentationen beobachtet, um Strukturen generieren und gleichsam aufrechterhalten zu können. Die in diesem Zusammenhang beobachtete Territorialisierung von Wohnen bzw. Raum dient damit der Überführung der Kontingenz und das Irritationspotenzial in die reduzierte, geordnete und nicht-beliebige Kontingenz des Wohnens, d. h. in die Erwart- und Erfahrbarkeit von Raum. Durch Territorialisierung werden ein Wohnort (Stadt, Stadtteil etc.) und eine Wohnung zur konkreten, körperlich erfahrbaren und sinnlich wahrnehmbaren Einheit. Auf diese Weise generiert die Territorialisierung der Vergleichsperspektiven stabile, d. h. zeit- und scheinbar beobachterunabhängige Strukturen mit bestimmten Präferenzskalen. Solcherart territoriale Verortung zieht die Erwartung mit sich nach, in einem bestimmten Stadtteil und an bestimmter Raumstelle in diesem Stadtteil eine Wohnung besichtigen und wahrnehmen zu können. Diese Erwartung kristallisiert sich zugleich als Leitsatz der Motivierung und Orientierung von Wohnungssuchenden im immobilienwirtschaftlichen Kontext heraus.

In der Art und Weise der Präsentation von Stadtteilen zeichnet sich im IVA folgende Tendenz deutlich ab: Häufig wird der Stadtteil kurz, mitunter superlativisch, charakterisiert:

(8) »Umgeben von viel Grün«, so lässt sich der größte Stadtteil Hamburgs kurz und knapp bezeichnen. Rahlstedt verbindet ein naturnahes Leben mit einer gleichzeitig zentralen Anbindung und avancierte dadurch zu einem äußerst gefragten Stadtteil für Jung und Alt.

(9) Das Appartement liegt in der idyllischen und begehrten Lage des Stadtteils Obermenzing mit dem gigantischen Park des Schlosses Nymphenburg in nächster Nähe und dem Botanischen Garten, im Westen von München.

Jene verortende Strategie ruht der Territorialisierung resultierenden Verdinglichung auf, mit der die bereits angesprochene Invisibilisierung der sozialen (immobilienwirtschaftlichen) Konstruktion gelingt. Folglich bleibt unausgesprochen, wer eigentlich die Einschätzung der Wohnlage vornimmt und nach welchen Kriterien sich diese konkret richtet. Hierbei ist anzumerken, dass sich Makler- bzw. Immobilienunternehmen am bereits etablierten Themen- und Formenvorrat orientieren müssen, unabhängig davon, ob sie nun das bestehende Bild bzw. Image eines Stadtteils aufgreifen oder nicht.

Zugleich ermöglicht diese auf die Erdoberfläche bezogene (re-) produzierte Ontologie die bewusste Artikulation von Einzigartigkeit bzw. Einmaligkeit und Superlativität, denn jede Stelle kann nur ein Mal von einem Objekt besetzt werden. Damit kann zugleich jedem territorialisierten Objekt Einzigartigkeit zugeschrieben werden, die der Herausstreichung von Vorzügen der Wohnlage oder der Immobilie dient. Die Betonung der Einmaligkeit einer Immobilie einschließlich ihres Standortes entspricht sodann dem Leitgedanken der Immobilienwirtschaft, die sich in diesem Sinne mit ›special-interest-areas‹ (man denke an das mantraähnlich konzipierte Motto der Immobilienwirtschaft: *Lage, Lage und noch einmal Lage*) beschäftigt. Mithin wird über die territorialisierende Verortung und der damit einhergehenden Verdinglichung die Systemdifferenz der Immobilienwirtschaft, die Unterscheidung von räumlicher Einmaligkeit, eingeführt, indem – systemtheoretisch formuliert – ein sogenannter *re-entry* der Unterscheidung in die Unterscheidung vollzogen wird. Insofern tragen die vorliegenden Texte bzw. deren räumliche Repräsentationen den sozialen Sinn des immobilienwirtschaftlichen Systems mit und sichern dessen re-entry. Grundsätzlich ist eine starke Innenstadtorientierung zu beobachten; das Stadtzentrum als Bezugs- und Vergleichspunkt dominiert in der regionalisierenden Perspektive des Wohnens.

Überdies zeichnet sich auch eine Aufbrechung, d.h. eine Überlagerung der

zentrumorientierten Sichtweise und folglich auch eine gewisse Formbarkeit des
Mediums Raum ab:

(10) Untermenzing entwickelte sich im Laufe der Jahre zu einem bevorzugten
     und familiengerechten Wohnbezirk. Immer mehr junge Familien zieht es
     in diese Umgebung. Sie wohnen im idyllischen Flair und gleichzeitig sind
     Sie in ca. 20 Minuten in der Stadtmitte.

Dennoch bildet in derartigen Thematisierungen suburbaner Siedlungen der
Stadtkern den unmittelbaren Bezugspunkt. In den vorliegenden Texten wird –
wie bereits herausgestellt – durchgängig mit einer Stadtzentrum/Umland-Un-
terscheidung operiert, die Städte als segmentär gegliederte Einheiten erscheinen
lassen (vgl. Belege 8/10). Die kritischen Beobachtungen seitens der Sozialwissenschaft, dass insbesondere Makler Stadtteile mit stereotypen, idealisierenden
Attribuierungen versehen, sind dennoch nur als ›halbe‹ Wahrheit interpretierbar. Eine gewisse Werblichkeit der Ausdrücke und Äußerungen in einem mo-
tivierend-bestärkenden Sinne ist nicht abzustreiten, allerdings entspricht diese
dem Modus der Mäßigung, der dennoch nicht der Nachahmung bzw. ober-
flächlichen Inszenierung eines seriösen Stils dient. Im Vordergrund steht die
Orientierung an andockbaren, bereits vorhandenen Bedürfnissen der Wohnungssuchenden, um letztlich erfolgreich bzw. kommunikativ anschlussfähig zu
sein. Dies bezieht sich auch auf das im IVA vorherrschende Integrationsmilieu,
das dem postmodernen Bedürfnis nach einer wohlstandsorientierten und lu-
xurierten alltäglichen Lebensführung entspricht. Denn wie Siebel konstatiert,
wird die »Nachfrage nach Innenstadt als Lebens- und Wohnort weiter zunehmen
und nicht nur durch Zuwanderung, sondern eben auch durch die Veränderungen auf dem Arbeitsmarkt und in den Lebensweisen« (2004: 45).
    Daneben haben sich im Zuge von Globalisierungsprozessen und der damit
verknüpften zunehmenden Aufbrechung des einheitlichen (Lebens-) Raums
neben der territorialen Raumauffassung auch andere Raumvorstellungen etabliert, die verschiedene, selbst weit entfernte Orte miteinander verbinden (vgl.
Löw 2001: 84 ff.). Infolgedessen wird Raum heutzutage als heterogen und als
individuell unterschiedlich relationierbar erfahren.
    Trotz neuer Identifikationsmöglichkeiten führt jene vergleichsweise junge
Raumerfahrung aufgrund ihrer relativen Beliebigkeit zu Unsicherheiten und
Unbehagen (vgl. dazu Redepenning 2006: 133 ff.). Vor diesem hier nur ange-
rissenen Hintergrund erfüllen die raumbezogenen Semantiken im immobilienwirtschaftlichen Kontext kompensatorische und unsicherheitsreduzierende
Funktionen. So dient die Territorialisierung auch der soziokulturellen Verortung, die soziale Ein- und Ausgrenzungen impliziert (vgl. Belege 1/7 u. Fuß-
note 12). In diesem Sinne trägt der eindeutige territoriale Bezug im immobili-

enwirtschaftlichen Kontext zur Identifikation, Orientierung und Entlastung bei: Wohnungssuchende *suchen* räumliche Übersichtlichkeit und Eindeutigkeit, die ihnen das IVA vermittelt. Infolge der höheren Wahrscheinlichkeit ihrer eindeutigeren Wahrnehmbarkeit erscheint die territorialisierte Raumperspektive geeigneter bzw. kommunikativ anschlussfähiger als die relationale.

Zwar baut die immobilienwirtschaftliche Kommunikation auf ein flächen- oder behälterförmiges Raumverständnis, doch sind auch relationale Raumbilder erkennbar, wie auch das Beispiel (11) illustriert. Zu beobachten ist eine flächenräumliche Erweiterung, die zwischen dem Zentrum der Stadt und dem Umland differenziert, infolgedessen solche Darstellungen nicht ausschließlich vergleichenden, sondern durchaus auch ergänzenden Charakter haben und mithin eine Kombination aus urbanem Leben und ländlich anmutender Idylle thematisieren. Ebenso beruht die Betonung des »grünen Faktors« bzw. von Natur sowie Ruhe in der Stadt auf relationalen Raumkonstruktionen, die eine Gleichzeitigkeit bzw. ein Nebeneinander von Naturnähe im weiten Sinne und großstädtischer Heterogenität ermöglicht:

(11)   Entlang der Würm, im Park von Schloss Blutenburg oder im Nymphen-
       burgerpark können Sie die Natur erleben. Der Freizeit- und Erholungswert
       sind groß, aber auch die Einkaufsmöglichkeiten in der nahen Umgebung
       sowie die Zentrumsnähe (ca. 12 Min S-Bahn zum Hbf und Marienplatz)
       sind nennenswerte Vorzüge.

Neben einer grünen Umgebung kristallisiert sich im IVA eine ruhige bei gleichzeitig zentraler Lage in »angenehmer Nachbarschaft« als typisch urbaner Wohn(t)raum heraus.

Zugleich drängt sich die Frage auf, welche Textfunktion das IVA ausübt: Handelt es sich bei IVA um appellative Texte, die in erster Linie den Rezipienten zum Erwerb einer Immobilie mittels Persuasion animieren wollen?

Anhand der vorliegenden raumbezogenen Beobachtungen lassen sich zwei Funktionen eruieren, die eindeutig sachbezogene Informationsfunktion und die appellative Funktion, die dem argumentativen Vertextungstyp folgt und eine gewisse Werblichkeit zu Zwecken der Motivierung des Rezipienten nicht ausschließt. Dabei zeichnet sich innerhalb des IVA folgende Abstufung ab: Während die Immobilienverkaufsanzeige[16] aufgrund des bemessenen Raums in den Tageszeitungen vergleichsweise nüchtern ausfällt und neben positiven Bewer-

---

16 Ohne den Blick auf die raumbezogene Funktion könnte man nun die Immobilienverkaufs-
    anzeige auch als rein informativ betrachten. Dagegen spricht jedoch auch der Umstand, dass
    Makler bei der Gestaltung von Anzeigen durchaus einkalkulieren, ob sich ihre Aufwen-
    dungen im konkreten Fall letztlich bezahlbar machen und somit sowohl ansprechende als
    auch weniger Aufmerksamkeit anziehende Anzeigen schalten.

tungen kaum explizite Appelle (*Kaufen statt mieten!*; *Singles & Kapitalanleger aufgepasst!*) aufweist, soll das Betrachten und Lesen des Webangebots und insbesondere des Exposés auch ein ästhetisches Erleben sein. Somit kommt der Auswahl der Bild- und Textelemente unter ästhetischen Aspekten und dem Layout des IVA eine ebenso bedeutsame Rolle zu wie deren argumentative Funktion, stellt doch eine den potenziellen Kunden ansprechende Gestaltung ein wesentliches Argument für den Anbieter dar. Die Interpretation der IVA als auch appellativ-motivierende Texte erhält Unterstützung von der Analyse des gesellschaftlichen Kontexts, denn je überzeugender die kommunizierten Räume auch als verdinglichte Einheiten durch potenzielle Kunden erfahr- und wahrnehmbar sind, desto besser vermögen die in Rede stehenden IVA Rezipienten zu motivieren. Dennoch handelt es sich dabei nicht um Persuasion *par excellence*, sondern vielmehr um die Strukturierung wechselseitiger Erwartbarkeit bzw. Kontingenz: So stützt die topographische Raumsemantik mit ihren Raumschemata die Systemlogik der Immobilienwirtschaft und trägt somit zur Stabilisierung ebendieser Strukturen bei. Gleichwohl reduziert sie soziale Komplexität für den potenziellen Käufer, der das IVA mit seinen raumbezogenen Darstellungen als eine ihn in seiner Suche nach relativ eindeutiger Bedeutungszuweisung von (Wohn-) Räumen einschließlich Orten bestärkende Informationsbasis und Entscheidungshilfe versteht. Das Ergebnis des vorliegenden Beitrags kann zugleich als ein nachhaltiges Argument für die Polyfunktionalität und gegen die Unifunktionalität von Texten im linguistischen Diskurs zwischen Befürwortern und Gegnern (Adamzik 2000: 100) der sprechakttheoretischen Tradition der Textlinguistik gelten. Zweifel gegen die gängige Monotypieforderung erhebt auch Klein (2000), der ebenfalls in Frage stellt, ob »Texten und Textsorten unproblematisch unterstellt werden kann, dass ihnen eindeutig eine und nur eine (dominierende) kommunikative Funktion zugesprochen werden könne« (ebd.: 33). Unbestritten gibt es Textsorten, die ganz klar eine dominante Textfunktion aufweisen. Im Fall der vorliegenden Texte erscheint diese Vorstellung jedoch wenig realistisch. Immobilienverkaufsangebote sind vielmehr im Zwischenbereich anzusiedeln, d.h. zwischen Sachverhaltsdarstellung und Argumentation: Sie informieren und argumentieren zugleich.

5   Resümee: Re-thinking ›Werbung‹

Die Untersuchung zeigt, dass räumliche Unterscheidungen und Formen eine zentrale strukturbildende Bedeutung im IVA und in der immobilienwirtschaftlichen Kommunikation sowie im Diskurs des Wohnens zukommt. Hierbei fungiert Raum als Medium der Erwartungsbildung, das räumliche Differenzen transportiert, die mit dem Territorium in Beziehung gesetzt werden. Die räumlichen Formen und Unterscheidungen dieser territorialisierenden Raumsemantik formen und strukturieren als Schemata die reflexive Wahrnehmung von Kommunikation und überführen damit Kontingenz des Raums in die Erwart- und Erfahrbarkeit von Raum. Die Generierung von Atmosphärischem und Ästhetischem mittels raumbezogener Repräsentationen liegt mithin in der Rückgebundenheit von Wahrnehmung/Wahrnehmbarkeit und Kommunikation begründet, die ihrerseits der territorialisierenden Verortung und Verdinglichung aufruht. Dies impliziert zugleich, dass die Erzeugung von Atmosphärischem im IVA nicht pauschal einer kommerziell erzeugten Illusion zuzuschreiben ist, und mithin diesbezügliche Aussagen und Bewertungen vom Rezipienten erwartet werden. Hierbei muss das Immobilienunternehmen bzw. der Makler die Leibgebundenheit von Kommunikation berücksichtigen, da emotionalisierende Raumdarstellungen der Überprüfbarkeit der Realität unterlegen sind. Raum wird – so bleibt festzuhalten – im IVA alltagsweltlich-körperbezogen sowie realitäts- und anschlussorientiert konstruiert und dementsprechend sprachlich realisiert.

Zusammenfassend lässt sich schlussfolgern, dass die Immobilienangebote nicht primär in die Gruppe der dominant appellativen Werbetexte einzuordnen sind und diese weiterführend nicht mit persuasiver Sprachverwendung im traditionell einseitigen Sinne in Verbindung zu bringen sind. Vielmehr handelt es sich um moderne, den Rezipienten motivierend-bestärkende Texte, die klare Strukturen und eine spezifische Gestaltung aufweisen und deren spürbar informierende raumrelevante Funktion nicht abzustreiten ist. Die Dichotomie zwischen informierenden und werbenden Texten, die die (Text-) Linguistik leitet, entspricht somit nicht der kommunikativen Realität. Es gibt Wirtschaftstexte, die die Adressaten zwar zu Handlungen motivieren, die sich aber dennoch nicht auf Werbung im persuasiven Sinne reduzieren lassen, sondern aufgrund ihrer zugleich eindeutigen genuin informativen Funktion zwischen Werbung und Information liegen und daher eher als *Werbumation* oder *Werbung im weiteren (nicht persuasiv-affektiven) Sinne* zu betrachten sind. Angesichts dieser offensichtlichen Diskrepanz scheint ein Überdenken von ›Werbung‹ unumgehbar, zu dem dieser Beitrag anregen möchte. Ungeklärt ist zudem auch, ob Werbung einen eigenständigen Kommunikationsbereich darstellt. Allerdings bringt eine Etablierung einer eigenen Kategorie für Werbung wenig, wenn diese von vornherein ausschließlich im tradierten Sinne inhaltlich aus Sicht der Werbungs- oder Werbesprachenforschung aufgefüllt wird. Sinnvoller erscheint eine systemtheoretisch orientierte Betrachtung von Texten einschließlich ihrer Leistungen, um auch das ›wahre Gesicht‹ von Werbung in den Blick zu bekommen und damit den Weg für eine reflexiv begründete Auffassung von Werbung zu ebnen: eine lohnende Neubegehung.

Literatur

ADAMZIK, KIRSTEN (2000): Was ist pragmatisch orientierte Textsortenforschung? In: Ders. (Hg.): Textsorten. Reflexionen und Analysen. Tübingen: Stauffenburg, S. 91–112.

ADAMZIK, KIRSTEN (2004): Textlinguistik. Eine einführende Darstellung. Tübingen: Niemeyer.

BAECKER, DIRK (1993): Die Form des Unternehmens. Frankfurt am Main: Suhrkamp.

BAECKER, DIRK (2004): Fraktaler Raum. In: Ders.: Wozu Soziologie? Berlin: Kulturverlag Kadmos, S. 215–235.

BARTH, KLAUS/THEIS, HANS-JOACHIM (1991): Werbung des Facheinzelhandels. Wiesbaden: Gabler.

BRAUER, KERRY-U. (1999): Grundlagen der Immobilienwirtschaft. Wiesbaden: Gabler.

BRINKER, KLAUS (2005): Linguistische Textanalyse. Eine Einführung in Grundbegriffe und Methoden. 6. Aufl. Berlin: Erich Schmidt (Grundlagen der Germanistik, Bd. 29).

ESPOSITO, ELENA (2002): Virtualisierung und Divination. Formen der Räumlichkeit der Kommunikation. In: Maresch, Rudolf/Weber, Niels (Hg.): Raum –Wissen – Macht. Frankfurt am Main: Suhrkamp, S. 33–48.

GANSEL, CHRISTINA/JÜRGENS, FRANK (2007): Textlinguistik und Textgrammatik. Eine Einführung. 2., überarbeitete und ergänzte Auflage. Göttingen: Vandenhoeck & Ruprecht (Studienbücher zur Linguistik, Bd. 6).

GANSEL, CHRISTINA (Hg.) (2008): Textsorten und Systemtheorie. Göttingen: V&R unipress.

HARD, GERHARD (2002): Raumfragen In: Ders.: Landschaft und Raum. Aufsätze zur Theorie der Geographie. Bd 1. Osnabrück: Rasch, S. 253–302.

JANICH, NINA (2005): Werbesprache. Ein Arbeitsbuch. 4. Auflage. Tübingen: Narr.

KLEIN, JOSEF (2000): Intertextualität, Geltungsmodus, Texthandlungsmuster. Drei vernachlässigte Kategorien der Textsortenforschung – exemplifiziert an politischen und medialen Textsorten. In: Adamzik, Kirsten (Hg.): Textsorten. Reflexionen und Analysen. Tübingen: Stauffenburg, S. 31–44.

KLÜTER, HELMUT (1987): Räumliche Orientierung als sozialgeographischer Grundbegriff. In: Geographische Zeitschrift 75, Nr. 2, S. 86–98.

KNEER, GEORG (1996): Rationalisierung, Disziplinierung und Differenzierung. Zum Zusammenhang von Sozialtheorie und Zeitdiagnose bei Jürgen Habermas, Michel Foucault und Niklas Luhmann. Opladen: Leske & Budrich.

KUHM, KLAUS (2000): Raum als Medium gesellschaftlicher Kommunikation. In: Soziale Systeme. Zeitschrift für soziologische Theorie 6, S. 321–348.

LAKOFF, GEORGE/JOHNSON, MARK (1998). Leben in Metaphern – Konstruktion und Gebrauch von Sprachbildern. Heidelberg: Carl Auer.

LIPPUNER, ROLAND (2007): Kopplung, Steuerung, Differenzierung. Zur Geographie sozialer Systeme. In: Erdkunde, Bd 61, Heft 2, S. 174–185.

LÖW, MARTINA (2001): Raumsoziologie. Frankfurt am Main: Suhrkamp.

LUHMANN, NIKLAS (1984): Soziale Systeme. Grundriß einer allgemeinen Theorie. Frankfurt am Main: Suhrkamp.

LUHMANN, NIKLAS (1997): Kunst der Gesellschaft. Frankfurt am Main: Suhrkamp.

LUHMANN, NIKLAS (1998): Die Gesellschaft der Gesellschaft. 2 Bd. Frankfurt am Main: Suhrkamp.

MIGGELBRINK, JUDITH/REDEPENNIG, MARC (2004): Die Nation als Ganzes? Zur Funktion nationalstaatlicher Schemata. In: Beiträge zur deutschen Landeskunde 78/3, S. 313–337.

MÖLLER-KIERO, JANA (2008): Text und Medium. Deutsche und finnische Immobilien-anzeigen im Vergleich In: Lüger, Heinz-Helmut/Lenk, Hartmut E. H. (Hg.): Kontrastive Medienlinguistik. Ansätze, Ziele, Analysen, S. 383–406.

MÜLLER, MICHAEL/DRÖGE, FRANZ (2005): Die ausgestellte Stadt. Zur Differenz von Ort und Raum. (= Bauwelt Fundamente 133). Basel/Boston/Berlin: Birkhäuser.

NASSEHI, ARMIN (2002): Dichte Räume. Städte als Synchronisierungs- und Inklusions-maschinen. In: Löw, Martina. (Hg.): Differenzierungen des Städtischen. Opladen: Leske & Budrich, S. 211–232.

ORTAK, NURI (2004): Persuasion: zur textlinguistischen Beschreibung eines dialogischen Strategiemusters. Tübingen: Niemeyer (= Beiträge zur Dialogforschung 26).

REDEPENNING, MARC (2006): Wozu Raum? Systemtheorie, critical geopolitics und raumbezogene Semantiken. Beiträge zur Regionalen Geographie Europas 62. Leipzig.

ROLF, ECKHARD (1993): Die Funktionen der Gebrauchstextsorten. Berlin/New York: de Gruyter.

SCHLOTTMANN, ANTJE (2005): RaumSprache: Ost-West Differenzen in der Berichter-stattung zur deutschen Einheit – Eine sozialgeographische Theorie. Stuttgart: Franz Steiner.

SCHULZE, GERHARD (1995): Die Erlebnis-Gesellschaft. Kultursoziologie der Gegenwart. Frankfurt am Main, New York: Campus.

SIEBEL, WALTER (2004): Die europäische Stadt. In: Ders.(Hg.): Die europäische Stadt. Frankfurt am Main: Suhrkamp.

SOKOLOWSKI, LUKASZ (2001): Zur Charakteristik von Immobilienanzeigen In: Sommerfeldt, Karl-Ernst/Schreiber, Herbert (Hg.): Textsorten des Alltags und ihre typischen sprachlichen Mittel. Frankfurt am Main: Peter Lang. (= Sprache – System und Tätigkeit; Bd. 39), S. 64–72.

STICHWEH, RUDOLF (2000): Raum, Region und Stadt in der Systemtheorie. In: Ders: Die Weltgesellschaft. Frankfurt am Main: Suhrkamp, S. 184–206.

STICHWEH, RUDOLF (2003): Raum und moderne Gesellschaft. Aspekte der sozialen Kontrolle des Raumes. In: Krämer-Badoni, Thomas/Kuhm, Klaus (Hg.): Die Gesellschaft und ihr Raum. Raum als Gegenstand der Soziologie. Opladen: Leske & Budrich, S. 93–102.

STURM, GABRIELE (2000): Wege zum Raum. Methodologische Annäherungen an ein Basiskonzept raumbezogener Wissenschaften. Opladen: Leske & Budrich.

UUSKALLIO, IRMA (2001). Arvostetut asuinsijat: Asuinalueiden arvostuksen sosiokulttuurinen analyysi 1900 – luvun Helsingissä ja Tehtaankadusta etelään. Dissertationsschrift. Helsingin yliopisto, Valtiotieteellinen tiedekunta (Helsingin kaupungin tietokeskuksen tutkimuksia Nr. 2001:8). Helsinki: Helsingin kaupungin tietokeskus.

ZIEMANN, ANDREAS (2003): Der Raum der Interaktion – eine systemtheoretische Beschreibung. In: Krämer-Badoni, Thomas/Kuhm, Klaus (Hg.): Die Gesellschaft und ihr Raum. Raum als Gegenstand der Soziologie. Opladen: Leske & Budrich, S. 131–153.

Theres Werner

Zur Leistung und Funktion von Flyern in unterschiedlichen Kommunikationsbereichen

>»Sprache entsteht zum Sprechen, sie entsteht als Medium
mündlicher Kommunikation.« (Luhmann 1998: 249)

Im folgenden Beitrag wird am Beispiel von Flyern aus den Kommunikationsbereichen Wissenschaft, Politik und Religion sowohl deren Leistung als auch
deren Funktion herausgearbeitet. Textlinguistische Beschreibungsmethoden
werden dabei durch die Anwendung systemtheoretischer Kategorien ergänzt,
um Erkenntnisfortschritt zu ermöglichen. Nach einer Einführung zum Gegenstand der Untersuchung (1) folgt eine Betrachtung des Begriffs des Mediums (2),
die für die Klassifizierung von Flyern unumgänglich ist, da Flyer in der Forschung uneinheitlich als Textsorte bzw. als Medium eingeordnet werden. Der
folgende Hauptteil umfasst drei Abschnitte, in denen textlinguistische Untersuchungen zu Kommunikationsbereichen (3.1), Stil (3.2) und Funktion (3.3)
durch systemtheoretische Ergänzungen bereichert werden. Anschließend werden die Erkenntnisse zusammengefasst (4).

1   Einführung: Gegenstand der Untersuchung
2   Zum Begriff des Mediums
3   Textlinguistische und systemtheoretische Untersuchung
3.1 Kommunikationsbereiche – soziale Systeme
3.2 Stil – Erwartungen und Kontingenzregulierung
3.3 Funktion und Leistung – strukturelle Kopplung
4   Fazit
     Anhang – Flyer

1   Einführung: Gegenstand der Untersuchung

Das praktische und wissenschaftliche Interesse an Flyern als Untersuchungsgegenstand erscheint bei der Betrachtung entsprechender Publikationen nicht
ungewöhnlich. Neben Untersuchungen zur Reaktion auf Medienkontakte
(Goertz 1992) wurden Leitfaden zur Produktion von Flyern (Weinberger 2007)
sowie Flyersammlungen (Die Gestalten 2000) publiziert. Untersuchungen zu
Flyern aus textlinguistischer Perspektive hingegen sind sehr begrenzt. Hier sind

die Analysen Androutsopoulos' (2000a, 2000b) zu nennen sowie Betrachtungen des Flyers im Bereich der Jugendkultur von Landen (1999). Textlinguistische Untersuchungen, die Flyer aus unterschiedlichen Kommunikationsbereichen in den Blick nehmen und systemtheoretische Ergänzungen einbeziehen, lagen bisher nicht vor. So war es das Anliegen der Staatsexamensarbeit der Verfasserin mit dem Thema *Zur Leistung und Funktion von Flyern in unterschiedlichen Kommunikationsbereichen* einen ersten Beitrag zur Erforschung von Flyern, die nicht im jugendkulturellen Bereich verankert sind, zu leisten. Ergebnisse der Untersuchung sollen in diesem Beitrag exemplarisch vorgestellt werden.

Das in der Arbeit untersuchte Korpus wurde aus Flyern zusammengestellt, die im Zeitraum von Juli 2007 bis August 2008 in Greifswald an diversen öffentlichen Orten wie Stadtinformation, Rathaus, Kirchen, universitären Einrichtungen und in der Mensa auslagen. Eine erste Auswahl aus 426 Flyern mit Themen wie *Werbung* für studentische Radio- und Fernsehsender, Kinofilme, Theaterauf-führungen, Lesungen, Stadtfeste, Kurzausflüge, Studentenveranstaltungen, Partys sowie Mitgliederwerbung oder Produktwerbung konnte hinsichtlich der Kommunikationsbereiche getroffen werden. In genauere Untersuchungen flos-sen insgesamt 16 Flyer ein: sechs Flyer aus dem Bereich *Wissenschaft*, fünf Flyer aus dem Bereich *Religion* und fünf Flyer aus dem Bereich *Politik*.

2   Der Begriff des Mediums

Zunächst erwies es sich als erforderlich, sich zum Status des Flyers als Medium oder Textsorte zu positionieren, zumal die Auffassungen in Medienwissen-schaft und Textlinguistik durchaus divergieren. Die Auffassung von Flyern als Textsorte wird in der Textlinguistik intendiert. Nach Androutsopoulos, der sich umfassender mit der Kommunikationsform (vgl. 2000a: 175 und 2000b: 343 ff.) *Flyer* beschäftigt hat, ist der Flyer oder auch der ›Party-Flyer‹ ein »Handzettel für jugendliche Tanzveranstaltungen« (2000a: 175). Weiterhin bezeichnet Androutsopoulos Flyer als »eine eindeutige multimediale, reich-haltig gestaltete, in ihrer sozialen Reichweite eingeschränkte Textsorte« (2000b: 345). Auch Margot Heinemann ordnet den Flyer im Rahmen der Klassifikation von Textsorten des Alltags als Textsorte ein, und zwar in »Textsorten des inoffiziellen (halb-)öffentlichen Bereichs: [...] Spickzettel, Graffiti, Flyer« (2000: 610). Umschreibungen für den Flyer wie ›Flugblatt‹, ›Informationsblatt‹ oder auch ›Handzettel‹ orientieren auf die Benennung ›Blatt‹. Die hier vertretene These, dass der Flyer zunächst als *Medium* aufzu-fassen ist, wird durch medienwissenschaftliche Einordnungen unterstützt, die das Blatt als Medium herausstellen. So stellt Faulstich fest: »Das Blatt ist ein Medium, dessen Eigenständigkeit bislang noch nicht recht erkannt wurde.«

(1998: 109) Er plädiert sogar für eine »blattspezifische Medientheorie«. Faulstich (2006) kennzeichnet das Blatt mediengeschichtlich weiterhin als Gestaltungs- und Druckmedium. Verschiedene Inhalte trugen dann möglicherweise zur Differenzierung von Textsorten auf Flyern bei. Gestützt durch den medienwissenschaftlichen Hintergrund sollen Flyer hier wie folgt definiert werden: Der Flyer ist ein Medium. Er ist ein nicht regelmäßig erscheinendes Druckerzeugnis vom Umfang eines Bogens, das maximal einmal gefaltet ist, thematisch unterschiedliche Inhalte behandelt und einer interessensspezifischen Rezipientengruppe an öffentlichen Plätzen zur Mitnahme angeboten wird.

Luhmann weist darauf hin, dass der Terminus *Medium* problematisch ist, da er unterschiedliche Bedeutungen ausgeprägt hat (vgl. Luhmann 2005: 32), und unterscheidet drei Medienbegriffe. Neben der Unterscheidung in drei Medienbegriffe beobachtet Luhmann Medien in Verbindung mit Form. Medien sind in Verbindung mit Form zu denken (vgl. Berghaus 2003: 111). Das bedeutet, dass ein Medium sich allein in Formen entfalten kann (vgl. ebd.: 112). Die Formen sind das, was vom Medium wahrnehmbar ist (vgl. Baraldi et al. 2003: 58). Das Medium selbst ist nicht wahrnehmbar. Berghaus verdeutlicht dies mit dem Beispiel der Sprache: »Sprache ist als Medium nicht beobachtbar; beobachtbar sind nur sprachliche Formen: wie Ausrufe, Sätze, Texte, Gedichte.« (Berghaus 2003: 112) Es wird ergänzt, dass Medien nicht verbraucht, »sondern im Gegenteil erneuert und wieder verfügbar gemacht« (Luhmann 2002: 84) werden. Hinzu kommt, dass »Medien und Formen jeweils von Systemen aus konstituiert werden« (Luhmann 1995: 166), indem sie beobachtet werden.

Bei den sozialen Systemen nun, deren Operation die Kommunikation ist, spricht man von Kommunikationsmedien. Diese Kommunikationsmedien werden in Sprache, Verbreitungsmedien (z. B. *Schrift*) und symbolisch generalisierte Verbreitungsmedien (z. B. *Liebe* oder *Geld*) unterschieden (vgl. Luhmann 2005: 32 f.). Ausgehend von dieser differenzierten Sicht auf den Medienbegriff wird der Flyer als ein Verbreitungsmedium eingeordnet, da er dazu beiträgt, die Kommunikation wahrscheinlicher zu machen, d. h. wahrscheinlicher zu machen, dass die Mitteilung den Adressaten erreicht. Analog bedeutet dies, dass Flyer zum Beispiel aus dem Kommunikationsbereich *Wissenschaft* die Kommunikation zu den einzelnen Rezipienten wie Studierenden, Wissenschaftlern, Dozenten oder wissenschaftlich Interessierten wahrscheinlicher machen, indem mit diesem Medium neben Aushang oder Rundmail eine weitere Möglichkeit genutzt wird, für eine Veranstaltung zu werben oder über einen stattfindenden Vortrag zu informieren (siehe Flyer 1W).

3   Textlinguistische und systemtheoretische Untersuchung

3.1   Kommunikationsbereiche – soziale Systeme

Auf Korrelationen zwischen den textlinguistisch gefassten Kommunikationsbereichen und den systemtheoretisch begründeten sozialen Systemen, die zur
Klassifikation von Textsorten sinnvoll sind, ist in unterschiedlichen Publikationen verwiesen worden (vgl. Gansel/Jürgens 2007: 70, 74 ff.; vgl. Christoph
2009, Furthmann 2006 oder Krycki 2009).

Kommunikationsbereiche sind »gesellschaftliche Bereiche, für die jeweils
spezifische Handlungs- und Bewertungsnormen konstitutiv sind [...] [und
somit können sie – T. W.] als situativ und sozial definierte ›Ensembles‹ von
Textsorten beschrieben werden« (Brinker et al. 2000: XX). Heinemann/Heine-
mann (2002: 203) zählen folgende Kommunikationsbereiche auf: Rechtswesen,
Verwaltung, Gesundheitswesen, Wissenschaft und Hochschulen, Erziehung und
Bildung, Handel und Dienstleistungen, Verkehrswesen, Kultur, Politik, Post und
Telekommunikation, Medien, religiöse Institutionen sowie Alltagskommuni-
kation. Diese Kommunikationsbereiche können nun sozialen Systemen zuge-
ordnet werden (vgl. Gansel/Jürgens 2007: 70, 74 ff.):

Tab. 1: Kommunikationsbereiche – soziale Systeme

Kommunikationsbereiche (Brinker et al. 2000)	Soziale Systeme (Krause nach Luhmann 2001: 43)
Alltag	–
Massenmedien	Massenmedien
Verwaltung	–
Wirtschaft und Handel	Wirtschaft
Rechtswesen und Justiz	Recht
religiöser und kirchlicher Bereich	Religion
Schule	Erziehung
Hochschule und Wissenschaft	Wissenschaft
Medizin und Gesundheit	Medizinsystem/ System der Krankenbehandlung (Baraldi et al. 2003: 115 ff.)
Sport	–
politische Institutionen	Politik
Militärwesen	–
–	Kunst

Den einzelnen Kommunikationsbereichen werden bestimmte Kerntextsorten zugeordnet, in denen kommuniziert wird. Kerntextsorten sind spezifische »Textsorten, die in einem kontextuellen Rahmen fungieren, der systemtheoretisch als Interaktion, Organisation oder funktional, ausdifferenziertes gesellschaftliches Teilsystem beschrieben wird. Kerntextsorten sind konstitutiv für derartige soziale Systeme.« (Gansel/Jürgens 2007: 78) In der Tabelle 2 werden einige wichtige Kerntextsorten für die in diesem Beitrag relevanten Kommunikationsbereiche aufgeführt:

Tab. 2: Kommunikationsbereich – Kerntextsorten

Kommunikationsbereich	Kerntextsorten
Wissenschaft	theoriebezogene Textsorten wie Abstract, Monographie, Dissertation, Forschungsbericht, Abschlussarbeit (M. Heinemann 2000: 702 ff.)
Religion	u. a. Predigt, Ordensregel, Enzyklika (Simmler 2000: 677 ff.)
Politik	u. a. Koalitionsvertrag, Parteiprogramm, Regierungserklärung, Petition (Klein 2000: 732 ff.)

Auf den Flyern konnten nun nicht unbedingt Kerntextsorten der jeweiligen Systeme erwartet werden. Es stellte sich heraus, dass Einladungen die am häufigsten genutzte Textsorte des untersuchten Korpus waren. Unter Berücksichtigung dieser Gemeinsamkeit konnten Unterschiede im Kommunikationsbereich erst aufgrund des entsprechenden Fachwortschatzes, d. h. in Formmerkmalen, identifiziert werden, welcher exemplarisch in der Tabelle 3 aufgelistet ist.

Tab. 3: Kommunikationsbereich – Fachwortschatz – Textsorte

Kommunikationsbereich	Fachwortschatz	Textsorte
Wissenschaft (Flyer 1 W)	Indikatoren für wissenschaftliche Lexik: Philosophie, Universität, Wintersemester, Phänomenologie, Prof. Dr., Hörsaal	Einladung
Religion (Flyer 1 R)	Indikatoren für konfessionelle Lexik: Christus, Gott, Teufel, Zeugen Jehovas, Bergpredigt, Petrus, Markus und Matthäus	Einladung
Politik (Flyer 1 P)	Indikatoren für politische Lexik: Parlamentarischer Geschäftsführer, FDP-Bundestagsfraktion, SPD-Kreisvorsitzender	Einladung

Im Bereich der Wissenschaft waren nicht nur Lexeme aus den einzelnen Wissenschaften wie *Philosophie, Neurophilosophie, Phänomenologie* und *Menschenbild* auffallend, sondern auch Lexik, die den universitären Alltag kennzeichnet wie *Wintersemester, Hörsaal, Philosophisches Seminar* und die Abkürzung *Prof. Dr.*

Der politische Fachwortschatz wurde deutlich in den Begriffen *Parlamentarischer Geschäftsführer, Bundestagsfraktion* und *Kreisvorsitzender* sowie durch die Akronyme *FDP, NPD* oder *SPD.*

3.2   Stil – Erwartungen und Kontingenzregulierung

Mit den lexikalischen Indikatoren, die die Kommunikationsbereiche signalisieren, werden nun gleichfalls Hinweise auf den jeweiligen Funktionalstil des Kommunikationsbereichs feststellbar. Laut Sowinski ist der Funktionalstil, auch Funktionsstil oder Bereichsstil, »die ›Gesamtheit der für einen gesellschaftlichen Bereich charakteristische[n] Stilzüge bzw. Stilprinzipien‹ [...], die in den entsprechenden Texten dieses Bereichs begegnen.« (Gläser 1974: 23 ff.; zitiert nach Sowinski 1999: 75)

Der sakrale Sprachstil ist gekennzeichnet durch Lexik wie *Christus, Gottesdienst* oder *Pastor.* Charakteristische Lexik für den Sprachstil in der Politik zeigt sich in den Lexemen *Bundestagsfraktion, Rechtsextremisten, Oberbürgermeister* oder *Demokratie.*

Durch das »Fortführen wird Stil als individuelles oder konventionelles Handlungsmuster, als Aspekt von Text oder Textmuster beschreibbar. Ein Stil ist deshalb beschreibbar als *erwartbares Fortführen* eines Zusammenhangs von Handlungs- und Äußerungsarten.« (Sandig 1978: 32; Hervorhebung T.W.) Das Moment des Erwartbaren soll hier aus systemtheoretischer Perspektive vertieft werden.

Erwartung ist nach Luhmann »die Form, in der ein individuelles psychisches System sich der Kontingenz seiner Umwelt aussetzt« (Luhmann 1993: 362) und damit sind Erwartungen sogenannte »Kondensate von Sinnverweisungen [...], die zeigen, wie eine gewisse Situation beschaffen ist und was in Aussicht steht« (Baraldi et al. 2003: 45). Das heißt, wenn beim Rezipieren eines Textes zum Beispiel der Stil der Sachlichkeit und Genauigkeit oder das Verwenden von Fachtermini auffällig sind, werden die Erwartungen des Rezipienten in Richtung wissenschaftlicher Text geleitet. Damit wird auch Kontingenz als Wahlmöglichkeit reguliert, in dem Sinne, dass zum Beispiel das Vorliegen eines literarischen Textes ausgeschlossen werden kann. »Durch Erwartungen von Erwartungen können Situationen doppelter Kontingenz geordnet werden.« (Baraldi et al. 2003: 47) Doppelte Kontingenz meint die »wechselseitige Unbestimmtheit und Unbestimmbarkeit der Beziehungen zwischen Sinnsystemen« (Krause 2001: 121). Erwartungen von Erwartungen, auch reflexive Erwartungen genannt, sind Erwartungen, die sich auf andere Erwartungen beziehen (vgl. Baraldi et al. 2003: 47).

Die Abbildung 1 verdeutlicht die Systematik der doppelten Kontingenz, die anschließend kurz erläutert wird.

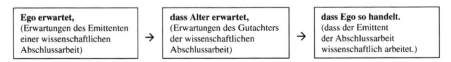

Abb. 1: Erwartungen von Erwartungen

Der Emittent einer wissenschaftlichen Abschlussarbeit erwartet, dass der Gutachter dieser Arbeit erwartet, dass der Emittent in der Abschlussarbeit wissenschaftlich arbeitet und charakteristische stilistische Merkmale des Wissenschaftsstils verwendet.

Die empirische Untersuchung der Flyer ergab nun, dass die Textsorten auf den Flyern aus bestimmten Kommunikationsbereichen spezifisch erwartbare Stilmerkmale aufweisen, die auf der lexikalischen Ebene den jeweiligen Kommunikationsbereichen entsprechen (s. Tabelle 3). Gemeinsam waren allen Textsorten die Angaben von lokaler und temporaler Lexik wie »6. Dezember 2007, 14.00 Uhr« (s. Flyer 1W), Interrogativpronomina wie »Wann?« und »Wo?« (s. Flyer 1P) und andere Lokal- und Temporalindikatoren wie »Velodrom« (s. Flyer 1 R), »Hörsaal VIII« (s. Flyer 1W) oder »Sonntagnachmittag«, was auf die Textsorte *Einladung* hinweist. Auf der syntaktischen Ebene wurde auf allen Flyern der Nominalstil festgestellt, der durch Substantivkomposita wie »Podiumsdiskussion« (s. Flyer 1 P) und Abkürzungen wie »EMAU« (s. Flyer 1 P) oder »1. Petrus 2:21« (s. Flyer 1 R) verdeutlicht und durch die Nutzung von elliptischen Formen »Vortrag am 6. Mai 2008, 19:00 s.t. im HS 5 – Rubenowstraße 1« unterstützt wird. Substantivkomposita sind durch eine hohe Informationsdichte gekennzeichnet und dienen daher als Mittel der Sprachökonomie, welche sehr wichtig für die Textsorten auf dem platzbegrenzten Medium *Flyer* ist.

3.3 Funktion und Leistung – strukturelle Kopplung

Systemtheoretische Aspekte können weiterhin hilfreich sein, den Begriff *Funktion* in der Textlinguistik zu vertiefen und zu systematisieren.

Mit der Textfunktion sind in der Textlinguistik vor allem die jeweiligen *internen* Textfunktionen gemeint, die im Text durch sprachliche Mittel indiziert sind. Brinker unterscheidet die Informationsfunktion, die Appellfunktion, die

Obligationsfunktion, die Kontaktfunktion und die Deklarationsfunktion (vgl. Brinker 2005: 113), für die in Texten bestimmte Indikatoren nachgewiesen werden können. Die Textfunktion ist nach Brinker jedoch auch »der Sinn, den ein Text in einem Kommunikationsprozeß erhält, bzw. als der Zweck bestimmt, den ein Text im Rahmen der Kommunikationssituation erfüllt« (ebd.: 88).

Eine derartige Funktionsbeschreibung verweist dann auf *externe* Faktoren des Kommunikationsprozesses, worauf Brinker ausdrücklich hinweist und er erkennt den kommunikativen Faktoren eine immanente Bedeutung für die Funktion des Textes zu.

Mit dem Instrumentarium zur Ermittlung der textinternen Funktionen kann der textexterne Aspekt der Funktion allerdings nur schwer erfasst werden. In Bezug auf textexterne Funktionen erscheint es daher sinnvoll, systemtheoretisch vorzugehen und interne und externe Funktionen von Texten zu differenzieren. Welche Erkenntnisse ergaben sich nun zunächst in Bezug auf die interne Textfunktion der Textsorten auf den Flyern?

Häufig wurde eine Synthese aus Informations-, Kontakt- und teilweise auch Appellfunktion festgestellt. Indikator für die Funktion des Kontaktierens sind die Angaben zu Zeit und Ort: »Universität zu Köln, Hauptgebäude, Albertus-Magnus- Platz, 06. Dezember 2007, 14 Uhr, Kleiner Senatssaal« (s. Flyer 1W). In der Textsorte *Einladung* verdeutlicht sich die Kontaktfunktion sowohl durch die Angaben von Ort und Zeit als auch durch das Benutzen des performativen Verbs *einladen:* »Dann sind Sie herzlich eingeladen...« oder des Hinweises »Eintritt frei« (s. Flyer 1R). Die Appellfunktion tritt direkt in imperativen Äußerungen »Diskutieren Sie mit...« oder »Gehen Sie am 18. Mai 2008 wählen!« in Erscheinung. Kontaktherstellung und Appell auf den Flyern zielen letztlich darauf, zum Besuch der Veranstaltung anzuregen.

Die Informationsfunktion wird als subsidiäre Funktion klassifiziert, die auf jedem Flyer umgesetzt zu finden ist: Es wird über das Stattfinden einer Veranstaltung, z. B. einer Vortragsreihe »Die Natur des Menschen« (s. Flyer 1 W), eines religiösen Kongresses (s. Flyer 1R), einer »Podiumsdiskussion zum NPD-Verbot« (s. Flyer 1P), eines Gottesdienstes oder eine Wahl informiert.

Zusammenfassend kann festgehalten werden, dass die interne Textfunktion der Textsorten auf den untersuchten Flyern vorrangig informativen sowie kontaktierenden und teilweise bei politischen Flyern appellierenden Charakter aufweist.

Zu fragen ist nun, wie zu einer genaueren Bestimmung der textexternen Funktion gelangt werden kann. Mit Gansel/Jürgens soll zunächst zwischen Bewirkungs- und Bereichsfunktion unterschieden werden. Der Terminus ›Bewirkungsfunktion‹ legt den Fokus auf den Rezipienten und meint den Kommunikationseffekt (Gansel/Jürgens 2007: 82). Ein Effekt könnte sein, dass Flyer zu weiteren Kommunikationen, also zur Anschlusskommunikation anregen zum

Beispiel sich über den Aufbau des Flyers zu unterhalten oder über das Design oder andere könnten auf die jeweilige Veranstaltung aufmerksam gemacht werden. Die Bewirkungsfunktion kann letztlich nur über Umfragen bei Rezipienten untersucht werden und so soll an dieser Stelle nicht weiter auf sie eingegangen werden.

Hervorzuheben ist der Begriff *Bereichsfunktion*, der mit dem systemtheoretischen Begriff der Leistung in Verbindung gebracht wird. Bei dem Begriff der Bereichsfunktion geht um »die Leistung von Textdiskursen in übergeordneten sozialen Handlungen für ein System und dessen Interaktion mit anderen Systemen der Gesellschaft« (Gansel/Jürgens 2002: 60).

Diese Darstellung soll ergänzt werden durch die systemtheoretische Perspektive auf den Begriff. Eine Leistung ist eine »allgemein besondere Form der Beziehung zwischen Systemen« (Krause 2001: 166). »Systeme stellen anderen Systemen [Leistungen] zur Verfügung« (ebd.). Luhmann äußert zu dem Begriff der Leistung Folgendes: »Der eine hängt von den Leistungen des anderen ab und der andere von den Leistungen des einen. Jeder kann die Leistungen erbringen oder auch verweigern.« (Luhmann 2004: 318) Zum Beispiel stellt das rechtliche System Rechtssicherheit oder das wissenschaftliche System Wissen zur Verfügung (vgl. Krause 2001: 166). Leistung ist also dadurch gekennzeichnet, dass sie einen Bezug nach außen, zu anderen Systemen, hat. Sie wird von Luhmann auch als »die Beobachtung anderer Systeme« (Luhmann 1998: 757) bezeichnet. Um expliziter zu werden: »Der Begriff der Leistung ergibt sich demgegenüber durch die systemrelative Spezifizierung der generalisierten Funktionen. Am Beispiel: Die gesellschaftliche Funktion von Wissenschaft ist die Erzeugung neuen Wissens. Die daraus resultierenden Leistungen für die einzelnen Funktionssysteme fallen demgegenüber sehr unterschiedlich aus.« (Schneider 2005: 367) Die generelle Leistung des Wissenschaftssystems ist das Bereitstellen neuen Wissens (vgl. Krause 2005: 50). Für das Wirtschaftssystem zum Beispiel besteht die Leistung der Wissenschaft darin, neue Technologien zu entwickeln, für das Interaktionssystem *Familie* wäre die Leistung neue Erkenntnisse zum Beispiel für die die Familienberatung bereitzustellen.

Worin kann nun die spezielle Leistung der Textsorte *Einladung* in Bezug auf andere Systeme gesehen werden?

Es wurde bereits hervorgehoben, dass die Textsorten auf Flyern nicht zu den Kerntextsorten der Kommunikation eines sozialen Systems gehören. Dennoch tragen sie im gewissen Sinne zur Autopoiesis, zur Selbsterhaltung des sozialen Systems bei, denn es muss, um sich zu reproduzieren, beständig strukturell koppeln. Nimmt niemand an einer Veranstaltung teil, so findet sie nicht statt. Es muss daher der Versuch unternommen werden, Beteiligung an den Veranstaltungen zu sichern und diese kann mit Hilfe der Textsorte *Einladung* gelingen.

Zum Beispiel wird über eine Einladung zu dem Kongress der Zeugen Jehovas

und den aufwendig farbig gestalteten Flyer versucht, die Beteiligung von psychischen Systemen wie Religiösen oder Interessierten an der Veranstaltung zu
sichern. Nur auf diese Weise kann die Autopoiesis des religiösen Systems beibehalten werden.

In diesem Sinne konnten die kontaktherstellenden Textsorten auf den Flyern
dem Leistungstyp der strukturellen Kopplung zugeordnet werden. Diese dienen
zwar nicht zur »Kommunikation fester Beziehungen zwischen Systemen«
(Gansel/Jürgens 2007: 78), doch können sie lose Beziehung beispielsweise zwischen dem Wissenschaftssystem und einem psychischen System anbahnen. Die
Rezipienten des Flyers 1 W, wie etwa Studierende, philosophisch Interessierte
oder Wissenschaftler können den umworbenen Vortrag besuchen. Hier wird
nun deutlich, dass strukturelle Kopplung zwischen einem psychischen System,
dem Studierenden, und dem sozialen System der Wissenschaft angebahnt wird,
denn soziale Systeme sind beständig auf strukturelle Kopplungen angewiesen.

Da sich die Flyer gegen eine Vielzahl von angebotenen Veranstaltungen aus
Bereichen wie Kultur und Freizeit durchsetzen und sich um die Gunst der Zu-
hörerschaft bemühen müssen, kann an dieser Stelle ebenso, wie auch schon in
Abschnitt 3.2 von *Kontingenzregulierung* gesprochen werden. Die Möglichkeiten, die die Menschen haben, ihre Freizeit zu gestalten, wird durch die auf den
Flyern angebotenen Veranstaltungen, sich einen wissenschaftlichen Vortrag
anzuhören, zum Gottesdienst, ins Theater oder ins Kino zu gehen, reduziert. Das
Reduzieren der Wahlmöglichkeiten erfolgt dadurch, dass sich der Rezipient des
Flyers durch die angebotene Veranstaltung sowie durch das Layout und Design
des Flyers angesprochen fühlt. So wird nun die Vielfalt der Möglichkeiten am
gesellschaftlichen Leben teilzuhaben durch die Textsorten auf den Flyern eingeschränkt und somit wird Kontingenz reguliert.

Zusammenfassend kann konstatiert werden, dass die Textsorten auf den
Flyern der untersuchten Kommunikationsbereiche dazu beitragen, doppelte
Kontingenz zu regulieren und strukturelle Kopplung anzubahnen (vgl. Gansel
2008). Die systemtheoretisch fundierte Bereichsfunktion der Textsorten auf
Flyern weist über die textinternen Funktionen von Texten hinaus und erfasst
somit den kommunikativen Aspekt des Funktionsbegriffs spezifischer, als er in
der Textlinguistik formuliert wird.

4   Zusammenfassung

Mit diesem Beitrag wurde gezeigt, dass systemtheoretische Ansätze die Textlinguistik bereichern und weitere Erkenntnisse liefern. Die Bereicherung zeigte
sich vor allem in Bezug auf das Medium, welches sich systemtheoretisch betrachten lässt und den Flyer als Verbreitungsmedium charakterisiert und so

Kommunikation wahrscheinlicher werden lässt. Weiterhin können die Kommunikationsbereiche den sozialen Systemen gleichgesetzt werden. Der Stil erfährt Bereicherungen, indem er mit den systemtheoretischen Begrifflichkeiten wie Erwartung und Kontingenzregulierung betrachtet und weitergeführt werden kann. Mit der Ausdifferenzierung des textlinguistischen externen und internen Funktionsbegriffs in die systemtheoretischen Kategorien der Leistung und Funktion können nicht nur klare Grenzen zwischen beiden gezogen werden, sondern auch die unterschiedlichen Leistungstypen von Textsorten differenziert werden. Aus dieser Perspektive lassen sich *Einladungen auf Flyern* als kontaktherstellende Textsorte ausmachen und dem Textsortentyp der strukturellen Kopplung zuordnen.

Das Eingangszitat Luhmanns, dass Sprache als ein Medium mündlicher Kommunikation entsteht, lässt sich auf den Begriff des Flyers als Medium erweitern: Der Flyer wird zu einem Medium der Kommunikation, welcher zur Anschlusskommunikation und zur Anbahnung loser Kopplung zwischen Systemen dient.

Literatur

ANDROUTSOPOULOS, JANNIS K. (2000a): Die Textsorte Flyer. In: Adamzik, Kirsten: Textsorten: Reflexionen und Analysen. Bd. 1. Tübingen: Staufenburg Verlag.

ANDROUTSOPOULOS, JANNIS K. (2000b): Zur Beschreibung verbal konstitutiver und visuell strukturierter Textsorten: das Beispiel Flyer. In: Fix, Ulla/Wellmann, Hans (Hg.): Bild im Text – Text im Bild. Heidelberg: Universitätsverlag Winter.

BARALDI, CLAUDIO/CORSI, GIANCARLO/ESPOSITIO, ELENA (2003): GLU. Glossar zu Niklas Luhmanns Theorie sozialer Systeme. 1. Aufl. (Nachdruck). Frankfurt am Main: Suhrkamp.

BERGHAUS, MARGOT (2003): Luhmann leicht gemacht. Eine Einführung in die Systemtheorie. 2. Aufl. Köln/Weimar/Wien: Böhlau.

BRINKER, KLAUS (2005): Linguistische Textanalyse. Eine Einführung in die Grundbegriffe und Methoden. 6. Aufl. Berlin: Erich Schmidt.

BRINKER, KLAUS/ANTOS, GERD/HEINEMANN, WOLFGANG/SAGER, SVEN F. (Hg.) (2000): Text- und Gesprächslinguistik. Ein internationales Handbuch zeitgenössischer Forschung. 1. Halbbd. Berlin/New York: Walter de Gruyter. (HSK 16.1)

CHRISTOPH, CATHRIN (2009): Textsorte Pressemitteilung. Zwischen Wirtschaft und Journalismus. Konstanz: UVK.

DIE GESTALTEN (Hg.) (2000): Flyermania. 4. Aufl. München: Ullstein.

FAULSTICH, WERNER (1998): Blatt. In: Faulstich, Werner (Hg.): Grundwissen Medien. 3. Aufl. München: Fink, S. 109–113.

FAULSTICH, WERNER (2006): Mediengeschichte von 1700 bis ins 3. Jahrtausend. Göttingen: Vandenhoeck & Ruprecht.

FURTHMANN, KATJA (2006): Die Sterne lügen nicht. Eine linguistische Analyse der Textsorte Pressehoroskop. Göttingen: V&Runipress.

GANSEL, CHRISTINA/ JÜRGENS, FRANK (2007): Textlinguistik und Textgrammatik. Eine Einführung. 2. Aufl. Göttingen: Vandenhoeck & Ruprecht.

GANSEL, CHRISTINA (2008): Textsorten in Reisekatalogen – Wirklichkeitskonstruktion oder realitätsnahe Beschreibung. In: Gansel, Christina: Textsorten und Systemtheorie. Götttingen: V&R unipress, S. 155–170.

GLÄSER, ROSEMARIE (1974): Die Kategorie ›Funktionalstil‹ in soziolinguistischer Sicht. In: Zeitschrift für Phonetik, Sprachwissenschaft und Kommunikationsforschung. (ZPSK) Bd. 27. Berlin: Akademieverlag, S. 487–496.

GOERTZ, LUTZ (1992): Reaktionen auf Medienkontakte. Wann und warum wir Kommunikationsangebote annehmen; eine empirische Untersuchung zur Verteilung von Handzetteln. Opladen: Westdeutscher Verlag.

HEINEMANN, MARGOT (2000): Textsorten des Bereichs Hochschule und Wissenschaft. In: Brinker et al. (Hg.), S. 702–709.

HEINEMANN, MARGOT/ HEINEMANN, WOLFGANG (2002): Grundlagen der Textlinguistik. Interaktion – Text – Diskurs. Tübingen: Max Niemeyer Verlag.

KLEIN, JOSEF (2000): Textsorten im Bereich politischer Institutionen. In: Brinker et al. (Hg.), S. 732–755.

KRAUSE, DETLEF (2001): Luhmann-Lexikon. Eine Einführung in das Gesamtwerk von Niklas Luhmann. 3. Aufl. Stuttgart: Lucius & Lucius.

KRAUSE, DETLEF (2005): Luhmann-Lexikon. Eine Einführung in das Gesamtwerk von Niklas Luhmann. 4., neu bearb. und erw. Aufl. Stuttgart: Lucius & Lucius.

KRYCKI, PIOTR (2009): Die Textsorten Wettervorhersage im Kommunikationsbereich Wissenschaft und Wetterbericht im Kommunikationsbereich Massenmedien: eine textlinguistische, systemtheoretische und funktionalstilistische Textsortenbeschreibung. Diss. Greifswald, Online-Publikation.

LUHMANN, NIKLAS (2002): Das Erziehungssystem der Gesellschaft. Frankfurt am Main: Suhrkamp.

LUHMANN, NIKLAS (1998): Die Gesellschaft der Gesellschaft. Erster und Zweiter Teilband. Frankfurt am Main: Suhrkamp.

LUHMANN, NIKLAS (1995): Die Kunst der Gesellschaft. 1. Aufl. Frankfurt am Main: Suhrkamp.

LUHMANN, NIKLAS (2004): Einführung in die Systemtheorie. Heidelberg: Carl-Auer-Systeme-Verlag.

LUHMANN, NIKLAS (2005): Soziologische Aufklärung 3. Soziales System, Gesellschaft, Organisation. 4. Aufl. Wiesbaden: Verlag für Sozialwissenschaften.

LUHMANN, NIKLAS (1993): Soziale Systeme. Grundriss einer allgemeinen Theorie. 4. Aufl. Frankfurt am Main: Suhrkamp.

SANDIG, BARBARA (1978): Stilistik. Sprachpragmatische Grundlegung. 1. Aufl. Berlin/ New York: Walter de Gruyter.

SCHNEIDER, WOLFGANG LUDWIG (2005): Grundlagen der soziologischen Theorie. 2. Aufl. Bd. 2. Wiesbaden: VS Verlag für Sozialwissenschaften.

SIMMLER, FRANZ (2000): Textsorten des religiösen und kirchlichen Bereichs. In: Brinker et al. (Hg.), S. 676–731.

SOWINSKI, BERNHARD (1999): Stilistik. Stiltheorien und Stilanalysen. 2. Aufl. Stuttgart/ Weimar: J. B. Metzler.

WEINBERGER, ANJA (2007): Flyer: optimal gestalten, texten, produzieren. München: Stiebner.

WERNER, THERES (2008): Zur Leistung und Funktion von Flyern in unterschiedlichen Kommunikationsbereichen. Staatsexamensarbeit, Greifswald.

Internetquellen

Landen, Jörg (1999): Phänomen Flyer. Von der Illegalität zum Kommerz. Diplomarbeit, Merz-Akademie Stuttgart.

www.techno.de/flyer (Zugriff am 01. Oktober 2008).

Anhang

Soll die NPD verboten werden?

→ **Podiumsdiskussion zum NPD-Verbot**

Wo?   Mensa am Wall, Kleiner Saal
Wann?   Dienstag, 29. April 2008, 18:00 Uhr

Referenten:

- Prof. Walter Rotholz
Institut für Politik- und Kommunikationswissenschaften der EMAU Greifswald

- Jörg van Essen
Parlamentarischer Geschäftsführer der FDP-Bundestagsfraktion

- Christian Utpatel
Geschäftsführer der RAA Mecklenburg-Vorpommern

- Christian Pegel
SPD Kreisvorsitzender

Friedrich Naumann
STIFTUNG FÜR DIE FREIHEIT

Flyer 1 P (Politik)

Flyer 1 R (Religion), Vorderseite

Jehovas Zeugen in Ihrer Gegend
laden Sie herzlich ein, diesen Kongress
zu besuchen. Zeit und Ort sind
nachstehend angegeben:

Velodrom
Paul-Heyse-Straße · 10407 Berlin

Freitag, 13. Juli 2007	9.20 bis 17.05 Uhr
Samstag, 14. Juli 2007	9.20 bis 17.05 Uhr
Sonntag, 15. Juli 2007	9.20 bis 16.10 Uhr

Eine kleine Auswahl aus den vielen Themen,
die dort behandelt werden:

■ **Gottes Wort „ist lebendig und übt Macht aus"**
Hörspiel am Freitagnachmittag, gestützt
auf Markus, Kapitel 4 und 5.

■ **Ehemänner, Ehefrauen, Eltern, Kinder —
folgt dem Vorbild!**
Vortrag am Samstagnachmittag, in dem
es darum geht, welche Rolle jeder Einzelne
in der Familie spielt (1. Petrus 2:21).

■ **Kleinode aus der Bergpredigt**
Sechsteilige, fesselnde Vortragsreihe
am Sonntagvormittag (Matthäus, Kapitel 5—7).

■ **Wer sind die *wahren* Nachfolger Christi?**
Nachdenklich stimmender, besonders
an die Öffentlichkeit gerichteter Vortrag
am Sonntagvormittag (Matthäus 16:24).

■ **In Kostümen aufgeführtes biblisches Drama**
Am Sonntagnachmittag wird ein Ensemble von
mehr als 25 Darstellern ein Drama aufführen,
das sich auf Kolosser 3:12 stützt

Fühlen Sie sich frei, den Kongress zu besuchen, wenn Sie Näheres
über die biblische Botschaft erfahren möchten, die Jehovas Zeugen
verkündigen. Über die unten aufgeführte Adresse geben Jehovas
Zeugen Ihnen auf Wunsch gern weitere Informationen.

☐ Ohne irgendeine Verpflichtung
einzugehen, bestelle ich ein
Exemplar des Buches
Was lehrt die Bibel wirklich?
Bitte die Sprache angeben.

☐ Ich möchte gern von jemand
besucht werden, der mir kostenlos
die Bibel näherbringt.

Name _____

Straße _____

Postleitzahl _____ Ort _____

Jehovas Zeugen, Niederselters, Am Steinfels, 65618 Selters

www.watchtower.org

Flyer 1 R (Religion), Rückseite

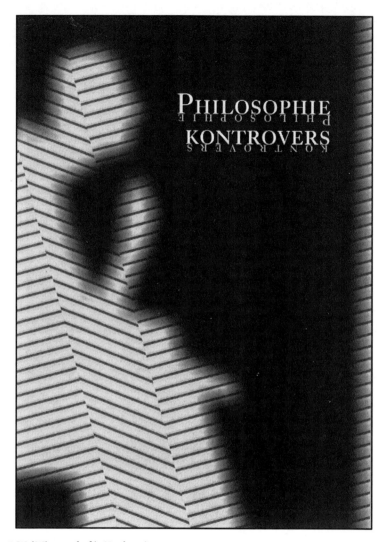

Flyer 1 W (Wissenschaft), Vorderseite

PHILOSOPHIE
KONTROVERS

Wintersemester 2007/8

»Die Natur des Menschen«

Universität zu Köln · Hauptgebäude · Albertus-Magnus-Platz

06. Dezember 2007 · 14.00 Uhr · Neuer Senatssaal

Prof. Dr. Michael Tomasello (Leipzig)

Origins of Shared Intentionality

Respondent: Prof. Dr. Thomas Grundmann (Köln)

10. Januar 2008 · 19.30 Uhr · Hörsaal VIII

Prof. Dr. Christoph Antweiler (Trier)

Kulturuniversalien vs. menschliche Natur?

Respondent: Prof. Dr. Andreas Speer (Köln)

16. Januar 2008 · 19.30 Uhr · Hörsaal VIII

Prof. Dr. Volker Sommer (London)

Kultur in der Natur. Wenn Tiere wie Menschen sind

Respondent: Prof. Dr. Dieter Lohmar (Köln)

24. Januar 2008 · 19.30 Uhr · Hörsaal VIII

Prof. Dr. Karl-Heinz Lembeck (Würzburg)

Der Geist, der Körper und das Problem
der ›Erklärungslücke‹. Das Menschenbild
der Neurophilosophie und die Phänomenologie

Respondent: Prof. DDr. Kai Vogeley (Köln)

Nach den Vorträgen und Diskussionen
laden wir zu einem Umtrunk.

Weitere Informationen finden sich auf der Homepage
des Philosophischen Seminars der Universität zu Köln:
www.philosophie.uni-koeln.de

Weitere Auskünfte:
Prof. Dr. Andreas Speer · Philosophisches Seminar /
Thomas-Institut Universität zu Köln · Universitätsstraße 22
D-50923 Köln · andreas.speer@uni-koeln.de

Universität
zu Köln

UBS Wealth
Management

Flyer 1 W (Wissenschaft), Rückseite

Iris Kroll

Stil und sozialer Sinn. Sakrale Sprache in päpstlichen Enzykliken

> »Für die Beteiligten ist also Stil alles andere als ein bloßes und beliebiges Ornament [...]: Es ist ein System, das auf die verschiedenen Dimensionen des sprachlichen Handelns bezogen ist und das den Arten der Handlungsdurchführung differenzierenden sozialen Sinn verleiht.« (Sandig 1986: 31)

Der Beitrag untersucht päpstliche Sozialenzykliken im Hinblick auf ihre Funktion für den Kommunikationsbereich *Religion*.[1] Die Einordnung und die Feststellung der Funktion von Sozialenzykliken innerhalb und für die Abgrenzung des Systems Religion nach außen erfolgt auf Basis der Systemtheorie Luhmanns. Dabei stellt sich die Frage nach dem stilistischen Potenzial von Enzykliken unter Einbeziehung der Erkenntnisse zu sakraler Sprache und sozialem Sinn. Deutlich zu machen ist, wie sozialer Sinn über Sozialenzykliken transportiert wird und wie sakrale Sprache als Sinnträger fungiert. Zurückgegriffen wird dabei unter anderem auf Schmaus/Gössmann, die mit dem Band *Sakrale Sprache* einen besonders umfassenden Einblick in dieselbe geben. Sie untersuchen unter anderem die Aktualität des religiösen Sprechens und die Art und Weise, wie Sprache unser geistiges Verhältnis zur Welt ausdrücken kann. Größte Relevanz im Zusammenhang mit diesem Beitrag hat jedoch die Einordnung der sakralen Sprache von Eroms in den Kontext der Stilistik. In *Stil und Stilistik. Eine Einführung* beschreibt er die sakrale Sprache als eigenen Funktionalstil. Dies ist der Punkt, an dem nun angesetzt wird.

Der Beitrag lässt sich von den folgenden Hypothesen leiten:
1. Sakrale Sprache besitzt einen eigenen Funktionalstil.
2. Sozialenzykliken sind Träger sozialen Sinns.
3. Sozialer Sinn ist in hohem Maße systemkonstitutiv und sichert Anschlussfähigkeit und Kopplung zu anderen Systemen.

---

1 Der Beitrag stellt in einer gekürzten Fassung die Ergebnisse der Hausarbeit dar, die von der Verfasserin im Rahmen der Ersten Staatsprüfung angefertigt wurde.

1   Stil als Träger sozialen Sinns
2   Sakrale Sprache als Funktionalstil
3   Religion als System
4   Stilanalyse
4.1 Ansätze der Pragmatischen Stilistik
4.2 Methode und Durchführung der Stilanalyse
5   Analyseergebnisse
5.1 Ebene der Lexik
5.2 Ebene der Illokution
5.3 Ebene der Intertextualität
5.4 Ebene der Kopplung
6   Fazit
     Siglenverzeichnis
     Anhang – Analysetexte in bearbeiteter Form

1   Stil als Träger sozialen Sinns

Stil wird von Sandig definiert als »die sozial bedeutsame Art der Durchführung einer Handlung« (Sandig 2006: 17). Dieser Stilbegriff steht mit den verschiedenen Aspekten von Kommunikation in Wechselwirkung, diese können in Abhängigkeit von der Umgebung, in der Kommunikation geschieht, angepasst und verändert werden. Die Handlungsdurchführung kann bezogen sein auf die an der Handlung Beteiligten und deren Beziehung zueinander sowie auf unterschiedliche Handlungsvoraussetzungen, wie *Kanal, Textträger, Medium, Institution* etc. Die genannten Aspekte von Kommunikation, mit denen Stil in Wechselbeziehung steht, sind variabel. So können sie im Bereich des jeweils sozial und kulturell *Erwartbaren* bleiben; hierbei besteht immer eine Wahl von Ausdrucksmöglichkeiten, womit der Bestimmung von Stil auch immer ein Problem der Wertung anhaftet. Weiterhin ist *Stil* bestimmt durch Normativität, was zunächst paradox erscheint: Einerseits geht es bei der Verwendung von *Stil* um die Einhaltung bestimmter Normen und Konventionen, andererseits konstruiert sich *Stil* oft gerade darin, dass sich Sprecher über diese Konventionen hinwegsetzen und Normen überschreiten. Auch bzw. gerade Abweichungen von der kommunikativen Norm können stilistisch wirksam werden, indem sie ebenso *Individualität* oder *Originalität* vermitteln (vgl. ebd.). Voraussetzung der bewussten Verwendung dieser Abweichungen oder Stilbrüche zum Erreichen bestimmter Zielwirkungen ist dabei »die entsprechende kommunikative Kompetenz, das stilistische Wissen, die Zugehörigkeit der interpretierenden Rezipienten zur [...] Kultur« (ebd.). Stil ist wandelbar. Er verändert sich im historischen Kontext und zeigt dabei kulturell relevante Differenzierungen an. Fix bezeichnet Stil daher als »komplexe Zeichen« einer Kultur (vgl. Fix/Wellmann 1997). Definiert als solche bilden sie dann einen wichtigen Bestandteil von

Stilkompetenz. Auf diese Weise kennzeichnen Stile als typisierte Stile ihrerseits bestimmte Handlungstypen. Der heutige Begriff von Stil lässt sich als ein auf verschiedene Dimensionen kommunikativen Handelns bezogenes funktionales System beschreiben. »Als solches verleiht er den Arten der Handlungsdurchführung typisierend oder individuell differenzierenden sozialen Sinn.« (Sandig 2006: 19) Die Vermittlung des sozialen Sinns geschieht über strukturelle Eigenschaften von Äußerungen oder komplexen Texten, die in Handlungssituationen eingebettet sind. Zu beachten ist der relationale Charakter von Stil. Die stilistisch relevanten Merkmale eines Textes sind nicht per se nachzuweisen. Der Text muss erst in Relation gesetzt werden, um sie erkennbar zu machen. Entscheidend ist die Relation des Textes zu Aspekten der kommunikativen Handlung. Um die Stilstruktur und den darin enthaltenen Sinn zu isolieren, ist es zunächst notwendig einzelne situative Aspekte der Kommunikation zu benennen, auf die der Text bezogen werden soll. Zur Bildung sinnstiftender Relationsstrukturen führt Sandig folgende virtuelle Bezugsgrößen an:

1. die Art der Kommunikationshandlung
2. den Inhalt der Kommunikationshandlung
3. die soziale Beziehung zwischen den Kommunikanten
4. Aspekte der Kommunikationssituation (Medium, Kanal)
5. die Einstellung des Textproduzenten zu den zuvor erwähnten vier Komponenten
6. das soziokulturelle Umfeld (soziales Umfeld, Region, Kultur bzw. Subkultur).

Anhand dieser Bezugsgrößen sei es dann möglich, Typen stilistischen Sinns zu bilden. Für das zu untersuchende Korpus allerdings wäre die Einbeziehung jeder dieser Bezugsgrößen nicht zweckdienlich. Es soll deshalb gezeigt werden, welche über die genannten Faktoren hinausgehenden bei der Bildung von Sinn eine Rolle spielen können. Um Stil als ein Phänomen mit relationalem Charakter aufzufassen, erweist es sich als erforderlich, ihn auf verschiedenen Ebenen des Textes zu erschließen und mit Hilfe kontextueller Faktoren zu untermauern (vgl. Gätje 2008: 92). Eine wie auch immer geartete vorausgehende Festlegung von Faktoren scheint von daher nicht produktiv zu sein.

So sollen in diesem Beitrag die strukturellen Eigenschaften in den Sozialenzykliken über die verschiedenen Analyseebenen festgestellt werden.

Die Gesellschaftsmitglieder, also die Rezipienten, besitzen Wissen über die konventionelle Durchführung bestimmter Handlungen; durch diese entwickeln sie Erwartungen, die in der Kommunikation erfüllt werden müssen, soll es nicht zu Irritationen kommen. Doch auch oder gerade diese Abweichungen, als solche erkannt in Relation zum Erwartbaren, können als Träger sozialen Sinns fungieren.

Stile, die in der Sprachgemeinschaft existieren, haben sich entsprechend den sozialen Bedürfnissen in eben dieser herausgebildet. Typisierte Stile können beschrieben werden als komplexe Ressourcen, die den Mitgliedern der Sprachgemeinschaft zur Verfügung stehen; sie finden Verwendung bei der Erfüllung gesellschaftlich relevanter Aufgaben (vgl. Sandig 2006: 21).

Nach der Definition von Stil als sozialer Art der Handlungsdurchführung *kann* immer abweichend vom Konventionellen gewählt werden. Stil dient dabei dazu, in einer kommunikativen Situation, z. B. in einem Gespräch, die Beziehungsebene zwischen den Emittenten zusätzlich zu gestalten. Er darf deshalb jedoch nicht *nur* als bloßer Zusatz verstanden werden, wobei er als Performanzphänomen in mehrfacher Weise als solcher zum Einsatz kommt: Zum einen als interpretierbarer Sinn, der den abstrakten Handlungstyp anreichert, indem man ihn auf die konkreten Gegebenheiten des sprachlichen Handelns bezieht; zum anderen als interpretierbarer Sinn, wenn Einstellungen und Haltungen verschiedener Art zu Aspekten der Handlung ausgedrückt werden, wie etwa zur Sprache selbst (vgl. Sandig 2006: 23 f.). Stil ist einer kommunikativen Handlung immer implizit, er kann bewusst zum Erzielen bestimmter Zwecke eingesetzt werden, doch auch unbewusst bedienen sich die Kommunikanten, je nach Situativität, eines bestimmten typisierten Stils. Er trägt dazu bei, Handlungen an Situationen anzupassen.

2   Sakrale Sprache als Funktionalstil

Eroms subsumiert die sakrale Sprache unter die funktionalen Stiltypen (Eroms 2008: 133 f.). Es ist aber nun im Einzelnen zu klären, ob und warum man hier einen einheitlichen Funktionsbereich ansetzen kann, der eine spezifische Sprachverwendung ausgeprägt hat.

Sakrale Sprache tritt in unterschiedlichen Sphären und in vielerlei Texttypen in Erscheinung. Sie weist z. B. in der Bibel, im Koran oder in den Psalmen Elemente einer literarischen Sprache auf. Hier soll nun aber nicht nach funktionaler Gemeinsamkeit von religiösen und literarischen Texten gefragt werden – die zweifellos besteht – sondern es wird zu untersuchen sein, ob speziell die päpstlichen Sozialenzykliken eine sakrale Sprache aufweisen, die einer eigenen Zwecksetzung folgt.

Wie auch Gössmann konstatiert, umfasst sakrale Sprache mehr, als nur kultische Sprache (vgl. Gössmann 1965: Vorwort). Nicht jeder religiösen Sprache sind automatisch die Merkmale einer sakralen Sprache implizit, »da das Religiöse in einer rein subjektiven Innerlichkeit befangen bleiben kann. Zur sakralen Sprache gehören aber notwendig die Impulse der profanen Welt« (ebd.: 6). Das, was von der geistlichen Sprachtradition heute überliefert ist, erscheint meist nur in religiösem Vokabular. Wir kommen ständig, oft ohne uns dessen bewusst zu sein, in Berührung mit christlichen Bildern oder liturgischen Sprachwendungen. Diese erfüllen dann eine bestimmte literarische Funktion und vermitteln nur im besten Falle etwas Sakrales.

An das religiöse Vokabular wird nicht der Anspruch der absoluten Wirklichkeit gestellt, es ist etwas aus der Vergangenheit, dessen man sich bedient. So ist die sakrale Sprache zwar in ihrer Reduziertheit zu verwenden, doch schließt sich dann die Frage an, ob sie in dieser Form der christlichen Gläubigkeit noch zuträglich ist und ob sie das überhaupt sein muss. Ein Problem bei der Übertragung auf die Lebenswirklichkeit scheint der archaische Charakter der sakralen Sprache zu sein,» […] wir haben nur selten die Kraft, neu schöpferisch zu sein. Und dabei wäre das Schöpferische auch die Voraussetzung für die Sichtung und Überarbeitung des Vorhandenen« (ebd.: 9 f.).

Lange Zeit hat es ein gedichtetes, rein literarisches Christentum gegeben, doch sakrale Sprache kann nicht nur von geistiger Dichtung leben, da sie dann wohl untrennbar in den Bereich des Literarischen hineinreichen würde. Bibel und Dichtung sind durch die romantische Neuaneignung des Christentums zwar in gattungsmäßige Nähe gerückt worden und die literarische Funktion ist nicht die Hauptintention sakraler Sprache, dennoch kann nicht bestritten werden, dass ein literarisches Formgefühl notwendig ist, um Aussagen religiöser Art zu treffen. Die Frage, die nun beim Zusammenspiel von Religiosität und Literarizität im Bezug auf sakrale Sprache zu beantworten sein wird, ist die, wie angewandtes Wortmaterial wirksam werden kann. Dabei ist schon an dieser Stelle bei der Definition sakraler Sprache eine Unterscheidung im Bezug auf ihre Wirkung zu treffen. Gössmann differenziert dazu in einen Vorbereich und einen Innenbereich sakraler Sprache. Als Vorbereich wäre z. B. ein Café oder ein beliebiger anderer öffentlicher, nicht-religiöser Ort als Umgebung religiöser Kommunikation zu nennen. Ein Innenbereich wäre die Kirche, ein Ort, an dem sakrale Sprache primär relevant ist. Die Wirkungsweise religiöser oder sakraler Sprache ist also abhängig von der jeweiligen menschlichen Resonanz, welche sich je nach Emittenten und kommunikativer Umgebung, immer anders gestaltet (vgl. ebd.: 11).

»Ohne den Glauben ist die Sprache unwahr. Ohne Einbeziehung der ungläubigen Welt aber wäre die Sprache des Glaubens illusionär.« (Ebd.) Das bedeutet, sakrale Sprache ist in ihrem primären Kommunikationsbereich Religion zu betrachten, wobei nicht außer Acht gelassen werden darf, wo sie in sekundären Kommunikationsbereichen Verwendung findet und dass eben diese primären und sekundären Bereiche nicht vollständig voneinander separiert erscheinen. Denn versteift man sich auf die gängigen Redewendungen aus dem Bereich der sakralen Sprache, so läuft man Gefahr, durch christliche Begrifflichkeiten Zugänge zu verstellen, welche sie eigentlich eröffnen sollten. Die

Selbstreflexion über das Gedachte soll Formuliertes auf produktive Weise wieder in Frage stellen.

Festzuhalten ist also zunächst, dass die Verwendung sakraler Sprache nicht exklusiv einem Bereich zugeschrieben werden kann. Vielmehr erstreckt sie sich über verschiedene Kommunikationsbereiche. Unter anderem ist sie – wie schon angedeutet – in den profanen, nicht kultisch besetzten Bereichen von Sprache zu finden.

Die Sprache ist kein gleichförmiges Gebilde, über das alle Menschen in gleicher Weise verfügen können. Es gibt Fachsprachen die in ihrer jeweiligen Umwelt existieren. Selbst bei einer Vereinheitlichung jeder einzelnen Sprache findet man noch zahlreiche Unterschiede, bedingt durch dialektale Färbungen und gesondertes Wortmaterial. Ist die sakrale Sprache nun als theologische Sprache nur eine unter vielen Fachsprachen mit einer eigenen religiösen Sprachlandschaft oder greift sie über in andere Sprachregionen[2]? Diese Frage ist bereits beantwortet worden, nun sollen jedoch die einzelnen Sprachregionen noch einmal genauer dargestellt werden.

Die *Alltagssprache* – ein Konglomerat aus vielen Bestandteilen – bildet den Ausgangspunkt für alles Erfassen auf sprachlicher Ebene. Sie macht die Welt zugänglich, läuft aber Gefahr, bei alten Mustern stehenzubleiben und nicht wandelbar genug zu sein, um Neues benennen zu können.

Im Gegensatz zu den Uneindeutigkeiten der Alltagssprache steht die *Wissenschaftssprache*. Den ersten Schritt zur Verwissenschaftlichung der Sprache taten dabei die Griechen. »Ihr philosophisches Denken brachte sie dazu, nicht nur nach der geschichtlichen Gewordenheit zu fragen, sondern auch danach, ob das, was ausgesagt wird, in sich vernünftig ist.« (Gössmann 1965: 16) Ihnen lag nicht nur an der bloßen Verwendung und dem bloßen *Hinnehmen* von Sprache, sondern ebenso an deren kritischer Betrachtung und Überprüfung. Eine zweite Stufe der Verwissenschaftlichung der Sprache wurde durch die modernen Naturwissenschaften, insbesondere durch Bacon und Galilei betreten. So schrieb Galilei: »Die Anschauung von groß und klein, von oben und unten, von nützlich und zweckmäßig sind auf die Natur übertragene Eindrücke und Gewohnheiten eines menschlichen und gedankenlosen Alltags.« (Ebd.) Die Vernunft sollte hier die Aufgabe übernehmen, die Wirklichkeit in der Sprache auf möglichst adäquate Weise widerzuspiegeln. Auch Philosophen wie de Spinoza, Descartes oder Pascal setzten sich mit einer zunehmenden Rationalisierung und Verwissenschaftlichung der Sprache auseinander. Pascal machte darauf aufmerksam, dass durch eben diese Vorgänge die Sprache aufhört, Sprache zu sein (vgl. ebd.: 17). Nun ist die Frage, ob die Sprache einerseits tatsächlich ihre Eigentümlichkeit

---

2 Es wird darauf hingewiesen, dass der Begriff *Sprachregion* im Folgenden synonym mit den Begriffen *Funktionsbereich* und *Kommunikationsbereich* verwendet wird.

einbüßt und ihren Charakter durch die Verwissenschaftlichung verliert, ob sie andererseits jedoch ohne diese überhaupt wissenschaftlichen Anspruch erheben darf.

Während die Wissenschaftssprache also die Objektivität fokussiert, sucht die *Literatursprache* gerade nach Subjektivität. Vom Verfasser gemachte Erfahrungen werden mit der eigenen Sprache wiedergegeben, Objekte mit individuellem Vokabular benannt. Dies entspricht dem literarischen Charakter von Sprache, wird aber da zum Problem, wo sie von Rezipienten nur mit Einschränkung nachvollzogen werden kann.

Wie steht es nun mit der *sakralen Sprache*? Kann sie als eigener Funktionsbereich in die Dreigliederung von Alltags-, Wissenschafts- und Literatursprache eingereiht werden?

In der Vergangenheit kam ihr durch die vermehrte Verwendung und die vorrangige Bedeutung für die Sprachgemeinschaft ein großes Maß an Selbstständigkeit zu. Der Ansatzpunkt sakraler Sprache kann benannt werden mit den von der Lebenswirklichkeit ausgehenden religiösen Erfahrungen. »Je intensiver aber die religiöse Erfahrung ist, desto eher wird sie fähig, sich mit eigenen sprachlichen Mitteln auszusagen, indem aus anderen Regionen Sprachmaterial angeeignet und umgewandelt wird.« (Gössmann 1965: 19)

Wie in den vorangegangenen Überlegungen deutlich geworden, weist sakrale Sprache mit jedem der drei angeführten Sprachregionen *Schnittstellen* auf.

Zur Alltagssprache zählt unter anderem die Kommunikation innerhalb der Familie, gröber gefasst, in sozialen Alltagssituationen. Auch im sakralen Sprachbereich, etwa in der Bibel, lassen sich eine Vielzahl von Kommunikationssituationen zwischen Ehepartnern oder Vätern und Söhnen finden. Soziale Begebenheiten wie Tod, Freundschaft, Geburt oder Hochzeit sind ebenfalls in beiden Bereichen thematisiert. Durch die logische Nähe der sakralen Sprache zur Theologie, die über einen eigenen wissenschaftlichen Bereich verfügt, hängt die sakrale Sprache auch unweigerlich mit der *Wissenschaftssprache* zusammen. Im christlichen Bereich dient sie der ständigen wissenschaftlichen Auseinandersetzung mit der Bibel und deren Sprache. Auf die Gemeinsamkeiten zwischen Literatursprache und sakraler Sprache wurde bereits Bezug genommen. Es wird also erkennbar, dass die sakrale Sprache mit jedem der angeführten Funktionsbereiche Überschneidungen aufweist. Dennoch ist sie durch Funktionalität, Zweckmäßigkeit und Konventionalisierung sprachlicher Verwendungen in bestimmten gesellschaftlichen Kommunikationsbereichen bestimmt, wobei ihr ein normativer Charakter zukommt. In diesem Sinne kann die sakrale Sprache als ein eigenständiger Funktionalstil mit einem eigenen Funktionsbereich, eingeordnet werden.

3   Religion als System

Das diesem Beitrag zugrundegelegte Korpus stammt aus dem Kommunikationsbereich *Religion*, der – wie oben gezeigt – als Kommunikationsbereich nicht scharf abgrenzbar ist. Im Folgenden wird die Religion nun als System im Sinne der Luhmann'schen Systemtheorie kurz umrissen.

Ein wissenschaftliches Erfassen von Religion gestaltet sich schwierig, auch Luhmann sieht Schwierigkeiten bei der begrifflichen Abgrenzung. Eine Definition von Religion greift in der Regel zu kurz oder zu weit. Goldhammer beschreibt sie folgendermaßen:

> »Religion kann im Grunde nur von der Erkenntnis ihrer *Mannigfaltigkeit* her begriffen werden. Es gibt *nicht eine Religion, sondern nur Religionen*, nicht ein stets gleiches Religiöses, sondern nur vielgestaltige Religiosität im Reichtum und in der Wandelbarkeit ihrer Formen [...]. Der Begriff der Religion ist im Grunde wissenschaftlich *nicht definierbar* [...].« (Goldhammer 1969: 9; zitiert nach Kött 2003: 121; Hervorhebung im Original)

Luhmann will sich bei seiner Fassung des Begriffs durch die Selbstbeschreibung der Religion führen lassen: er beobachtet. Die Selbstbeschreibungen der zahlreichen Religionen wiederum variieren in ihren Kontexten (vgl. Kött 2003: 122). Von der Systemtheorie wird nun vermieden, auf historisch vorverstandene Religionsbegriffe zu rekurrieren, doch »auch die Beobachtung eines Beobachters und seiner Unterscheidung, mit der er beobachtet, [ist] nur aufgrund seiner Unterscheidung und damit eines Vorverständnisses möglich« (ebd.: 123). Luhmanns Methode hat den Vorteil, dass Distanz zum Bezugsproblem beibehalten wird, so wird eine Untersuchung im Hinblick auf funktional äquivalente Lösungen gewährleistet. Das Beobachten von Beobachtern reduziert die Distanz zwischen Selbst- und Fremdverständnis, was dazu führt, dass ein Begriff gebildet werden kann, der sich sowohl der Perspektive des Beobachters, als auch der des Beobachteten annähert (vgl. ebd.). Die Methode, die hier von Luhmann angewendet wird, ließe sich auch knapp als ein *Beobachten von Beobachtern* beschreiben.

Als funktional ausdifferenziertes System ist die Religion nun in der Lage, selbstständige Beziehungen zur Gesellschaft, zu anderen Funktionssystemen und zu sich selbst zu unterhalten und zu bestimmen, in welchem Maße und auf welche Art, Kommunikation stattfindet. Die Beziehung zur Gesellschaft ist dabei über die *Funktion* des Systems, die zu anderen Systemen über die *Leistung* und die zu sich selbst über die *Reflexion* geregelt. Die Funktion der Religion besteht in der Ausschaltung von Kontingenz über die Kontingenzformel *Gott*. Kontingenz ist definiert als die »Differenz von Möglichkeit und Unmöglichkeit des Wirklichen« (Krause 2005: 181); ihre Ausschaltung bedeutet nun ein Transformieren unbestimmbarer in bestimmbare Komplexität. Zur *Leistung* gehören im System *Religion* die *Diakonie* und die *Seelsorge*, zusammengefasst wird beides unter dem Begriff *Dienst*. Die *Reflexion* geschieht durch die Theologie bzw. Dogmatik; diese wird von der Systemtheorie nicht als Wissenschaft betrachtet, da die religiöse Kommunikation mit dem Code *immanent/transzendent* und nicht mit dem Code *wahr/unwahr* beobachtet wird. Kommunikation kann nämlich immer dann als religiös gelten, wenn sie das immanente unter dem Aspekt der Transzendenz betrachtet: »Dabei steht Immanenz für den positiven Wert, der Anschlussfähigkeit für psychische und kommunikative Operationen bereitstellt, und Transzendenz für den negativen Wert, von dem aus das, was geschieht, als kontingent gesehen werden kann.« (Luhmann 2000: 77) Dabei setzen beide Werte sich gegenseitig voraus, denn von der Transzendenz aus erhält das Geschehen in der Welt religiösen Sinn, dann ist die Sinngebung jedoch auch eine spezifische Funktion der Transzendenz (vgl. ebd.).

Für die theologische Reflexion wird Glauben vorausgesetzt, besonderes Merkmal ist ihre Gebundenheit an die Offenbarungstexte (vgl. Kött 2003: 179 f.).

Als Kommunikationssystem liegt auch der Religion die Kommunikation zugrunde; deren Organisierbarkeit steht im Zusammenhang mit der gesellschaftlichen Entwicklung. Steigt deren Komplexität, so nimmt die Kontingenz zu, die das Religionssystem verarbeiten muss. Dazu werden dann *Organisationen* gebildet, die *Programme* festlegen, mit denen *Codewerte* der Kommunikation zugeordnet werden können (vgl. ebd.: 181). Als *Programme* sind der Religion in der Systemtheorie *Offenbarung*, *Heilige Schrift* und *Dogmatik* zugeordnet. Im Funktionssystem *Religion* gibt es also sowohl organisierte als auch nicht organisierte Kommunikation. Als Konsequenz für den Religionsbegriff bedeutet das, dass auch auf »das religiöse Verständnis von nicht organisierter Religion«(ebd.: 189) zurückgegriffen werden muss, um einen umfassenden Begriff von ihr zu bilden (vgl. ebd.). In der folgenden Tabelle sind die Kennzeichen des Religionssystems noch einmal zusammengefasst:

Tab. 1: Kennzeichen des Religionssystems

	Funktion	Leistung	Medium	Code	Programm	Kontingenzformel	Institutioneller Kern
Religion	Kontingenzausschaltung	Diakonie	Glaube, Gott-Seele-Differenz	Immanenz/Transzendenz	Offenbarung, Hl. Schrift, Dogmatik	Gott	Amtskirche

Besonderes Augenmerk wird nun auf die Funktion und Leistung gelegt, die Enzykliken für das System erbringen. Weiterhin wird versucht herauszustellen, ob und welchen Beitrag sie für die Kopplung der Religion zu anderen Funktionssystemen leisten.

4   Stilanalyse

4.1   Ansätze der Pragmatischen Stilistik

In Vorbereitung auf die Stilanalyse wird nun auf den pragmatischen Stilansatz, insbesondere auf die Spezifik des pragmatischen Stilbegriffs Sandigs, noch einmal genauer eingegangen. In den 1960er- und 70er-Jahren wurde die Sprache nicht länger als ein abstraktes System, sondern als eine eigene Form des Handelns, »als Sprachhandeln« (Göttert/Jungen 2004: 32) betrachtet. Die pragmatische Linguistik wird von der Hypothese geleitet, »dass der Kommunikation immer ein absichtsvolles Verhalten zugrunde liegt und mittels Äußerungen Handlungen vollzogen werden, insofern sie die Beziehung zwischen den Kommunikationspartnern verändern« (ebd.: 32). Das Interesse kommt also der tatsächlich angewandten gesprochenen oder geschriebenen Sprache, der Performanz, zu. Stil wird dabei nicht mehr nur auf einzelne Sätze oder Wörter bezogen, sondern auf komplexe Texte. Innerhalb dieser Texte ist Stil »eine über die sprachliche Form vermittelte Information pragmatischer Art (Sekundärinformation, Stilinformation)« (Fix/Poethe/Yos 2003: 35).

Die pragmatische Stilistik besitzt eine natürliche Nähe zur Stilanalytik, hat sie doch die wirkliche Rede zum Gegenstand. Vollziehen nämlich Äußerungen immer eine bestimmte Handlung, so kommt jeder stilistischen Einzelheit Bedeutung zu, da es durch diese möglich ist, die Wirkung zu verändern; wie auch in der Sprechakttheorie wird hier davon ausgegangen, dass jede Äußerung in ihrer Art Stil besitzt (vgl. Göttert/Jungen 2004: 33 f.). »Unmarkierte Sätze sind also bewusst unmarkiert, das heißt: nicht stillos, sondern im Stil der Unauffälligkeit verfasst.« (Ebd.) Dadurch sind sie unter Umständen in der Lage, eine größere Wirkung zu erzielen, als auffällige Markierungen. Sowohl Gätje als auch Göttert/Jungen beziehen sich in ihren Ausführungen zur pragmatischen Stilistik auf Sandig als wichtigste Vertreterin der pragmatischen Stilanalyse (vgl. Gätje 2004: 86; vgl. Göttert/Jungen 2004: 34). Sie versteht Stil als »logisch isolierbaren Handlungsaspekt«, also neben anderen Aspekten als einen Teil des Sprachhandelns. Stil fügt dem Handeln, mit dem er verwoben ist, spezifisch stilistischen Sinn zu. Im Gegensatz zur strukturalistischen Auffassung von Stil sind Stilmittel hier keine bloßen Synonyme. Stil ist in hohem Maße am Sprachhandeln beteiligt und transportiert Wertungen oder sogar Ideologien (vgl. ebd.).

4.2 Methode und Durchführung der Stilanalyse

Die Stilanalyse zielt nun darauf, stilistische Merkmale der Sozialenzykliken auf verschiedenen Ebenen zu erfassen und auf sozialen Sinn hin zu untersuchen. Zuvor ist es wichtig, einige Worte über das analytisch-methodische Vorgehen zu verlieren. Alle Korpustexte wurden im Vorfeld einer intensiven Lektüre unterzogen. Schließlich wurden aus sechs Sozialenzykliken jeweils zwei Abschnitte ausgewählt. Einzig bei der Analyse von EnzB wird mit EnzB IIa ein gesonderter Abschnitt behandelt, da hier ein besonders augenfälliges Beispiel für Intertextualität gegeben ist. Die Texte waren in deutscher Übersetzung (sofern nicht im Original in deutscher Sprache abgefasst) auf der Homepage des Vatikan zugänglich. Zentrales Kriterium der Entscheidung für Sozialenzykliken als Analysegegenstand war die eindeutige Verortbarkeit im Kommunikationsbereich *Religion*. Weiterhin wird eine Relevanz auch für andere Kommunikationsbereiche vermutet. Der Zeitraum, aus dem die Texte stammen, erstreckt sich vom Jahre 1937 bis zum Jahre 2009 und lässt so eine diachrone Betrachtung zu. Neben der Unterschiedlichkeit der Texte hinsichtlich des Zeitpunktes ihrer Abfassung, war auch die Verschiedenheit der Verfasser ein für die Auswahl relevantes Kriterium. Dies soll die Überindividualität des Funktionalstils der sakralen Sprache und der Rolle der Enzykliken als Träger sozialen Sinns verdeutlichen. Im Zuge der theoretischen Vorüberlegungen wurden für die Stilanalyse notwendige Beschreibungskategorien entwickelt; dies geschieht auf den folgenden vier Ebenen der Stilbeschreibung:
1. Ebene der Lexik
2. Ebene der Illokution
3. Ebene der Intertextualität
4. Ebene der Kopplung

Auf der Ebene der Lexik werden die Texte im Hinblick auf sakrale Lexik untersucht. Dabei werden sowohl Lexeme aufgezeigt, die exklusiv im religiösen Bereich verortet werden können, z. B. Ausdrücke aus der Heiligen Schrift, wie auch solche, die zwar auch in anderen Kommunikationsbereichen verwendet werden, für die Sprache im religiösen Kontext aber durchaus eigene Relevanz besitzen. Der Ebene der Illokution liegt die Aufteilung des Sprechaktes nach Austin/Searle in Lokution, Illokution und Perlokution zugrunde. Die Illokution betrifft als Teilaspekt einer sprachlichen Äußerung den sprachlichen Handlungsvollzug. Auf dieser Ebene sollen also durch Sprache vollzogene Handlungen sozial relevanter Art isoliert werden; es wird vermutet, dass dies nicht explizit geschieht, sondern durch sprachliche Äußerungen, deren Handlungsabsicht erst durch Interpretation deutlich wird. Auf der Ebene der Intertextualität geht es um die referentielle Intertextualität; also um den Bezug eines Textes zu einem individuellen anderen Text. Es ist zu erfassen, inwieweit die einzelnen Sozialenzykliken in Relation zueinander stehen. Dabei hat auch das Wissen der jeweiligen Rezipienten bezüglich eines Textes Auswirkungen auf die erzielbaren Wirkungen. Die referentiell intertextuellen Beziehungen sind teilweise virtuell im Text angelegt und werden erst durch das Erkennen dieser durch die Rezipienten realisiert (vgl. Göttert/Jungen 2004: 106 f.). Es können also »intertextuelle Qualitäten zwar vom Text motiviert werden [...], aber vollzogen werden [sie] in der Interaktion zwischen Text und Leser, seinen Kenntnismengen und Rezeptionserwartungen« (Holthus 1993: 91; zitiert nach Fix/Poethe/Yos 2003: 107). Andere referentielle Bezüge eines Textes können aber auch absichtlich vom Produzenten angelegt und deutlich erkennbar sein.

Mit der Ebene der Kopplung wird ein Begriff aus der Systemtheorie aufgegriffen; hier wird nach Indikatoren im Text Ausschau gehalten, die auf Beziehungen des Religionssystems zu anderen Systemen hinweisen. Kopplung meint also die Beziehungen zwischen Systemen. Luhmann unterscheidet Beziehungen von sozialen Funktionssystemen zur Gesellschaft nach *funktionalen Beziehungen*, *Leistungsbeziehungen* und Beziehungen von Systemen zu sich selbst als *Reflexionsbeziehungen*. Gesellschaftliche Systeme erbringen in der Gesellschaft Leistungen, ihren Bezugspunkt bilden dabei andere Teilsysteme; sie nehmen weiterhin exklusiv gesellschaftliche Funktionen wahr, in diesem Sinne bildet dann die Gesellschaft einen weiteren Bezugspunkt (vgl. Krause 2005: 66). Die Beobachtung unterschiedlicher Systembeziehungen geht von der Beobachtung reflexiver Handlungen (z. B. Lieben der Liebe, Entscheiden des Entscheidens, Denken des Denkens) aus; dadurch wird das Vorstellen einer Beziehung von Systemen zu sich selbst möglich. In diesen Reflexionsbeziehungen beobachtet ein System sich selbst als beobachtendes System, somit kann hier von *Beobachtung dritter Ordnung* gesprochen werden.[3] »Systemreferenzen werden immer durch ein sich selbst oder andere Systeme unterscheidendes System lokalisiert, sodass letztlich alle Systembeziehungen unter den Bedingungen der Einheit der Differenz von Selbst- und Fremdreferenz beobachtbar sind.« (Krause 2005: 66)

Luhmann unterscheidet also bei Systembeziehungen einen Innen- und einen Außenaspekt. Die wohl wichtigsten Arten von Systembeziehungen sind nun beschrieben mit den strukturellen Kopplungen. Diese sind definiert als »strukturgeführte und strukturführende Selbstanpassung eines Systems an seine Umwelten« (Krause 2005: 70). Weiter wird unterschieden nach *operativen Kopplungen* sowie *losen* und *festen strukturellen Kopplungen*. Kernbegriff bei Luhmann ist die operative Kopplung; eine Operation ist jedes Ereignis bzw. jede Beobachtung, die innerhalb eines Systems geschieht (vgl. ebd.: 68 f.). Opera-

---

3 Es wird darauf hingewiesen, dass es außerdem Beobachtungen erster und zweiter Ordnung gibt (s. Stegmaier in diesem Band).

tionen schließen dabei an Operationen an, eine lose Kopplung der Ereignisse ist dafür Voraussetzung. Ein System bedient sich dann der Ereignisse in seiner Umwelt, um eigene Komplexität aufzubauen, wodurch es wiederum in der Lage ist, eigene Ereignisse zu erzeugen. Als *lose* wird die Kopplung deshalb beschrieben, weil es zwischen den Systemen nicht zu Gemeinsamkeiten von Ereignissen kommt; es besteht vielmehr ein auf relative Dauer gestelltes Konstitutionsverhältnis (ebd.). Im Gegensatz dazu existiert die feste Kopplung; als solche wird der systeminterne Anschluss von Operation an Operation im Moment seines tatsächlichen Vollzugs bezeichnet. Feste Kopplungen können im Medium der Kausalität betrachtet werden, dabei besteht diese aus lose gekoppelten Möglichkeiten von Ereignisverknüpfungen, aus denen nur einige bestimmte wählbar sind (vgl. ebd.: 70, 193). Auch Kopplungen schließen also an vorausgegangene Kopplungen an. Alle Kopplungen setzen dabei Autopoiesis voraus und stellen für diese keine Gefährdung dar.

Ein weiterer Typ fester Kopplung ist die operative Kopplung, sie besteht im Anschluss systemspezifischer Operationen an systemspezifische Operationen, z. B. von Kommunikation an Kommunikation (Stichwort *Anschlussfähigkeit*). Es wurde im Abschnitt 3 bereits festgestellt, dass es operative Geschlossenheit nur in Koexistenz zu kognitiver Offenheit gibt, deshalb setzt operative Kopplung die Erzeugung von Informationen durch ein System in Auseinandersetzung mit seiner Umwelt voraus; an diese ist es strukturell lose gekoppelt (vgl. Krause 2005: 183). »Deshalb ist operative Kopplung strukturelle Kopplung im Vollzug, [sie] beschreibt die Arbeit eines strukturdeterminierten und umweltangepassten autopoietischen Systems an seiner Selbsterhaltung in Auseinandersetzung mit seiner Umwelt.« (Ebd.: 69)

Auf der nun geschaffenen Grundlage zur Kopplung von Systemen wird mit Hilfe der Analyse herauszustellen sein, inwiefern Sozialenzykliken, deren Stil und sozialer Sinn, einen Beitrag für die Kopplung des Religionssystem zu anderen Systemen leisten. In diesem Aspekt der Kopplung bietet die Systemtheorie eine Möglichkeit, über die Grenzen der pragmatischen Stilistik hinaus zu gehen. Es wird nicht nur nach der sozialen Relevanz einer sprachlichen Handlung gefragt, denn diese steht bereits außer Frage, sondern auch nach den gesellschaftlichen Konsequenzen von mit sozialem Sinn angereichertem Stil für die Beziehungen der Gesellschaftssysteme.

Über diese Ebenen soll es möglich werden, Stilelemente zu erfassen. Da Stil als textbezogen und als nur in größeren Texteinheiten erkennbar definiert wurde, wird die Untersuchung also auf der Ebene der Makrostilistik, als satzübergreifende stilistische Betrachtung der sprachlichen Mittel im Zusammenhang mit dem Textganzen, erfolgen. Auch eine Interpretation des transportierten sozialen Sinns kann nur in Bezug auf ein komplexes Textkorpus erfolgen. Als weitere Untersuchungsebenen waren zunächst außerdem eine Ebene der Stilfiguren sowie eine

Ebene der Syntax angedacht. Es lag jedoch der Schluss nahe, dass eine Untersuchung der Syntax sich nicht als zweckdienlich für die Zielsetzung der Arbeit erweisen würde. Stilfiguren konnten bei der vorbereitenden intensiven Lektüre nur vereinzelt beobachtet werden und erschienen, obwohl sie eine spezielle Art stilistischer Muster bilden können, an dieser Stelle weder essentiell für die Schaffung sozialen Sinns noch für die Konstituierung des Religionssystems.

Die Ergebnisse der Einzelanalysen werden in Bezug zueinander gesetzt, um ein Merkmalsmuster der sakralen Sprache bestimmen zu können. Es wird daran erinnert, dass die Betrachtungen auf den Funktionalstil der sakralen Sprache sowie den sozialen Sinn, der über den Text transportiert wird, abzielen. Der Funktionalstil ist dabei die »Gesamtheit der für einen gesellschaftlichen Bereich charakteristischen Stilzüge bzw. Stilprinzipien« (Sowinski 1999: 76). Weiter im Text enthaltene Stilebenen wie der Individual- oder Textsortenstil finden keine weitere Beachtung.

Die Analyseschritte sind in der folgenden Grafik noch einmal überblicksartig dargestellt.

Vorbereitung:
Lektüre ausgewählter Sozialenzykliken, Zusammenstellung des Korpus, bestehend aus Auszügen aus sechs Texten
↓
1. Schritt:
Entwicklung von Beschreibungskategorien bzw. Stilebenen
↓
2. Schritt:
Analyse der Einzeltexte aus dem Kommunikationsbereich Religion
↓
3. Schritt:
Beschreibung der Analyseergebnisse auf den einzelnen Ebenen
↓
4. Schritt
Interpretation der Ergebnisse im Hinblick auf den in den Texten enthaltenen sozialen Sinn[4]
↓
5. Schritt
Interpretation der Ergebnisse im Hinblick auf die systemtheoretische Einordnung

---

4 Die Schritte 4 und 5 werden gemeinsam in einer abschließenden Betrachtung behandelt.

5   Analyseergebnisse[5]

5.1   Ebene der Lexik

Die Untersuchung auf dieser Ebene zielte auf die Erfassung lexikalischer Merkmale sakraler Sprache ab. Die sakrale Sprache trägt deutlich dazu bei, die Sozialenzykliken im Kommunikationsbereich *Religion* zu verorten. Durch wiederholte Verwendung der Ausdrücke *Religion* und *Kirche*, nimmt das System immer wieder reflexiv Bezug auf sich selbst. Die Texte weisen weiterhin stellenweise Archaismen oder veraltete Lexeme wie *Wirrsale* auf, die dazu beitragen, die sakrale Sprache als Funktionalstil von anderen abzugrenzen; dabei sind vielen sakralen Ausdrücken Bewertungen implizit, so etwa bei *verderbliche (Wirkungen)* oder *Niedergang der Sitten*. Schon in der Betitelung der Sozialenzykliken wird deutlich, dass in der sakralen Lexik häufig Latinismen Verwendung finden. Gerade in der jüngsten analysierten Enzyklika lässt sich eine Redundanz der teils schon im Titel vorhandenen lateinischen Ausdrücke *caritas*, *caritas in veritate* oder auch *Res publica* feststellen. Zum einen rekurrieren diese auf den Titel, zum anderen unterstreichen sie aber auch den archaischen Charakter, der der Verwendung von Latinismen innewohnt. Latein als ›Ursprache‹ der Religion trägt dabei hohes traditionelles Potenzial; ihr haftet immer etwas Feierliches und Altertümliches an, wie auch der Religion selbst. Einige verwendete Begriffe erscheinen erst in der Assoziation mit dem religiös-biblischen Kontext sinnstiftend, so etwa *Leidensweg* und *Licht- und Frohbotschaft*, die auf den Leidensweg Christi und die Verkündung der Frohbotschaft anspielen und somit in der christlichen Tradition stehen, die das Fundament der katholischen Kirche bildet. Diese Abgrenzung vom Alltäglichen und anderen Kommunikationsbereichen findet außerdem in der Differenzierung der Systemumwelt zum Transzendenten statt; so stiftet die sakrale Sprache durch Begriffe wie *irdischem*, *Auferstehung, absolute Wahrheit, unersetzliche Formen der Liebe* und *Fülle höheren Lebens* transzendente Bezüge. Ausdrücke wie *Sklavenketten der Sünde und Sinnenlust* sind zwar zunächst für die Rezipienten außerhalb des Systems *Religion* verständlich, doch erhalten sie für diese einen differenten Sinn, wenn die Rezipienten mit der christlichen Sündenlehre oder den zehn Geboten (die u. a. die Sinnenlust behandeln) vertraut sind.

Kirche kann im Textzusammenhang immer verstanden werden als eine Gemeinschaft, eine übergeordnete Instanz, die weitere Instanzen einschließt, beispielsweise solche Zusammenschlüsse wie das *Zweite Vatikanische Konzil*, dass hier als Referenz genannt wird. Der Papst spricht durch die Enzykliken für

---

5   Im gesamten Abschnitt 5 wird auf die sich im Anhang befindenden Texte Bezug genommen. In den Texten werden die Analyseebenen in unterschiedlicher Weise grafisch ausgezeichnet.

die Kirche als Kollektiv, dabei wird diese häufig personifiziert. Besonders deutlich wird dies im Text EnzJ, in welchem die Kirche als ›Mutter und Lehrmeisterin‹ auftritt und ihr ›mütterliche Fürsorge‹ zugesprochen wird. Durch diese Personifizierung vollzieht sich hier eine Anreicherung mit sozialem Sinn, die Kirche übernimmt in ihrer Funktion als Mutter und Lehrmeisterin eine soziale Rolle. Neben den bisher beschriebenen Stilzügen sakraler Sprache finden auch die allgemeinen christlichen Werte Erwähnung; mehrfach erscheinen in den Analysetexten die Lexeme: *Gerechtigkeit, Frieden, Liebe, Wahrheit, Zuversicht, Freiheit* sowie *tief empfundene Aufmerksamkeit und Anteilnahme*. In ihrer Eigenschaft als Werte und Normen tragen sie dahingehend sozialen Sinn, dass sie als Vorgaben für das gesellschaftliche Leben erscheinen.

Auffällig ist, dass die sakrale Lexik primär in den Textabschnitten aus der Einleitung Verwendung findet. Auf Basis der Analyseergebnisse auf der Ebene der Lexik kann also bereits ein lexikalisches Merkmalsmuster sakraler Sprache entworfen werden. Sakrale Sprache agiert transzendente Bezüge stiftend, trägt die Stilzüge von Feierlichkeit bzw. Altertümlichkeit und hebt sich durch die traditionellen Ausdrücke und archaischen Elemente von anderen Kommunikationsbereichen ab. Weiterhin wird das StilPotenzial der traditionsreichen Lexik der Bibel bzw. der Bibelgeschichte genutzt.

5.2 Ebene der Illokution

Auf der Ebene der Illokution wurden in den Enzykliken durch Sprache vollzogene Handlungen sozial relevanter Art untersucht. Die Betrachtung gestaltete sich teilweise schwierig, da die Handlungen, die durch den Text vollzogen werden, nur im komplexen Textzusammenhang zu erkennen sind. Im Einleitungsteil wird dann zunächst der Standpunkt der Kirche verdeutlich. Dies geschieht zum einen mit Aktualitätsbezug, zum anderen wird allgemeinen christlichen Standpunkten und Werten Nachdruck verliehen. Die Einleitung erscheint daher oft geradezu mit missionarischer Absicht. Über diese christlichen Gegebenheiten erfolgt dann die Verknüpfung zum KRITISIEREN sozialer gesellschaftlicher Zustände, die im Kernteil der jeweiligen Enzykliken ausgeführt wird. Hiermit ist bereits die primäre Handlung genannt. Das sozial relevante Handeln, das durch die Sozialenzykliken vollzogen wird, lässt sich grob beschreiben mit einem STELLUNG NEHMEN der katholischen Kirche zur aktuellen gesellschaftlichen Situation. Dabei wird das damit verbundene BEWERTEN und KRITISIEREN als eine PFLICHTERFÜLLUNG der Kirche empfunden. Es wird deutlich, dass den Ausgangspunkt der Sozialenzykliken eine gesellschaftliche Situation bildet, die Anlass zum SORGEN gibt und somit die Notwendigkeit einer Äußerung der Kirche mit sich bringt. Schon hier ist erkennbar, dass die katholische Kirche sich als eng verknüpft mit dem Gesellschaftssystem empfindet und sich legitimiert sieht, (sprachlich) in dieses einzugreifen. Eine Enzyklika ist also nicht »nur« eine Darlegung des kirchlichen Standpunktes, sondern will einen Beitrag zur Veränderung leisten, etwa durch ERMAHNEN, AUFFORDERN, WARNEN oder auch WÜNSCHEN. Durch bestimmte Operationen in seiner Systemumwelt, kommt es zu Irritationen beim Religionssystem, auf welche es dann entsprechend reagiert, hier mit der Veröffentlichung eines päpstlichen Rundschreibens. Einige sozial relevante Handlungen geschehen wiederum innerhalb der Systemgrenzen, etwa das AN-ERKENNEN, EHREN und AKTUALISIEREN, mit dem sich das Religionssystem reflexiv auf sich selbst bezieht. Sprachlicher Handlungsvollzug findet im untersuchten Textkorpus also auf vielerlei Ebenen statt und gibt wichtige Anhaltspunkte für den sozialen Sinn, den päpstliche Enzykliken tragen.

5.3   Ebene der Intertextualität

Ziel der Analyse auf der Ebene der Intertextualität ist es, Bezüge der einzelnen Texte zu anderen Texten zu erfassen. Es konnten zwei verschiedene Arten intertextueller Bezüge festgestellt werden: Zum einen erfolgen sie durch direkte Zitate oder durch Vergleiche, aus der Heiligen Schrift, die als das Grundlagenwerk des christlichen Glaubens als Referenz angeführt wird. Als solches kommt ihr ein hoher Grad an Autorität zu, auf die sich der Papst in den Enzykliken zur Untermauerung seiner Ausführungen beruft. Als weitere wichtige Referenzschrift wird in EnzPl II außerdem auf das Evangelium Bezug genommen. Zum anderen stehen die einzelnen Sozialenzykliken auch in direkter Verbindung untereinander. Die Einzeltexte bilden füreinander Bezugs- und Anknüpfungspunkte, thematische Aspekte werden aufgegriffen und gedanklich weitergeführt oder aktualisiert, d.h. auf die aktuelle gesellschaftliche Situation bezogen. Dies zeigt, dass die Sozialenzykliken nicht als für sich isolierte Einzeltexte existieren; vielmehr stehen sie in einem größeren Zusammenhang. Gemeinsam ist ihnen nämlich das Anliegen, die herrschende Situation in der Systemumwelt aufzuzeigen und den Standpunkt des von ihnen vertretenen Religionssystems darzulegen. Denn so wie sich Ereignisse in der Entwicklung der Gesellschaft nicht separiert von der Historie betrachten lassen, werden auch Sozialenzykliken in den Kontext ihrer Funktionalität eingebunden. Die konkreten Bezugnahmen der untersuchten Texte sind in folgendem Schaubild dargestellt:

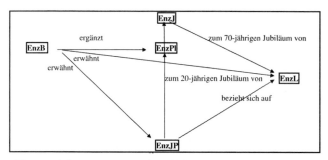

EnzP

»Mutter aller Sozialenzykliken«

Abb. 1: Beziehungen von Sozialenzykliken (Eigene Darstellung)

5.4   Ebene der Kopplung

Auf der Ebene der Kopplung wurde in der Analyse nach Indikatoren gesucht, die eine Kopplung des Religionssystems zu anderen ausdifferenzierten Systemen anzeigen. Zunächst kann festgestellt werden, dass das Religionssystem eine Reflexionsbeziehung zu sich selbst unterhält. Insbesondere auf der Ebene der Intertextualität wird deutlich, dass es immer wieder auf selbst vollzogene Operationen rekurriert. In seiner Leistung für die Gesellschaft nimmt das Religionssystem sowohl Bezug auf die anderen Teilsysteme der Gesellschaft, als auch auf die Gesellschaft selbst. Es bestehen also Kopplungen, die wie Operationen der Kommunikation immer wieder an Kopplungen anschließen. Die Autopoiesis des Systems bleibt dabei bestehen. Das Religionssystem koppelt sich operativ an andere Systeme und greift dessen Operationen hier auf; dadurch erhält es sich selbst in Auseinandersetzung mit seiner Umwelt. Informationen aus den Systemen, mit welchen Kopplung besteht, werden aufgegriffen und für die Zwecke des Religionssystems integriert; es wird mit ihnen operiert, wobei auch Operationen wieder an Operationen anschließen. Bei der Untersuchung des Textkorpus konnten Indikatoren für die Kopplung mit dem Gesellschaftssystem und seinen Subsystemen *Wirtschaft, Politik, Erziehung* und *Recht* isoliert werden. Zu diesen unterhält das Religionssystem funktionale Beziehungen; durch deren Ereignisse, die es als Irritationen empfängt, baut es eigene Komplexität auf. Die Sozialenzykliken greifen aktuelle Ereignisse der genannten Teilsysteme der Gesellschaft auf und verarbeiten sie bezüglich des Systems, dem sie zuzuordnen sind. Somit gestalten sie sich in dieser Hinsicht umweltoffen; thematisiert und bewertet werden die Operationen jedoch innerhalb der Systemgrenzen der Religion, es bleibt also gleichzeitig operativ geschlossen. Als an seine Umwelt gekoppeltes System empfängt das Religionssystem jedoch nicht nur Irritationen, sondern wirkt als deren Umwelt gleichwohl irritierend auf die Systeme, mit denen es gekoppelt ist. Über die Sozialenzykliken findet also Kommunikation zwischen den Systemen statt. Das Gesellschaftssystem und seine Teilsysteme senden zuvor seligierte Informationen als seligierte Mitteilungen an ihre Umwelt, wodurch das Verstehen der Vollzug der Kommunikation komplettiert wird. Das Religionssystem, was diese Mitteilungen verstanden hat, greift sie dann auf, um wiederum mit seligierten Informationen zu operieren. So schließen Operationen und schließlich auch Kopplungen aneinander an.[6]

6   Fazit

Zur abschließenden Betrachtung der Analyseergebnisse werden die in der Einleitung formulierten Hypothesen herangezogen. Als erste Hypothese wurde formuliert: *Sakrale Sprache besitzt einen eigenen Funktionalstil.* Diese Behauptung findet sich nach den vorgenommenen Ausführungen bestätigt. Die sakrale Sprache kann als eigenständiger Funktionalstil bezeichnet werden, da sie durch Funktionalität, Zweckmäßigkeit und Konventionalisierung gekennzeichnet ist. Bei einer diachronen Betrachtung seiner Verwendung in päpstlichen Sozialenzykliken erscheint der Funktionalstil als immer wieder tradiert. Als auffällige Merkmale wurden bereits die Verwendung von Archaismen, eine Suggestion von Feierlichkeit oder auch der Verweis auf religiöse Texte und Begebenheiten der biblischen Geschichte genannt; diese Stilzüge grenzen ihn als eigenständigen Bereich ab und verorten ihn klar im Kommunikationsbereich bzw. im System *Religion*. In diesem erfüllt die sakrale Sprache eine eigene Funktion und trägt einen eigenen sozialen Sinn. Fleischer/Michel/Starke bezeichnen sie als einen »Sprachbereich, [...] in dem modische Ausdrucksweisen vermieden werden und der dadurch ein Gegengewicht gegen die aktuellen Sprachformen setzt« (Fleischer/Michel/Starke 1993: 48). Dieser Aussage lässt sich insofern zustimmen, dass sakrale Sprache sich durch Tradition auszeichnet und durch individuelle Merkmale gekennzeichnet ist, die der aktuellen Sprachform nicht entsprechen. Doch im untersuchten Korpus der Sozialenzykliken wird sie auch und gerade durch die Kombination mit der aktuellen Sprache aus Bereichen wie z. B. *Politik* oder *Wirtschaft* zum Träger sozialen Sinns. Somit kann auch die zweite Hypothese, *Sozialenzykliken sind Träger sozialen Sinns,* verifiziert werden. Mit sakraler Sprache als Funktionalstil wird hier sozial relevant gehandelt. Den Sozialenzykliken kommt also die Funktion zu, für das Religionssystem sozial relevante Handlungen durchzuführen. Inso-

---

6 Es wird verwiesen auf den Abschnitt 4.2.

fern lässt sich dann auch die dritte als Hypothese formulierte Vermutung, *Sozialer Sinn ist in hohem Maße systemkonstitutiv und sichert Anschlussfähigkeit und Kopplung zu anderen Systemen*, bestätigen. Sozialenzykliken bilden unzweifelhaft eine eigene Kategorie mit einer eigenen funktionalen Zwecksetzung. Durch sie handelt das Religionssystem sprachlich; dabei bleiben diese Handlungen im Rahmen des sozial Erwartbaren. Auf der Ebene der Intertextualität war zu erkennen, dass die Texte aufeinander Bezug nehmen und so aneinander anschließen. Durch sie konstituiert sich das System immer wieder selbst, es existiert auf der Basis von Kommunikation. Wäre also hier die Anschlussfähigkeit dieser Kommunikation nicht gewährleistet, so würde das System aufhören zu existieren. Somit erscheint die Tradierung des sozialen Sinns als existenziell wichtig, um Anschlussfähigkeit zu sichern. Der soziale Sinn geht jedoch über die Systemgrenzen hinaus und trägt zur Kopplung mit der Systemumwelt bei, denn auch in der Gesellschaft und ihren anderen Teilsystemen, ist ein sozialer Erwartungshorizont für die Handlungen des Religionssystems gegeben.

Sozialenzykliken haben in ihrer Funktionalität großen Gesellschaftsbezug; die katholische Kirche bzw. das System *Religion*, greift mit ihnen durch sprachliches Handeln als aus dem Gesellschaftssystem ausdifferenziertes Teilsystem in eben dieses ein. Dabei bleibt es

als eigener Funktionsbereich, als autopoietisches System, operativ geschlossen. Hierzu tragen systeminterne Merkmale, wie etwa die sakrale Sprache bei. Durch die Umweltoffenheit ist die soziale Relevanz für andere gesellschaftliche Teilsysteme dadurch nicht eingeschränkt. Über den sozialen, für die Gesellschaft interpretierbaren Sinn, nehmen Sozialenzykliken eine wichtige Funktion für die Kommunikation des Religionssystems mit der Gesellschaft über die Gesellschaft ein.

Siglenverzeichnis

EnzL	Korpustext *Rerum novarum*
EnzL II	Einleitungsteil *Rerum novarum*
EnzL III	Hauptteil *Rerum novarum*
EnzP	Korpustext *Mit brennender Sorge*
EnzP II	Einleitungsteil *Mit brennender Sorge*
EnzP III	Hauptteil *Mit brennender Sorge*
EnzJ	Korpustext *Mater e magistra*
EnzJ II	Einleitungsteil *Mater e magistra*
EnzJ III	Hauptteil *Mater e magistra*
EnzPl	Korpustext *Populorum progressio*

EnzPl II   Einleitungsteil *Populorum progressio*
EnzPl III   Hauptteil *Populorum progressio*
EnzJP   Korpustext *Sollicitudo rei socialis*
EnzJP II   Einleitungsteil *Sollicitudo rei socialis*
EnzJP III   Hauptteil *Sollicitudo rei socialis*
EnzB   Korpustext *Caritas in veritate*
EnzB II   Einleitungsteil *Caritas in veritate*
EnzB III   Hauptteil *Caritas in veritate*

Literatur

EROMS, HANS-WERNER (2008): Stil und Stilistik. Eine Einführung. Berlin: Erich Schmidt.

FIX, ULLLA/WELLMANN, HANS (1997) (Hg.): Stile, Stilprägungen, Stilgeschichte. Studien zur Linguistik/Germanistik, Bd. 15. Heidelberg: Universitätsverlag C. Winter.

FIX, ULLA/POETHE, HANNELORE/YOS, GABRIELE (2003): Textlinguistik und Stilistik für Einsteiger. Ein Lehr- und Arbeitsbuch. Frankfurt am Main: Peter Lang.

FLEISCHER, WOLFGANG/MICHEL, GEORG/STARKE, GÜNTER (1993): Stilistik der deutschen Gegenwartssprache. Frankfurt am Main: Peter Lang.

GÄTJE, OLAF (2008): Der Gruppenstil der RAF im »Info«-System. Eine soziostilistische Untersuchung aus systemtheoretischer Perspektive. Berlin/New York: Walter de Gruyter.

GÖTTERT, KARL-HEINZ/JUNGEN, OLIVER (2004): Einführung in die Stilistik. München: Wilhelm Fink Verlag.

KRAUSE, DETLEF (2001): Luhmann-Lexikon. Eine Einführung in das Gesamtwerk von Niklas Luhmann. 3. Aufl. Stuttgart: Lucius & Lucius.

KÖTT, ANDREAS (2003): Systemtheorie und Religion. Mit einer Religionstypologie im Anschluss an Niklas Luhmann. Würzburg: Königshausen & Neumann.

LUHMANN, NIKLAS (1992): Funktion der Religion. 3. Aufl. Frankfurt am Main: Suhrkamp.

LUHMANN, NIKLAS (1993): Soziale Systeme. Grundriss einer allgemeinen Theorie. 4. Aufl. Frankfurt am Main: Suhrkamp.

LUHMANN, NIKLAS (1998): Die Gesellschaft der Gesellschaft. Erster und Zweiter Teilband. Frankfurt am Main: Suhrkamp.

LUHMANN, NIKLAS (2002): Die Religion der Gesellschaft. Frankfurt am Main: Suhrkamp.

LUHMANN, NIKLAS (2005): Soziologische Aufklärung 3. Soziales System, Gesellschaft, Organisation. 4. Aufl. Wiesbaden: Verlag für Sozialwissenschaften.

SANDIG, BARBARA (1986): Stilistik der deutschen Sprache. Berlin/New York: Walter de Gruyter.

SANDIG, BARBARA (2006): Textstilistik des Deutschen. 2. Aufl. Berlin/New York: Walter de Gruyter.

SOWINSKI, BERNHARD(1999): Stilistik. Stiltheorien und Stilanalysen. 2. Aufl.. Stuttgart/Weimar: J. B. Metzler.

Anhang – Analysetexte in bearbeiteter Form

Kennzeichnung der Analyseebenen:
Ebene der Lexik
Ebene der Illokution
Ebene der Intertextualität
Ebene der Kopplung

Caritas in veritate (Die Liebe in der Wahrheit)- 7. Juli 2009, Benedikt XVI.[7]

1.Caritas in veritate – die Liebe in der Wahrheit, die Jesus Christus mit seinem irdischen Leben und vor allem mit seinem Tod und seiner Auferstehung bezeugt hat, ist der hauptsächliche Antrieb für die wirkliche Entwicklung eines jeden Menschen und der gesamten Menschheit. Die Liebe – »caritas« – ist eine außerordentliche Kraft, welche die Menschen drängt, sich mutig und großherzig auf dem Gebiet der Gerechtigkeit und des Friedens einzusetzen. Es ist eine Kraft, die ihren Ursprung in Gott hat, der die ewige Liebe und die absolute Wahrheit ist. Jeder findet sein Glück, indem er in den Plan einwilligt, den Gott für ihn hat, um ihn vollkommen zu verwirklichen: In diesem Plan findet er nämlich seine Wahrheit, und indem er dieser Wahrheit zustimmt, wird er frei (vgl. Joh 8, 32). Die Wahrheit zu verteidigen, sie demütig und überzeugt vorzubringen und sie im Leben zu bezeugen, sind daher anspruchsvolle und unersetzliche Formen der Liebe. Denn diese »freut sich an der Wahrheit« (1 Kor 13, 6).
Über vierzig Jahre nach der Veröffentlichung der Enzyklika möchte ich dem Gedenken des großen Papstes Paul VI. Anerkennung zollen (ANERKENNEN) und Ehre erweisen (EHREN), indem ich seine Lehren über die ganzheitliche Entwicklung des Menschen aufnehme und mich auf den von ihnen vorgezeichneten Weg begebe, um sie in der gegenwärtigen Zeit zu aktualisieren (AKTUALISIEREN). Dieser Prozeß der Aktualisierung begann mit der Enzyklika Sollecitudo rei socialis, mit welcher der Diener Gottes Papst Johannes Paul II. der Veröffentlichung von Populorum progressio anläßlich ihres zwanzigsten Jahrestags gedenken wollte. Ein solches Andenken war bis dahin nur der Enzyklika Rerum novarum zuteil geworden. Nachdem nun weitere zwanzig Jahre vergangen sind, bringe ich meine Überzeugung zum Ausdruck, daß die Enzyklika Populorum progressio verdient, als »die Rerum novarum unserer Zeit«

---

7 Quelle: Homepage des Heiligen Stuhls, Gesamttext online verfügbar unter: http://www.va-tican.va/holy_father/benedict_xvi/encyclicals/documents/hf_ben-xvi_enc_20090629_cari-tas-in-veritate_ge.html; Stand: 5. März 2010, 13:15; Hier bearbeitet durch die Verfasserin der Arbeit (Auszüge, Schriftart, Schriftgröße, Absätze)

angesehen zu werden, welche die Schritte der Menschheit auf dem Weg zu einer Einigung erleuchtet.

24. [...]Heute – auch unter dem Eindruck der Lektion, die uns die augenblickliche Wirtschaftskrise (Indikator Wirtschaft) erteilt, in der die staatliche Gewalt unmittelbar damit beschäftigt ist, Irrtümer und Mißwirtschaft(Indikator Wirtschaft) zu korrigieren – scheint eine neue Wertbestimmung der Rolle und der Macht der Staaten (Indikator Politik) realistischer; beides muß klug neu bedacht und abgeschätzt werden (KRITISIEREN), so daß die Staaten wieder imstande sind – auch durch neue Modalitäten der Ausübung (Indikator Politik) –, sich den Herausforderungen der heutigen Welt zu stellen. Mit einer besser ausgewogenen Rolle der staatlichen Gewalt kann man davon ausgehen, daß sich jene neuen Formen der Teilnahme an der nationalen und internationalen Politik (Indikator Politik) stärken, die sich durch die Tätigkeit der in der Zivilgesellschaft arbeitenden Organisationen (Indikator Gesellschaft) verwirklichen. Es ist wünschenswert (WÜNSCHEN), daß in dieser Richtung eine tiefer empfundene Aufmerksamkeit und Anteilnahme der Bürger (Indikator Gesellschaft) an der Res publica (Indikator Gesellschaft) wachse.

Mit brennender Sorge- 14. März 1937, Pius XI.[8]
Mit brennender Sorge und steigendem Befremden (SORGEN/KRITISIEREN) beobachten Wir seit geraumer Zeit den Leidensweg der Kirche, die wachsende Bedrängnis der ihr in Gesinnung und Tat treubleibenden Bekenner und Bekennerinnen inmitten des Landes und des Volkes (Indikator Gesellschaft), dem St. Bonifatius einst die Licht- und Frohbotschaft von Christus und dem Reiche Gottes gebracht hat.

2.[...]Nachdem Wir ihre Darlegungen vernommen, durften Wir in innigem Dank gegen Gott (DANKEN) mit dem Apostel der Liebe sprechen:»Eine größere Freude habe ich nicht, als wenn ich höre: meine Kinder wandeln in der Wahrheit« (Joh 4,4). Der unserem verantwortungsvollen apostolischen Amt ziemende Freimut und der Wille, Euch und der gesamten christlichen Welt die Wirklichkeit in ihrer ganzen Schwere vor Augen zu stellen, fordern von Uns aber auch, daß Wir hinzufügen: eine größere Sorge, ein herberes Hirtenleid haben Wir nicht, als wenn Wir hören: viele verlassen den Weg der Wahrheit.(vgl. Petr 2,2).

---

8 Quelle: Homepage des Heiligen Stuhls, Gesamttext online verfügbar unter: http://www.vatican.va/holy_father/pius_xi/encyclicals/documents/hf_p-xi_enc_14031937_mit-brennender-sorge_ge.html; Stand: 5. März 2010, 13:15; Hier bearbeitet durch die Verfasserin der Arbeit (Auszüge, Schriftart, Schriftgröße, Absätze)

43. Niemand denkt daran, der <u>Jugend Deutschlands (Indikator Erziehung)</u> Steine in den Weg zu legen, der sie zur Verwirklichung wahrer <u>Volksgemein-schaft</u> führen soll, zur Pflege edler Freiheitsliebe, zu unverbrüchlicher <u>Treue gegen das Vaterland (Indikatoren Gesellschaft)</u>. <u>Wogegen Wir uns wenden und Uns wenden</u>

<u>Müssen (KRITISIEREN)</u>, ist der gewollte und planmäßig geschürte Gegen-satz, den man zwischen diesen <u>Erziehungszielen (Indikator Erziehung)</u> und den religiösen aufreißt. Und darum rufen Wir dieser Jugend zu: <u>Singt</u> Eure Frei-heitslieder, aber <u>vergeßt</u> über ihnen <u>nicht</u> die <u>Freiheit</u> der <u>Kinder Gottes!</u> <u>Laßt</u> den Adel dieser unersetzbaren Freiheit <u>nicht (ERMAHNEN/AUFFORDERN/ WARNEN)</u> hinschwinden in den <u>Sklavenketten der Sünde und Sinnenlust!</u> Wer das Lied der Treue zum <u>irdischen Vaterland</u> singt, darf nicht in Untreue an seinem <u>Gott</u>, an seiner <u>Kirche</u>, an seinem <u>ewigen Vaterland (Indikatoren Ge-sellschaft)</u> zum Überläufer und Verräter werden

Sollicitudo rei socialis (Besorgnis über gesellschaftliche Angelegenheiten)-30. Dezember 1987, Johannes Paul II.[9]

1. Die <u>soziale Sorge (Indikator Gesellschaft) der (SORGEN)</u> Kirche mit dem Ziel einer wahren <u>Entwicklung des Menschen und der Gesellschaft (Indikator Ge-sellschaft)</u>, welche die menschliche Person in allen ihren Dimensionen achten und fördern soll, hat sich stets in verschiedenster Weise bekundet. Eine der bevorzugten Formen, hierzu beizutragen, war in letzter Zeit das Lehramt der römischen Päpste. <u>Ausgehend von der Enzyklika Rerum Novarum von Leo XIII. als bleibendem Bezugspunkt</u> hat es diesen Problemkreis immer wieder behan-delt, wobei es einige Male die Veröffentlichungen der verschiedenen sozialen Dokumente mit dem Jahresgedenken dieses ersten Dokumentes zusammenfal-len ließ.2

39. Die Übung von <u>Solidarität im Innern einer jeden Gesellschaft (Indikator Gesellschaft)</u> hat ihren Wert, wenn sich ihre verschiedenen Mitglieder gegen-seitig als Personen anerkennen. Diejenigen, die am meisten Einfluß haben weil sie über eine größere Anzahl von <u>Gütern (Indikator Wirtschaft)</u> und <u>Dienst-leistungen</u> verfügen <u>sollen sich verantwortlich</u> für die Schwächsten <u>fühlen (ERMAHNEN/AUFFORDERN)</u> und bereit sein, Anteil an ihrem <u>Besitz (Indi-kator Wirtschaft)</u> zu geben. Auf derselben Linie von Solidarität <u>sollten</u> die

---

9 Quelle: Homepage des Heiligen Stuhls, Gesamttext online verfügbar unter: http://www.va-tican.va/edocs/DEU0131/_INDEX.HTM; Stand: 5. März 2010, 13:28; Hier bearbeitet durch die Verfasserin der Arbeit (Auszüge, Schriftart, Schriftgröße, Absätze)

Schwächsten ihrerseits keine rein passive oder gesellschaftsfeindliche Haltung (Indikator Gesellschaft) einnehmen,

sondern selbst tun, was ihnen zukommt (ERMAHNEN/AUFFORDERN) wobei sie durchaus auch ihre legitimen Rechte einfordern. Die Gruppen der Mittelschicht (Indikator Wirtschaft) ihrerseits sollten nicht in egoistischer Weise auf ihrem Eigenvorteil bestehen, sondern auch die Interessen der anderen beachten.

Populorum progressio (Die Entwicklung der Völker)- 26. März 1967, Paul VI.[10]

1. Die Entwicklung der Völker (Indikator Gesellschaft) wird von der Kirche aufmerksam verfolgt: vor allem derer, die dem Hunger, dem Elend, den herrschenden Krankheiten (Indikatoren Wirtschaft), der Unwissenheit zu entrinnen suchen; derer, die umfassender an den Früchten der Zivilisation (Indikator Gesellschaft) teilnehmen und ihre Begabung wirksamer zur Geltung bringen wollen, die entschieden ihre vollere Entfaltung erstreben. Das Zweite Vatikanische Konzil wurde vor kurzem abgeschlossen. Seither steht das, was das Evangelium in dieser Frage fordert, klarer und lebendiger im Bewußtsein der Kirche. Es ist ihre Pflicht, sich in den Dienst der Menschen zu stellen, um

ihnen zu helfen, dieses schwere Problem in seiner ganzen Breite anzupacken, und sie in diesem entscheidenden Augenblick der Menschheitsgeschichte von der Dringlichkeit gemeinsamen Handelns zu überzeugen.

9. Gleichzeitig haben die sozialen Konflikte (Indikator Gesellschaft) weltweites Ausmaß angenommen. Unruhen, die die ärmeren Bevölkerungsklassen (Indikator Gesellschaft) während der Entwicklung ihres Landes zum Industriestaat (Indikator Wirtschaft) erfaßt haben, greifen auch auf Länder über, deren Wirtschaft (Indikator Wirtschaft) noch fast rein agrarisch ist. Auch die ländliche Bevölkerung (Indikator Gesellschaft) wird sich so heute ihrer »elenden und unheilvollen Verhältnisse« (Enzyklika Rerum novarum, 15. Mai 1891: Acta Leonis XIII., t XI (1892) 98) bewußt. Und zu allem kommt der Skandal schreiender Ungerechtigkeit(KRITISIEREN) nicht nur im Besitz der Güter (Indikator Wirtschaft), sondern mehr noch in deren Gebrauch. Eine kleine Schicht genießt in manchen Ländern alle Vorteile der Zivilisation und der Rest der Bevölkerung ist arm, hin- und hergeworfen und ermangelt »fast jeder Möglichkeit, initiativ und eigenverantwortlich zu handeln, und befindet sich oft in Lebens- und Ar-

---

10 Quelle: Homepage des Heiligen Stuhls, Gesamttext online verfügbar unter: http://www.vatican.va/holy_father/paul_vi/encyclicals/documents/hf_p-vi_enc_26031967_populorum_ge.html; Stand: 5. März 2010, 13:30; Hier bearbeitet durch die Verfasserin der Arbeit (Auszüge, Schriftart, Schriftgröße, Absätze)

beitsbedingungen (Indikator Wirtschaft), die des Menschen unwürdig sind (KRITISIEREN)« (Gaudium et spes Nr. 63, § 3.).

Mater et magistra (Mutter und Lehrmeisterin)- 15. Mai 1961, Johannes XXIII.[11]

1. Mutter und Lehrmeisterin der Völker ist die katholische Kirche. Sie ist von Christus Jesus dazu eingesetzt, alle, die sich im Lauf der Geschichte ihrer herzlichen Liebe anvertrauen, zur Fülle höheren Lebens und zum Heile zu führen. Dieser Kirche, der »Säule und Grundfeste der Wahrheit« (1 Tim. 3, 15), hat ihr heiliger Gründer einen doppelten Auftrag gegeben: Sie soll ihm Kinder schenken; sie soll sie lehren und leiten. Dabei soll sie sich in mütterlicher Fürsorge der einzelnen und der Völker annehmen in ihrem Leben, dessen erhabene Würde sie stets hoch in Ehren hielt, über das sie wachte und das sie beschützte.

21. Der Staat (Indikator Politik) hat ferner die Pflicht (AUFFORDERN), darüber zu wachen, daß die rechtliche Gestaltung des Arbeitsverhältnisses (Indikatoren Wirtschaft/Recht) dem Gesetz von Gerechtigkeit und Billigkeit (Indikator Recht) entspricht; ferner darüber, daß auf dem Arbeitsplatz nicht die Würde der menschlichen Person an Leib und Seele verletzt wird. In dieser Beziehung enthält das Rundschreiben Leos XIII. oberste Sozialrechtsgrundsätze (Indikator Gesellschaft/Recht), die die modernen Staaten (Indikator Politik) in ihrer Gesetzgebung (Indikator Recht) verwerten konnten. Sie haben, wie schon Unser Vorgänger Pius XI. im Rundschreiben »Quadragesimo Anno« bemerkt, nicht wenig zum Werden und zur Entwicklung eines neuen Rechtszweiges beigetragen, nämlich des Arbeitsrechtes (Indikatoren Recht).

Rerum novarum (Der Geist der Neuerung, wörtl.:Die neuen Dinge)- 15. Mai 1891, Leo XIII.[12]

1. Der Geist der Neuerung, welcher seit langem durch die Völker geht, mußte, nachdem er auf dem politischen Gebiete (Indikator Politik) seine verderblichen Wirkungen entfaltet hatte, folgerichtig auch das volkswirtschaftliche Gebiet ergreifen. Viele Umstände begünstigten diese Entwicklung (BEWERTEN); die Industrie hat durch die Vervollkommnung der technischen Hilfsmittel und eine neue Produktionsweise (Indikatoren Wirtschaft) mächtigen Aufschwung ge-

---

11 Quelle: Homepage des Heiligen Stuhls, Gesamttext online verfügbar unter: http://www.vatican.va/holy_father/john_xxiii/encyclicals/documents/hf_j-xxiii_enc_15051961_mater_en.html; Stand: 5. März 2010, 13:32; Hier bearbeitet durch die Verfasserin der Arbeit (Auszüge, Schriftart, Schriftgröße, Absätze)

12 Quelle: Homepage des Heiligen Stuhls, Gesamttext online verfügbar unter: http://www.vatican.va/holy_father/leo_xiii/encyclicals/documents/hf_l-xiii_enc_15051891_rerum-novarum_en.html ; Stand: 5. März 2010, 13:32; Hier bearbeitet durch die Verfasserin der Arbeit (Auszüge, Schriftart, Schriftgröße, Absätze)

nommen; das gegenseitige Verhältnis der <u>besitzenden Klasse</u> und der <u>Arbeiter</u> hat sich wesentlich umgestaltet; das <u>Kapital (Indikatoren Gesellschaft)</u> ist in den Händen einer geringen Zahl angehäuft, während die große Menge verarmt; es wächst in den Arbeitern das Selbstbewußtsein, ihre Organisation erstarkt; dazu gesellt sich der Niedergang der Sitten. <u>Dieses alles hat den sozialen Konflikt (Indikator Gesellschaft) wachgerufen, vor welchem wir stehen (KRITISIEREN).</u> 13. Mit voller <u>Zuversicht</u> treten Wir an diese Aufgabe heran und im Bewußtsein, daß uns das Wort gebührt. Denn ohne Zuhilfenahme von <u>Religion</u> und <u>Kirche</u> ist kein Ausgang aus dem <u>Wirrsale</u> zu finden; aber da die <u>Hut der Religion</u> und die Verwaltung der <u>kirchlichen Kräfte</u> und Mittel vor allem in Unsere Hände gelegt sind, so <u>könnte das Stillschweigen eine Verletzung Unserer Pflicht scheinen (PFLICHTERFÜLLUNG).</u> Allerdings ist in dieser wichtigen Frage auch die Tätigkeit und Anstrengung anderer Faktoren unentbehrlich: Wir meinen die <u>Fürsten und Regierungen (Indikator Politik), die besitzende Klasse und die Arbeitgeber,</u> endlich <u>die Besitzlosen, um deren Stellung es sich handelt (Indikatoren Wirtschaft).</u>

Stefan Buchholz

Textsorten als Operationen von sozialen Systemen am Beispiel des Notizzettels für die Hochschulsprechstunde

> »Will man Operationen in Gang setzen, muss man eine
> Selektion durchführen.« (Luhmann 1992: 391)

Welche Rolle spielen Textsorten für die Kommunikation der Gesellschaft? Tragen sie zum autopoietischen Erhalt der Gesellschaft bei? Von dieser Fragestellung ausgehend untersucht der Beitrag die Textsorte *Notizzettel* im Kommunikationsbereich der *Hochschulsprechstunde* und möchte demnach an bisherige systemtheoretische Textsortenuntersuchungen (Furthmann 2008, Gansel 2008, Christoph 2009 oder Krycki 2009) anknüpfen und darüber hinaus neue Aspekte, die aus der Spezifik des fokussierten Gegenstandes resultieren, generieren. Die genannten Untersuchungen unterstellen, dass die Systemtheorie die Textlinguistik in ihrem theoretischen Konzept unterstützen kann. Dies erfolgt, indem der linguistische ›Kommunikationsbereich‹ mit dem systemtheoretischen ›sozialen System‹ in Korrelation gesetzt wird. Textsorten sollen in diesem Beitrag jedoch nicht als Resultat der Operation der Kommunikation von Systemen selbst verstanden werden, sondern als die selektive Operation von Systemen, die differenzierende Funktionen erfüllt und somit Systemgrenzen festigt.

1   Grundlagen
1.1 Allgemeines
1.2 Die Textsorte *Notizzettel*
1.3 Der Kommunikationsbereich/das soziale System *Hochschulsprechstunde*
2   Leistungen des Notizzettels für die Kommunikation der Gesellschaft
3   Fazit

1   Grundlagen

1.1   Allgemeines

Der erwähnte Analogiezug von sozialem System und Kommunikationsbereich stellt der Textlinguistik das Theoriegebäude der Systemtheorie zur Verfügung und löst so ein Problem der Textlinguistik, nämlich, dass diese sich unterschiedlichen Theorien, unterschiedlichen Herangehensweisen zur Merkmalsbeschreibung von Textsorten gegenübersieht und eine Klärung nicht in Sicht ist.

Textsorten werden in der Textlinguistik bisher textintern oder textextern beschrieben. Das heißt, es existieren Beschreibungsmodelle, die die jeweilige Textsorte mit oder ohne Betrachtung textexterner Merkmale, wie zum Beispiel den Einbezug der Umgebung, in der ein Text entsteht, charakterisieren und klassifizieren. Die Sichtweise dieser Ausführungen ist eine, die nur eine textexterne Beschreibung zulässt, ja erfordert. Als Beleg für die Hilfestellung, die die Systemtheorie geben kann, wurde nun die Textsorte *Notizzettel* im sozialen System *Hochschulsprechstunde* empirisch untersucht. Dabei wurde besonders darauf geachtet, welche Leistungen die Textsorte *Notizzettel* für das soziale System erbringt, in welcher Weise sie also die Operation der Kommunikation des Systems darstellt. Wenn man Textsorten also über ihre Kommunikationsbereiche, das heißt über ihre selektive Funktion beschreibt, drängt sich die Frage auf, ob eine textinterne Beschreibung dieser überhaupt zulässig ist.

1.2   Die Textsorte ›Notizzettel‹

Ein prätheoretisches Verständnis, das jedoch die noch zu klärende Situativität des Notizzettels angemessen darlegt, lautet wie folgt:

> »Bei fast allen Gelegenheiten, die sich aus der Bildung und Ausbildung während des Studiums ergeben, produziert man mit Berichten, Dokumentationen, Exzerpten, Hausarbeiten, Mitschriften, *Notizen*, Protokollen, Referaten oder Thesenpapieren eine Fülle unterschiedlicher Textsorten und durchlebt damit die gesamte Bandbreite zwischen Übung und Ernstfall.« (Kremer 2006: 33; Hervorhebung S.B.)

Zwei Bemerkungen sollen nun hinsichtlich eines Vorverständnisses von ›Notizzettel‹ angeschlossen werden. Zunächst werden Notizen im obigen Zitat gleichbedeutend mit Berichten, Dokumentationen und Hausarbeiten (u. a.) genannt. Diese Texte bzw. Textsorten sind die das Organisationssystem *Universität* konstituierenden kommunikativen Elemente. Da die Begriffe *Notiz* und *Notizzettel* ineinander greifen, lässt sich ebenfalls für die Notizzettel prätheoretisch formulieren, dass diesen Texten eine wie auch immer geartete, weil noch

nicht näher bestimmte, konventionalisierte Rolle im universitären Alltag zukommt. Der Notizzettel, der im Fall dieser Untersuchung für die Dozentensprechstunde entsteht, wird, in Anlehnung an den Begriff *Notiz*, deshalb ebenfalls als universitärer Text begriffen und somit für die weitere Analyse entsprechend in diesem Horizont verstanden.

Die zweite Bemerkung ist eine Vermutung den Notizzettel für die unspezi-
fizierte Sprechstunde betreffend. Es wird angenommen, dass die Sprechstunde
in vielen Bereichen der Gesellschaft konventioneller Prozessbestandteil ist, zum
Beispiel im universitären Bereich oder im Bereich der Medizin. Es handelt sich
also bei Notizzetteln für Sprechstunden immer um in spezifischen Institutionen
entstehende Texte. Die Differenzierung in Textsorten lässt sich deshalb durch die
institutionelle Zuordnung realisieren. Der hier untersuchte *Notizzettel* ist also
Textsorte des Kommunikationsbereiches/sozialen Systems *Hochschulsprechstunde*.

1.3   Der Kommunikationsbereich/das soziale System *Hochschulsprechstunde*

Dieser Beitrag hat die Möglichkeit sich auf einen isolierten Kommunikationsbereich zu beziehen. Was aber ist ein Kommunikationsbereich? Der Begriff
Kommunikationsbereich beinhaltet gesellschaftliche Bereiche, »für die jeweils
spezifische Handlungs- und Bewertungsnormen konstitutiv sind« (Gansel/Jür-
gens 2009: 70). Textsorten, die in einem Kommunikationsbereich entstehen und
ihn somit gleichzeitig konstituieren, können durch eben diesen klassifiziert
werden. Ein Vorlesungsskript beispielsweise entsteht für den Kommunikationsbereich *Vorlesung* und beeinflusst diesen durch den Informationsgehalt. In
diesem Fall geht es um die Dozentensprechstunde an Hochschulen, also einen
vermuteten Kommunikationsbereich, der klar abgegrenzt zu sein scheint. Dies
würde eine zunächst isolierte Betrachtung des Notizzettels in seinem Kommunikationsbereich möglich werden lassen. Nun sollen deshalb erste Aspekte der
Hochschulsprechstunde zusammengetragen werden. Für Beratungsgespräche
sind zunächst folgende Konventionen von Bedeutung:

> »Konstitutiv für das Beratungsgespräch sind die Aufforderung des Ratsuchenden an
> den Berater, Handlungsanweisungen zur Lösung seines Problems zu formulieren,
> sowie die Formulierung der Handlungsanweisung durch den Berater. Zwischen diesen
> Klammern liegen Phasen der Informationsübermittlung und des -austauschs über den
> Problemkreis und Phasen der gemeinsamen Erörterung des Problems.« (Berens 1979:
> 137)

Mit »Klammer« beschreibt Berens die Begrenztheit des Kommunikationsbe-
reiches *Sprechstunde*, die für die weitere Analyse relevant ist. Der Kommuni-

kationsbereich/das soziale System beobachtet seine Grenzen und vollzieht durch
die Institutionalisierung, das heißt durch klare Konventionen wie die regelmä-
ßige Zeit des Stattfindens, den gleichbleibenden Ort und die konstante Rollen-
verteilung (Student-Dozent) der Sprechstunde eine operationale Grenzziehung.
Eine weitere wichtige Konstante beschreibt Dorothee Meer, wenn sie folgert: »Im
Rahmen dieser Untersuchung zeigte sich, dass Sprechstunden in der Mehrzahl
der Fälle einem konstanten Ablaufschema folgen.« (Meer 2003: 3)

Das Ablaufschema beginnt mit der Start- oder Kontaktphase und geht dann
über zur Anliegensformulierung, bei der die Klarheit des Vortrags des Anliegens
für den weiteren Verlauf wichtig ist (vgl. ebd.: 4). An dieser Stelle, so die Vermutung, kann es eine Leistung des Notizzettels sein, zu dieser Klarheit beizutragen. Der Notizzettel kann also kommunikative Störungen in Beratungsgesprächen belegen und zu Anschlusskommunikation im Sinne von ›ertragrei-
cher‹ Kommunikation beitragen, die wiederum eine Rechtfertigung der
Sprechstunde darstellt und somit die Systemgrenzen stärkt. Die dann folgende
Anliegensbearbeitung ist, die vorherige These unterstützend, an die Anliegensformulierung wie folgt gekoppelt:

> »Gerade mit Blick auf ungenaue oder missverständliche Anliegensformulierungen der
> Studierenden fällt auf, dass Lehrende auf solche Ausführungen von Studierenden nur
> selten mit Nachfragen eingehen, die dazu geeignet wären, Unklarheiten zu beseitigen
> oder weitergehende Überlegungen der Studierenden deutlich werden zu lassen.«
> (Ebd.)

In der Schlussphase werden häufig Teilaspekte des ursprünglichen Anliegens
formuliert, wie zum Beispiel »›noch eine letzte Frage‹« (ebd.: 5), die durch die
Existenz eines Notizzettels wahrscheinlicher werden.

Aus dieser von Meer (2003) beobachteten Sprechstundenstruktur lässt sich
folgern, dass die Sprechstunde aufgrund der bereits erwähnten Bedingung der
Handlungsnormen, also die Weise der Interaktion von Student und Dozent, die
hier nur schemenhaft angedeutet wurden, als Kommunikationsbereich zu betrachten ist, aber auch, dass die Veränderung innerhalb des Kommunikationsbereichs zu beobachten ist. Nun ist es möglich, den Notizzettel in seinem
Kommunikationsbereich zu beschreiben, der gleichzeitig, wie schon erwähnt,
als ›soziales System‹ bezeichnet werden kann.

2   Leistungen des Notizzettels für die Kommunikation der Gesellschaft

Vorausgesetzt wird, dass, wenn man systemtheoretischen Ansätzen folgt, Systeme in Form von Operationen kommunizieren – an dieser Stelle soll der Notizzettel dann als Teil der Operation der Kommunikation der Hochschulsprechstunde verstanden werden.

Damit würden Textsorten zum autopoietischen Erhalt des Systems beitragen und somit für den Erhalt der Gesellschaft sorgen, die nicht als Ganzes sondern als komplexes Gebilde von Kommunikationen zu verstehen ist. Man könnte hier fragen: warum autopoietisch? Weil die Notizzettel aus einer Notwendigkeit heraus entstehen, die die Gegebenheiten des Systems mit sich bringen. Der Student will in der Sprechstunde das maximale an Informationen in einem endlichen Zeitraum erlangen. Der Notizzettel ist also als das Ergebnis der Ausdifferenzierung des sozialen Systems *Hochschulsprechstunde* aufzufassen und darüber hinaus in dessen Kommunikation zu verorten.

Wann ist nun die ausschließlich textexterne Herangehensweise, die den Notizzettel als eine Operation der Kommunikation versteht, plausibel? Doch nur dann, wenn man beweisen kann, dass der Notizzettel Wirkung auf die Struktur oder das Erscheinungsbild der Sprechstunde hat. Dies geschieht im Folgenden aspekthaft anhand von zwei Beispielen. Zuvor jedoch soll auf einige notwendige Spezifika von Textsorten eingegangen werden.

Notizzettel, wie Textsorten generell, sind schriftliche Einheiten, sie sind somit als Evolution von Sprache zu verstehen und enthalten spezifische Eigenschaften:

>»Durch Schrift wird Kommunikation aufbewahrbar, unabhängig von dem lebenden Gedächtnis von Interaktionsteilnehmern, ja sogar unabhängig von Interaktion überhaupt. Die Kommunikation kann auch Nichtanwesende erreichen [...]. Kommunikation wird, obwohl sie nach wie vor Handeln erfordert, in ihren sozialen Effekten vom Zeitpunkt ihres Erstauftretens, ihrer Formulierung abgelöst. Damit kann die Variationsfähigkeit beim Schriftgebrauch gesteigert werden, weil sie vom unmittelbaren Druck der Interaktion entlastet ist: Man formuliert für unabsehbare soziale Situationen, in denen man nicht anwesend zu sein braucht.« (Luhmann 1991: 127)

Mit »Nichtanwesender« kann im sozialen System *Hochschulsprechstunde* der Student in der Rolle des Rezipienten verstanden werden, die er nach der Sprechstunde beim Nutzen der Informationen, die er gesammelt hat, einnimmt.

Schrift als Ergebnis der Evolution von Sprache bricht also zeitliche Einschränkungen, die sich bei bloßer sprachlicher Interaktion ergäben. Schrift fügt sozialen Systemen die Möglichkeit hinzu, ihre Systemgrenzen durch die Generierung von Vor- und Nachzeitigkeit zu erweitern. Die wie auch immer geartete Verwendung von Schrift ist als Operation des Systems zu betrachten. Die

Hochschulsprechstunde kommuniziert mit Hilfe des schriftlichen Dokuments *Notizzettel* außerhalb ihrer institutionellen Grenzen aber innerhalb ihrer Kommunikation.

Luhmann gibt einen weiteren Hinweis auf die Ausweitung der Zeitlichkeit von Systemen durch Schrift: »Man legt sich auf Standpunkte und Meinungen, die man in der Interaktion möglicherweise nicht initiieren oder nicht durchhalten könnte, vorher schriftlich fest.« (Ebd.: 583) Dieses Zitat lässt sich zweifelsfrei an das folgende Beispiel (vgl. Abb. 1) anlegen, denn es enthält explizit diese Vorformulierung. »Man kann in den folgenden Interaktionen auf das Geschriebene verweisen, über das Geschriebene sprechen und daran Halt finden […].« (Ebd.)

Die Vor- und Nachzeitigkeit wird hier auch für Außenstehende sichtbar. Der Notizzettel enthält einen mit dem Computer, vor der Sprechstunde erstellten, und einen handschriftlichen, während der Sprechstunde entwickelten Teil. Offensichtlich wurden Fragen und Anmerkungen in Vorbereitung auf die Sprechstunde angefertigt, um mögliche Kontingenzen im Sprechstundengespräch zu vermeiden. Dies ist als die explizite Zuschreibung einer Funktion des Notizzettels zu verstehen. Damit wäre ein Teil der Kommunikation, die eben durch diese zeitliche Eigenheit als differenziert codiert zu betrachten ist, beschrieben. Die Grenzen des Systems festigen sich.

Verdeutlicht werden soll diese Konstellation durch die Schilderung von Alter und Ego. ›Alter‹ und ›Ego‹ sind in diesem Fall die »Kommunikationspartner«, sie sind weder als psychische Systeme noch als Personen unterschieden. Sie stellen gewissermaßen nur unterschiedliche abstrakte Vergleichspunkte für die Analyse interaktiver Situationen dar.

Kommunikation basiert auf dem Prinzip von Unterscheidung durch Beobachtung und ist höchst unwahrscheinlich (vgl. Luhmann 1991: 217). »Sie kommt zustande durch eine Synthese von drei verschiedenen Selektionen – nämlich Selektion einer *Information*, Selektion der *Mitteilung* dieser Information und selektivem *Verstehen oder Mißverstehen* dieser Mitteilung und ihrer Information.« (Ebd. 1995: 115) Diese Selektion ist jeweils kontingent, das heißt, es könnte immer auch anders kommen. Erst wenn ›Alter‹ und ›Ego‹ die drei Selektionen vollzogen haben, das heißt, Alter hat die Information und die Mitteilung von der Wahrnehmung getrennt, hat die Information von der Mitteilung getrennt und Ego hat dann die Information nach verstanden und nicht verstanden selektiert, hat Kommunikation zwischen Alter und Ego stattgefunden. Die Seite *Verstehen* der Differenz *Verstehen/ Nicht-Verstehen* realisiert nicht nur die einzelne Kommunikation, sie erzeugt auch die Anschlussfähigkeit einer Kommunikation für weitere Kommunikation.

Der Notizzettel ist, in Anlehnung an den Begriff *Notiz*, als Kenntnis, Nachricht, Aufzeichnung oder Vermerk zu verstehen, den man *einem anderen* übermittelt. In unserem Fall der Hochschulsprechstunde wäre der Andere »man

<u>Masterarbeit - Uniklinik ICM Reporting Database</u>

<u>Brainstorming</u>

- bei ICM eine große Echtzeit-DB (Oracle)
  - o bisher nur für Dokumentation genutzt
- Reporting-DB wird aus Echtzeit-DB erstellt (1x am Tag)
  - o eine große DB oder viele kleine DB aus Rep.-DB erstellen ?
  - o wie oft aktualisieren?
- Erstellen einer Applikation die eine
  - o dynamische Abfrage der Reporting-DB für Ärzte, Stationen und Studenten
    - **webbasiert** oder eventuell Client (Windows) ?
    - wenn webbasiert, welche bestehenden Serverstrukturen und Programmiersprache soll/kann genutzt werden (ASP, PHP) ?
    - Befragung der Ärzte nach Abfrageszenarien
    - Output <u>speicherbar</u>, druckbar und wie anzeigen ?
  - o statische Abfrage der Rep.-DB für wissenschaftliche Auswertungen
    - einfache Excel, Accesstabellen oder CSV-Ausgabe
    erlaubt

- Anfragen bei anderen Unikliniken die schon eine Applikation/Schnittstelle entwickelt haben; Vorteile und Nachteile untersuchen → das Beste raussuchen
- Zugriffsberechtigung auf Applikation ?

- Zweitprüfer ?
- wie oft treffen ?
- genaue Aufgabenstellung ?

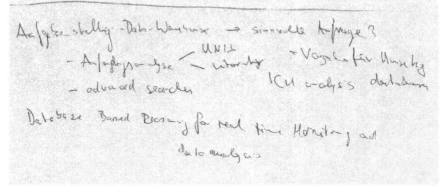

Abb. 1: Notizzettel 1 – zeitliche Ausdifferenzierung der Hochschulsprechstunde

selbst«. Aus systemtheoretischer Perspektive bedeutet das, dass der Notizzettel mit dem Menschen als Bestandteil sozialer Systeme eben in diesen verschiedenen Systemen anhand verschiedener Operationen und somit auch verschiedener Systemgrenzen kommuniziert. Der Mensch, in diesem Fall der Student, wäre Produzent *und* Rezipient des Notizzettels. Er, als psychisches und physisches

System, erlebt also die beiden Seiten der Kommunikation des Ego und Alter anhand des Notizzettels. Das wird besonders am zuvor aufgeführten Notizzettelbeispiel deutlich, denn der Student der diesen Notizzettel verfasst hat, war im Vorfeld der Sprechstunde Produzent, dann in der Sprechstunde Rezipient und wiederum Produzent um Rezipient der produzierten Textsorte zu sein.

Der Notizzettel, um einen weiteren möglichen Aspekt zu benennen, kann als Bindeglied zwischen Wissen und persönlichem Nutzen verstanden werden. Ein weiterer wichtiger Aspekt wird somit angesprochen, der für die gewählte Textsorte relevant ist: »Notizzettel [...] sind in erster Linie ›extracerebrale Gedächtnisse‹ für den zunächst nur persönlichen Gebrauch« (Kremer 2006: 34). Notizzettel stellen also eine Erweiterung oder Hilfe des Gedächtnisses dar. Des Weiteren sind sie für den persönlichen Gebrauch gedacht und bilden somit ein Paradox der Verbindung von Wissenschaft und persönlicher Kommunikation, indem wissenschaftliche Informationen für die persönliche Verwendung nutzbar gemacht werden. Die wissenschaftlichen oder studienorganisatorischen Informationen werden erst durch die Transformation ins Persönliche brauchbar. Hier produziert das soziale System autopoietisch den Notizzettel. Dieser hätte im Fall der Dozentensprechstunde an Hochschulen also die Funktion, Anschlussfähigkeit im Sinne von persönlicher Nutzbarkeit zu erzeugen, also die Rolle einer Kommunikation hin zur Anschlusskommunikation. Der Notizzettel hat dann die Funktion der losen strukturellen Kopplung zwischen dem psychischen System und dem Funktionssystem *Wissenschaft* bzw. dem Organisationssystem *Universität*. Als Beispiele dienen die folgenden Exemplare (vgl. Abb. 2 und 3), über die in Ansätzen verdeutlicht werden soll, dass die Notizzettel aufgrund unterschiedlichster Faktoren (wie zum Beispiel Fach, Anliegen, d. h. Hausarbeit oder Prüfung, oder die Semesterzahl des Studenten), in den verschiedensten Punkten variieren, also eine hohe Differenzierung aufweisen. Sie weisen grundsätzliche Differenzierungen auf, sind jedoch als einheitlich zu verorten. Die Einheitlichkeit der Differenzen wiederum stärkt den Ansatz des autopoietischen Systems der Hochschulsprechstunde, die wiederum als Subsystem des Organisationssystems *Universität* zu begreifen ist.

3   Fazit

Was kann nun aus der gewonnenen Erkenntnis, dass die Textsorte *Notizzettel* als Teil der Operation des sozialen Systems *Hochschulsprechstunde* betrachtet werden kann, für die Textlinguistik gewonnen werden? Ausgehend von Beschreibungsmerkmalen, die auf einer textinternen oder textexternen Basis fußen können, kann diese Unterscheidung an dieser Stelle aufgelöst werden. Dann würde die Unterscheidung zur Beschreibung von Textsorten tiefenscharf

Abb. 2: Notizzettel 2 – Transformation wissenschaftlicher in persönlich brauchbare Information

innerhalb der textexternen Beschreibungsebene ansetzen. Dabei wird dann unterschieden in die ›Kerntextsorte‹, die als für soziale Systeme konstitutiv beschrieben wird, die ›Textsorte der konventionalisierten, institutionell geregelten Anschlusskommunikation‹, die die Reaktion des Systems auf sein Kommunikationsangebot darstellt und die ›Textsorte der strukturellen Kopplung‹,

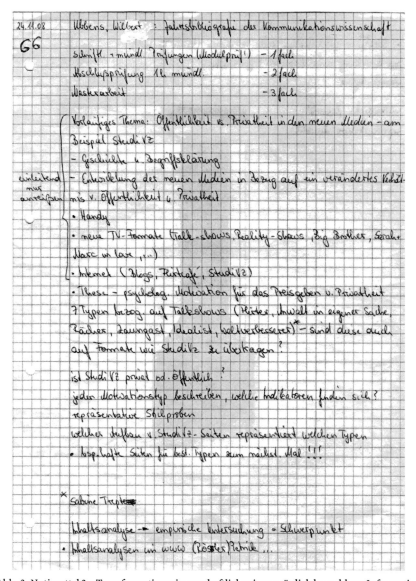

Abb. 3: Notizzettel 3 – Transformation wissenschaftlicher in persönlich brauchbare Information

die die Kommunikation zu anderen Systemen lose oder fest sichert (vgl. Gansel/
Jürgens 2009: 78).

Der Notizzettel ist Kerntextsorte im Sinne der spezifischen Vorbereitung von
Studierenden auf die Sprechstunde. Er wird für die Sprechstunde hergestellt,
dort bearbeitet, er steuert die Sprechstunde und sorgt somit für Anschlusskommunikation für den letzten ›Alter‹. Er ist Textsorte der strukturellen

Kopplung, da er zu einer guten Reflexivität im psychischen System führt, und kann die systeminterne Autopoiesis vorantreiben. Dies führt zu guten Kopplungsmöglichkeiten des Studenten als psychisches System an der Universität, er schreibt dann gute Hausarbeiten und legt tolle Prüfungen ab. Die Erkenntnis zur Untersuchung von Notizzetteln ist es also, dass eine Textsorte die jeweils angesprochenen drei Leistungen in sich vereinen kann.

Im Sinne der vertretenen These, dass der Notizzettel einen Teil der Operation des Systems *Hochschulsprechstunde* darstellt, wird die obige Differenzierung zu einer Synthese umgestaltet. Notizzettel sind also als Kerntextsorte, Textsorte der konventionalisierten, institutionell geregelten Anschlusskommunikation und Textsorte der strukturellen Kopplung der Hochschulsprechstunde zu verstehen, alle drei Textsorten sind als Operation des Systems aufzufassen.

Da vom Einzelfall des Notizzettels nicht auf die Gesamtheit der Textsorten geschlossen werden kann, ist eine Verallgemeinerung dieser Folgerung nicht möglich. Für den Notizzettel und das dazugehörige soziale System der Hochschulsprechstunde wird diese Erkenntnis als plausibel angesehen. Diese These, die sich als abschließende Möglichkeit für Anschlusskommunikation versteht, bildet den Abschluss der Analyse. Textsorten sind nicht nur in sozialen Systemen zu verorten, sie sind Teil ihrer Operation.

Literatur

BERENS, FRANZ JOSEF (1979): Aufforderungshandlungen und ihre Versprachlichung in Beratungsgesprächen. Vorschläge zur Untersuchung. In: Rosengren, Inger: Sprache und Pragmatik. Lunder Symposium 1978. CWK Gleercup: Lund.

CHRISTOPH, CATHRIN (2009): Textsorte Pressemitteilung. Zwischen Wirtschaft und Journalismus. Konstanz: UVK Verlagsgesellschaft mbH.

FURTHMANN, KATJA (2008): Zwischen Tageshoroskop und Astro-Show. Textsorten und Textsortenvarianten an der Schnittstelle von Astrologie und Massenmedien. In: Gansel, Christina (Hg.) (2008): Textsorten und Systemtheorie. Göttingen: V&R unipress, S. 97–117.

GANSEL, CHRISTINA (Hg.) (2008): Textsorten und Systemtheorie. Göttingen: V&R unipress.

GANSEL, CHRISTINA/JÜRGENS, FRANK (2009): Textlinguistik und Textgrammatik. Eine Einführung. 3., unveränderte Auflage. Göttingen: Vandenhoeck & Ruprecht.

KREMER, BRUNO P. (2006): Vom Referat bis zur Examensarbeit. 2., vollständig überarbeitete Auflage. Berlin Heidelberg: Springer.

KRYCKI, PIOTR (2009): Die Textsorten Wettervorhersage im Kommunikationsbereich Wissenschaft und Wetterbericht im Kommunikationsbereich Massenmedien – eine textlinguistische, systemtheoretische und funktionalstilistische Textsortenbeschreibung. Diss. Greifswald, Online-Publikation.

LUHMANN, NIKLAS (1991): Soziale Systeme. Grundriss einer allgemeinen Theorie. 4. Auflage. Frankfurt am Main: Suhrkamp.

LUHMANN, NIKLAS (1992): Die Wissenschaft der Gesellschaft. Frankfurt am Main: Suhrkamp.

LUHMANN, NIKLAS (1995): Soziologische Aufklärung 6. Die Soziologie und der Mensch. Opladen: Westdeutscher Verlag.

MEER, DOROTHEE (2003): Sprechstundengespräche an der Hochschule: »dann jetzt Schluss mit der Sprechstundenrallye«. Hohengehren: Schneider Verlag.

ROST-ROTH, MARTINA: Kommunikative Störungen in Beratungsgesprächen. In: Fiehler, Reinhard (Hg.) (2002): Verständigungsprobleme und gestörte Kommunikation. Radolfzell: Verlag für Gesprächsforschung, S. 216–244.

Christina Gansel

Von der systemtheoretisch orientierten Textsortenlinguistik zur linguistischen Diskursanalyse nach Foucault

>»Die Diskurse müssen als diskontinuierliche Praktiken
> behandelt werden, die sich überschneiden und manchmal
> berühren, die einander aber auch ignorieren oder
> ausschließen.« (Foucault 1996: 34)

>»Psychische und soziale Systeme bilden ihre Operationen als
> beobachtende Operationen aus, die es ermöglichen, das System
> selbst von seiner Umwelt zu unterscheiden – und dies obwohl
> (und wir müssen hinzufügen: *weil*) die Operation nur im
> System stattfinden kann. Sie unterscheiden, anders gesagt,
> Selbstreferenz und Fremdreferenz.« (Luhmann 1998: 45)

Eine Reihe systemtheoretisch orientierter textlinguistischer Untersuchungen haben produktive Synergien zwischen Textsortenlinguistik und Systemtheorie augenscheinlich gemacht. Der Beitrag geht nun der Frage nach, inwiefern eine systemtheoretische Textsortenlinguistik Anschlussmöglichkeiten an eine linguistische Diskursanalyse nach Foucault eröffnet. Ausgehend vom Wissenschaftssystem der Moderne und vom wissenschaftlichen Diskurs soll auf Parallelen in den Ansätzen Luhmanns und Foucaults aufmerksam gemacht werden, welche für derartige Anschlussmöglichkeiten interessant erscheinen. Zu diesem Zweck geraten Spezial- und Interdiskurse in den Blick, die anhand von drei Analysebeispielen der linguistischen Diskursanalyse illustriert werden sollen.

1 Einführung
2 Aspekte des Wissenschaftssystems der Moderne
3 Parallelen von Foucault und Luhmann und soziologische Konzepte in der Linguistik
4 Zum Verhältnis von Spezialdiskurs und Interdiskurs
5 Fazit und Ausblick

1   Einführung

Die vorangegangenen Beiträge haben einsichtig gemacht, wie die Systemtheorie in die Methodik textsortenlinguistischer und textstilistischer Untersuchungen implementiert werden kann und dies mit Erkenntnisfortschritt verbunden ist.

Produktive Synergien von Systemtheorie und Textsortenlinguistik werden offensichtlich, wenn Antworten auf Fragen nach theoretischer Fundierung der
Dimension der Situativität oder nach der Unterscheidung von Textfunktion und
kommunikativer Funktion gesucht werden. Das Erfassen der Systemrationalität
des jeweiligen untersuchten funktional ausdifferenzierten sozialen Systems und
der sich daraus ergebenden Sinnverarbeitungsregeln erscheint mit der Ableitung von Funktionalstilen kompatibel. Das Bestreben, einen Kernbereich der
Textlinguistik, die Textsortenlinguistik, durch eine systemtheoretische Fundierung zu stärken und Textsorten als Strukturen der Kommunikation sozialer
Systeme zu erschließen, wie es in den Beiträgen von Möller-Kiero, Werner, Kroll
und Buchholz in diesem Band explizit erfolgt, ist noch recht jung. Gleichwohl
kann eine theoretische Fundierung und theoretisch gestützte Erfassung von
Kommunikationsbereichen als relevantes Erkenntnisinteresse der Textlinguistik
gelten.

Im Zustand einer eher stagnierenden Textsortenlinguistik hat sich aus der
Textlinguistik heraus die noch junge aber dennoch etablierte linguistische
Diskursanalyse nach Foucault (vgl. Warnke/Spitzmüller 2008a) herausgebildet,
die weit über das Erkenntnisinteresse an einzelnen Textsorten hinausgeht, um
sich einer durch ein Thema zusammengehaltenen Menge von Texten zu widmen.
Wie aus der Benennung der Disziplin der linguistischen Diskursanalyse her-
vorgeht, bezieht sie sich ausdrücklich auf den Philosophen Michele Foucault. So
haben sich aus unterschiedlichem Erkenntnisinteresse heraus, aber auch aus der
Notwendigkeit zur theoretischen Fundierung, textlinguistische Richtungen mit
interdisziplinärem Bezug gebildet. Dieser Erfordernis Rechnung tragend erfolgt
die Orientierung an philosophischen und soziologischen Theorien – Diskurstheorie und Systemtheorie. Dass beide Theorien in Verbindung zueinander
gesehen werden können, natürlich Unterschiede bestehen, aber auch Gemeinsamkeiten, wird indes nicht ignoriert (vgl. Link 2003; Reinhardt-Becker 2008).
Die Einbindung von Kommunikationsbereichen und Textsorten spielt in der
linguistischen Diskursanalyse, die in dieser Hinsicht Bezug auf die kommuni-
kativ-pragmatische Textlinguistik nimmt, gleichfalls eine entscheidende Rolle.
Eine systemtheoretisch orientierte Textsortenlinguistik konzeptualisiert Kommunikationsbereiche als soziale Systeme mit den entsprechenden systemtheoretischen Implikaturen und Kategorien, mit denen Textsorten in Kommunikationsbereiche als Strukturen der Kommunikation und als Operationen sozialer
Systeme eingeordnet werden. Deshalb soll im Folgenden gefragt werden, ob
ebenso und inwiefern systemtheoretische Ansätze in der Textsortenlinguistik
mit der linguistischen Diskursanalyse kompatibel erscheinen und auch hier
fruchtbringende Synergien möglich sind.

2   Aspekte des Wissenschaftssystems der Moderne

Auf Parallelen zwischen den Denkleistungen von Foucault und Luhmann soll zunächst im Hinblick auf das System der Wissenschaft bzw. den wissenschaftlichen Diskurs aufmerksam gemacht werden. Stichweh (u. a. 1996), der sich aus systemtheoretischer Perspektive in mehreren Publikationen mit dem Wissenschaftssystem der modernen Gesellschaft auseinandergesetzt hat, gelangt zu den folgenden Erkenntnissen in Bezug auf die Herausbildung des Systems *Wissenschaft:* In Anwendung der Mechanismen der Evolution »Variation, Selektion, Stabilisierung«[1] sieht er entscheidende Schritte für die Ausdifferenzierung des modernen Wissenschaftssystems an der Wende des 18. zum 19. Jahrhundert. Die Herausbildung des Wissenschaftssystems wird »begleitet von neu formulierten und effektiv institutionalisierten Variations- und Selektionsmechanismen« (Stichweh 1996: 77). Dazu gehören die Folgenden:

Zum einen wird der *Drang nach Neuheit* (Variation) zur Normalität. Zum anderen ist der »*wissenschaftliche(r) Aufsatz*« (Selektion) als eine »kurze, thematisch scharf fokussierte wissenschaftliche Kommunikation« (Stichweh 1996: 77) eine wichtige Erfindung im Prozess der Herausbildung des Wissenschaftssystems im frühen 19. Jahrhundert. In ihm erfährt bekanntes Wissen im *Akt der Reproduktion Variation*, »die eine Neuheit kommuniziert und vom mitkommunizierten Kontext des Wissens her diese Neuheit als Neuheit erkennbar werden lässt« (ebd.). In der wissenschaftlichen Kommunikation richtet sich also die normative Erwartung auf Neues. So wird die »Abweichung im Akt der Reproduktion zur Normalerwartung in der Wissenschaft« (ebd.) und in der wissenschaftlichen Publikation. Als weiteren internen Selektor nennt Stichweh die »Durchsetzung von Problemorientierung« in je unterschiedlichen »disziplinären Milieus« (1996: 78). Mit der Stabilisierung wissenschaftlicher Disziplinen setzt ein weiterer Variationsmechanismus ein, die Interdisziplinarität.

> »Interdisziplinarität erlaubt einen neuen Typus von Variation in der Wissenschaft, den man analog zum Mechanismus genetischer Rekombination verstehen kann. Es ist, wenn Stabilisierung über disziplinäre Milieus einmal institutionalisiert ist, jetzt immer auch möglich, das Wissen aus verschiedenen Disziplinen und Subdisziplinen in einer Weise zu kombinieren, die dann radikale Innovation ermöglicht.« (Ebd.: 85)

---

1 Variation und Selektion bezeichnet Luhmann als Ereignisse der Evolution. »Variation besteht in einer abweichenden Reproduktion der Elemente durch die Elemente des Systems [...] in unerwarteter, überraschender Kommunikation« [...]. »Selektion betrifft die Strukturen des Systems, hier also Kommunikation steuernde Erwartungen. Sie wählt anhand abweichender Kommunikation solche Sinnbezüge aus, die Strukturaufbauwert versprechen, die sich für wiederholte Verwendung eignen« (Luhmann 1998: 454). Nach erfolgter Selektion restabilisiert sich der Zustand der evolierenden Systeme.

Dies lässt sich exemplarisch in der Weise nachzeichnen, wie philosophische und soziologische Ansätze in die Linguistik mit Erkenntniszuwachs implementiert werden.

Mit der Wissenschaft ist ein wichtiges Funktionssystem der modernen Gesellschaft angesprochen, das bei Foucault als wissenschaftlicher Diskurs thematisiert wird.

Der wissenschaftliche Diskurs ist ein zentraler Gegenstand in Foucaults *Archäologie des Wissens* (1981) und in der *Ordnung der Diskurse* (1996). Foucault zeichnet die Herausbildung des Wissenschaftssystems der Gesellschaft in seiner Genealogie als wissenschaftlichen »»Spezialdiskurs««« (Link 2003: 58) nach. Luhmann und Foucault analysieren also unabhängig voneinander mit unterschiedlichem wissenschaftlichen Instrumentarium das funktional ausdifferenzierte soziale System *Wissenschaft* bzw. den wissenschaftlichen Diskurs. Sie beziehen sich auf ein und denselben gesellschaftlichen Bereich. Von daher kann die Frage nach der Verknüpfbarkeit der beiden theoretischen Ansätze durchaus gestellt werden.

Foucault spricht von Texten mit Bezug auf deren Zugehörigkeit zu einem bestimmten kommunikativen Bereich (Textklasse/Texte) bzw. zu funktional ausdifferenzierten Systemen, wenn man die Terminologie Luhmanns verwenden möchte. *Spezialdiskurse* nun können durchaus in der Nähe der funktional ausdifferenzierten Systeme der Gesellschaft gesehen werden, dennoch ist der Begriff *Diskurs* nicht mit dem Begriff *System* gleichzusetzen. Die Benennung der Bereiche findet sich bei Foucault in adjektivischen Attributen: religiöse Texte, juristische Texte, literarische Texte, wissenschaftliche Texte (vgl. Foucault 1996: 18). In der *Archäologie des Wissens* (1981) entwickelt er seine Gedanken an den Bereichen Medizin, Grammatik oder Ökonomie, d. h. also an Subsystemen des Wissenschaftssystems, aber auch des Wirtschaftssystems.

Sein Ausschließungssystem *Wahrheit* verbindet Foucault mit den »großen Gründungsakten der Wissenschaften« (1996: 39) im 19. Jahrhundert. Der Diskurs in den Wissenschaften ist durchdrungen vom Ringen nach Neuem, Altes wird verworfen, es entstehen heterogene Denkformen und Textsorten, die in der *Archäologie des Wissens* (1981) immer wieder aufgeführt werden.

Die Relation *Alt–Neu* findet sich gleichfalls im Abschnitt über »die Formation der Begriffe«, indem am Beispiel der Naturgeschichte die Äußerungsfelder differenziert werden, in denen Begriffe »auftauchen und zirkulieren« (Foucault 1981: 83). Neben der »Konfiguration des Äußerungsfeldes« (Regeln zur Anordnung von Aussagen, Abhängigkeits-, Ordnungs-, Abfolgeschemata, rekurrierende Elemente als Begriffe) nennt Foucault »Formen der Koexistenz« (ebd.: 85) – das »Feld der Präsenz«, das »Feld der Begleitumstände«, das »Erinnerungsfeld« (ebd.: 85 f.). Im Feld der Präsenz erscheinen Aussagen, »die in einem Diskurs als anerkannte Wahrheiten, als exakte Beschreibung, als begründete

Überlegung oder notwendige Annahme wiederaufgenommen werden« (ebd.: 85). Dafür bilden sich, so Foucault, spezialisierte Aussagetypen heraus wie »Referenzen, kritische Diskussionen« (ebd.). Vom Feld der Präsenz unterscheidet sich das Feld der Begleitumstände[2], das Foucault in seiner Unterschiedlichkeit anhand der Epochen der Naturgeschichte demonstriert. Für die Epoche der Renaissance zieht er Aldrovandi (1522 – 1605, Botaniker, Zoologe, Erdkundler) heran, der »in ein und dem selben Text all das aufnahm, was über Monstren gesehen, beobachtet, erzählt, tausendmal mündlich weitergegeben und sogar von Dichtern erfunden sein konnte« (ebd.). Derartige Formen, Auswahlkriterien, Ausschlussprinzipien unterscheiden sich von denen von Linnés (1707 – 1787) und Leclerc de Buffons (1727 – 1775) in der klassischen Epoche. Das Feld der Begleitumstände der klassischen Epoche der Naturforschung definiert sich durch Beziehungen zur Kosmologie, Philosophie, Erdgeschichte, zur Theologie usw., deren Modelle auf andere Inhalte übertragbar erscheinen oder »als analoge Bestätigung dienen« (Foucault 1981: 86), und unterscheidet sich zum Diskurs der Naturforscher des 16. Jahrhunderts oder der Biologie des 19. Jahrhunderts. Schließlich umfasst das Erinnerungsfeld nicht mehr zugelassene, nicht mehr diskutierte Aussagen, Aussagen, die »kein Korpus von Wahrheiten oder ein Gültigkeitsgebiet definieren« (ebd.). Das spezifizierte Erinnerungsfeld der Biologie des 19. Jahrhunderts unterscheidet sich von dem der Renaissance, das wiederum kaum Unterschiede zum Feld der Präsenz dieser Epoche aufweist.

Foucault geht es in den hier referierten Passagen um die Episteme, Wissen und Wissenschaft, Ausdifferenzierung wissenschaftlicher Disziplinen, um die in ihnen entstehenden, gebrauchten und verworfenen Begriffe – also um die sich entwickelnden wissenschaftlichen Subsysteme. Es geht ihm in seiner Genealogie der Diskurse also darum, »Gegenstandsbereiche zu konstituieren, hinsichtlich deren wahre oder falsche Sätze behauptet oder verneint werden können« (Foucault 1996: 44). Allerdings hat Foucault derartige Bedingungen nicht nur für den Wissenschaftsdiskurs formuliert, sondern auch für »Interdiskurse«, um in der Terminologie Links (2003: 58) zu bleiben. Mit Bezug auf den Sexualitätsdiskurs formuliert Foucault:

> »Ich sprach eben von einer möglichen Untersuchung der Verbote, welche den Diskurs über die Sexualität treffen. Es wäre in jedem Fall schwierig und abstrakt, diese Untersuchung durchzuführen, ohne gleichzeitig den literarischen, die religiösen oder ethischen, die biologischen und medizinischen und gleichfalls die juristischen Diskursgruppen zu analysieren, in denen von der Sexualität die Rede ist und in denen diese genannt, beschrieben, metaphorisiert, erklärt, beurteilt ist.« (1996: 42)

---

2 Mit den Begleitumständen ist keinesfalls Interdisziplinarität gemeint.

Foucault selbst weist darauf hin, dass es *Spezialdiskurse* (»Diskursgruppen«
(ebd.)) gibt und ihre Vernetzung zu berücksichtigen ist, wenn der entsprechende
Diskurs in der Gesellschaft, z. B. der über Sexualität, untersucht werden soll.
Zugleich kommt eine Analyse des Sexualitätsdiskurses nicht ohne die Erfassung
der spezifischen Prinzipien der Bearbeitung eines Themas in einer Diskurs-
gruppe aus. *Spezialdiskurse* und *Interdiskurse* sollten also in einer Diskursanalyse gemeinsam und in ihrer Interaktion erfasst werden.
Nun könnte daraus abgeleitet werden, dass die Spezifik von *Spezialdiskursen* in
Diskursanalysen nicht zu vernachlässigen sei. Die Spezifik eines *Spezialdiskurses* (im Sinne des grundsätzlichen rechtlichen, wissenschaftlichen oder literarischen Diskurses) kann durch die Sinnverarbeitungsregeln determiniert
sein, die durch die Systemrationalität eines funktional ausdifferenzierten Systems vorgegeben sind. Diese können mit Luhmann erschlossen werden. Der
Spezialdiskurs des Rechts über Sexualität ist nicht mit dem sozialen System
Recht gleichzusetzen. Dennoch wird das System *Recht* das Thema *Sexualität*
nach eigenen Prinzipien behandeln und entsprechende Aussagen in adäquate
(sprachliche) Formen bringen.

3   Parallelen von Foucault und Luhmann und soziologische Konzepte in der Linguistik

Mit Bezug auf das System *Wissenschaft* im Speziellen und die Analyse moderner
Gesellschaften im Allgemeinen lassen sich durchaus Parallelen[3] zwischen den
Konzepten Foucaults und systemtheoretischen Ansätzen Luhmanns ausmachen.
In Luhmanns Gesellschafts- und Kommunikationstheorie spielen Systeme eine
zentrale Rolle und diese operieren auf unterschiedliche Weise. Biologische
Systeme leben, psychische Systeme nehmen wahr, fühlen und denken, sozialen
Systemen ist die Operation der Kommunikation eigen. Soziale Systeme (Inter-

---

3 Unter dem Aspekt der Überschneidungen und Differenzen von Diskurstheorie und Systemtheorie geht beispielsweise im Foucaulthandbuch Reinhardt-Becker (2008: 217) auf Folgendes
   ein: Die Systemtheorie »spricht nicht dem Ehediskurs eine bestimmte Logik zu, sondern sieht
   das Thema ›Ehe‹ nach Maßgabe der je eigenen Systemlogik in jedem Funktionssystem anders
   behandelt. Wollte man das Potential der Systemtheorie im Vergleich zur Diskurstheorie positiv hervorheben, könnte man sagen, dass die Diskurstheorie zwar Diskurse beschreibt, aber
   keine Mittel hat zu klären, wie genau verschiedene Diskurse aufeinander wirken, wie die
   verschiedenen gesellschaftlichen Bereiche – auf einer Prozessebene – miteinander inter-
   agieren. Kann die Diskurstheorie eine Aussage darüber machen, warum der medizinische,
   juristische, psychologische, biologische Diskurs über Sexualität spezielle Auswirkungen
   (nicht nur die Intensität betreffend) auf die sexuelle Praxis haben? Die Systemtheorie kann
   dies, denn sie hat das Analyseinstrumentarium, indem sie von Beobachtung, Resonanz und
   Leistung spricht.«

aktionssysteme, Organisationssysteme, funktional ausdifferenzierte Systeme der Gesellschaft, Gesellschaft) entstehen durch Kommunikation. Zu den funktional ausdifferenzierten Teilsystemen der Gesellschaft, auf die in diesem Beitrag Bezug genommen wird, gehören Politik, Wirtschaft, Wissenschaft, Religion, Erziehung, Massenmedien oder das Recht und die Kunst, die Luhmann in seinem umfangreichen Werk beobachtet und einsichtig beschrieben hat. Wenn man so will, hat Luhmann wissenschaftliche, rechtliche oder wirtschaftliche *Spezialdiskurse* beobachtet, nicht jedoch *Interdiskurse*[4]. Letztlich hat die Systemtheorie zur Beschreibung der Rationalität von funktional ausdifferenzierten Teilsystemen der Gesellschaft ein Set von Kategorien bereitgestellt. Die mit diesen Kategorien erfassbare Systemrationalität wird in jeder Kommunikation des entsprechenden Systems mitgeführt. Sie beeinflusst die Art und Weise, wie in der Kommunikation der sozialen Systeme Sinn konstituiert wird. Für die jeweilige Kommunikation ist nicht entscheidend, wo und von wem oder vor wem die Kommunikation betrieben wird. Die beteiligten Subjekte[5] sind nicht entscheidend. Entscheidend ist es, »nach welchen Sinnverarbeitungsregeln kommuniziert wird« (Becker/Reinhardt-Becker 2001: 51). In der Systemtheorie wird die Systemrationalität funktional ausdifferenzierter Teilsysteme der Gesellschaft in den Kategorien *Funktion, Leistung, Medium, Code* und *Programm* beschrieben. Die Funktion eines Systems besteht darin, für ein spezifisches Problem »funktional äquivalente Problemlösungen« (Krause 2005: 151) anzubieten. Die Funktion der Wissenschaft ist es, neues wahres Wissen zu erzeugen. Der Aspekt *Leistung* sagt etwas über die Beziehungen von Systemen aus. Systeme stellen für andere Systeme Leistungen zur Verfügung. So stellt das System *Wissenschaft* Systemen in seiner Umwelt (z. B. den Medien) Wissen zur populären Verbreitung zur Verfügung. Das Medium in der Systemrationalität meint ein symbolisch generalisiertes Medium, ein Erfolgsmedium. Es konditioniert die Motivationen und Selektionen unbestimmter Kommunikationen. Für die Wissenschaft wird das Erfolgsmedium *Wahrheit* angenommen. Auf Wahrheit ausgerichtete Kommunikation verspricht im System *Wissenschaft* Erfolg. Der Code bildet die binäre Leitdifferenz des Systems *wahr/falsch*, die sich aus dem Medium ergibt. Programme sind die flexibelsten Bereiche funktional ausdifferenzierter Systeme. Sie versorgen das System mit zulässigen Regeln des Kommunizierens (vgl. Krause 2005). Als Programme der Wissenschaft werden Theorien und Methoden flexibel gehandhabt. Vor dem Hintergrund anderer Theorien und Methoden kann zu gänzlich neuen Erkenntnissen (Wahrheiten)

---

4 Stattdessen hat Luhmann jedoch die Autopoiesis (Selbstbeobachtung, Selbstreflexivität) in Bezug auf psychische und soziale Systeme stark fokussiert und Beziehungen zwischen Systemen mit der Figur der strukturellen Kopplung beobachtet.
5 Dass psychische Systeme immer auch anders formulieren können und deshalb ihre Äußerungen für eine Analyse interessant erscheinen, steht hier nicht im Fokus des Beitrags.

gelangt werden. Man vergleiche nur den Erkenntnisgewinn korpusbasierter linguistischer Forschungen.[6]

Für das System *Wissenschaft* ergibt sich folgendes Bild:

Tab. 1: Rationalität des Wissenschaftssystems (vgl. Krause 2005: 50)

Funktion (systemintern, Systemerhalt)	Leistung (für Systeme in der Umwelt)	Medium (symbolisch generalisiertes Medium, das Kommunikation motiviert)	Code (Leitdifferenz, binär)	Programm (zulässige Regeln des Kommunizierens)
Erzeugung neuen Wissens	Bereitstellung neuen Wissens	Wahrheit	wahr/ unwahr	Theorien und Methoden

Die Systemtheorie gilt als eine dynamische Theorie. Da sozialen Systemen die Operation der Kommunikation zugesprochen wird, müssen sie durch Kommunikation immer wieder neu entstehen. Funktion, Leistung, Medium, Code stellen dabei eher feste Größen dar, Flexibilität liegt im Programm, von dorther wird aktualisiert, was wahr und nicht wahr ist, also immer mit Bezug auf Theorien und Methoden.

Aus der Genealogie von *Spezialdiskursen* (Foucault) und der Beobachtung funktional ausdifferenzierter sozialer Systeme (Luhmann), wie am Beispiel Wissenschaft gezeigt, kann nun zumindest das Ausschlussprinzip *Wahrheit* bei Foucault und das Erfolgsmedium *Wahrheit* bei Luhmann als Gemeinsamkeit herausgestellt werden. Bei Luhmann bleibt das Erfolgsmedium *Wahrheit* auf die Wissenschaft begrenzt. Mit Bezug auf Foucault wird das Ausschlussprinzip *Wahrheit* auch für andere Diskurse in Anspruch genommen, in dem Sinne, dass jeder Diskurs seine Prinzipien für die Geltung dessen, was im Diskurs *wahr* ist, selbst festlegt.

Beide Konzepte nun, die Diskurstheorie nach Foucault und die Systemtheorie Luhmanns, reihen sich in Ansätze ein, die der Funktionalität und Struktur moderner Gesellschaften sowie dem Zusammenhang von Sprache und Gesellschaft auf die Spur kommen wollen. Es wären zu nennen: Die Funktionalstilistik der Prager und der Russischen Schule als soziologisch begründetes Konzept (Riesel/Schendels 1975); Ethnomethodologische und interpretative Soziologie mit dem Konzept der Kontextualisierung und Stil als sozialem Sinn; Domänen, wie sie in der Sprachsoziologie bestimmt wurden; Foucaults Diskurstheorie; Luhmanns Gesellschafts- und Kommunikationstheorie und die Theorie sozialer

---

6 Zu weiteren Kategorien wie Zurechnungsform, Kontingenzformel, Institutioneller Kern, Symbiotischer Mechanismus vgl. Krause (2005: 51).

Systeme. Schließlich greift Eroms (2008) in seiner Einführung zu *Stil und Stilistik* auf die Funktionalstilistik der Prager und der Russischen Schule zurück und stellt das Normative von Stil in Bezug auf gesellschaftliche Bereiche der Kommunikation heraus.

Die Zusammenhänge zwischen den Konzepten erweisen sich als offensichtlich. Erkenntnisse der Soziologie versprechen demzufolge produktive Ansätze für die Linguistik, wenn sie sich mit Zusammenhängen von Sprache und Gesellschaft befasst. Wie die linguistische Diskursanalyse nach Foucault *Spezialdiskursen* gerecht wird und zu *Interdiskursen* zusammenführen kann, soll im Folgenden an einigen Beispielen von linguistischen Diskursanalysen aufgegriffen und reflektiert werden.

4   Zum Verhältnis von Spezialdiskurs und Interdiskurs

Für Reflexionen zum Verhältnis von *Spezialdiskurs* und *Interdiskurs* soll als erste Beispielanalyse Wengeler (2008) zugrundegelegt werden. Er expliziert die diskursanalytischen Verfahren der Düsseldorfer Schule an zwei Beispieltexten zum Immigrationsdiskurs (als Interdiskurs) der 1970er- und 1980er-Jahre (Bericht aus der *FAZ*, Kommentar aus *Die Presse*). Im Wesentlichen wird die Textsorte der Zeitungstexte – also Bericht und Kommentar – vernachlässigt. Dass in dem Bericht keine für den Diskurs relevanten Metaphern vorkommen, scheint – ich zitiere Wengeler – »wohl auf die Textsorte, den sachlichen Bericht in einem seriös geltenden ›Elitemedium‹, zurückzuführen (zu sein) sowie auf das Thema des Berichts und die offenbar recht neutrale Position des Autors zur berichteten Fragestellung« (2008: 218). Es werden für derartige Berichte andere Ergebnisse erwartet als in der Boulevardpresse. Damit werden nun Aspekte eines *Spezialdiskurses* angesprochen, nämlich Textgestaltungsregularitäten der Massenmedien oder eines Massenmediums. Der Bericht als eine Kerntextsorte innerhalb der journalistischen Textsorten ist durch die Merkmale Sachlichkeit und Objektivität gekennzeichnet, er soll wahrheitsgemäß, sachbetont informieren. Darstellungen in Berichten sind auf die Beantwortung von W-Fragen (Was ist geschehen? Wer ist beteiligt? Wo und wann ist etwas passiert? Wie ist es passiert? Ergänzen ließen sich die Fragen wie: Warum ist etwas passiert? Welche Folgen ergeben sich daraus?) zu einem Sachverhalt gerichtet. Eigene Meinungen und Bewertungen des Schreibenden treten in den Hintergrund und werden mit Fremdbewertungen so in Korrelation gesetzt, dass ein ausgewogenes Verhältnis im Sinne der Nicht-Dominanz von Wertungen in informierenden Darstellungen entsteht. Da Metaphern Bewertungen implizieren können, erscheint ihr Vorkommen von den journalistischen Gestaltungsprinzipien her in Berichten eher unangemessen.

Dennoch ist der von Wengeler (2008: 211 f.) ausgewählte Bericht ausgesprochen interessant, beobachtet er doch in einer Beobachtung zweiter Ordnung
unterschiedliche Positionen von Vertretern aus Politik, Wirtschaft, Kirche und
Recht zur Immigration, die während einer Tagung geäußert wurden. Das heißt,
es ist mit Aussagen zu rechnen, die durch die Zugehörigkeit zu einem sozialen
System präformiert erscheinen. Wengeler entwickelt Argumentationstopoi für
den Text insgesamt und geht damit interdiskursiv vor. Aus systemtheoretischer
Perspektive wäre nun relevant, die von Wengeler ermittelten Argumentationstopoi auf die Vertreter der funktional ausdifferenzierten Systeme zu verteilen
und diese in Korrelation zur Rationalität der je vertretenen Systeme zu stellen.
Zu berücksichtigen wäre sodann, dass die Äußerungen der Systemvertreter
durch journalistische Gestaltungsprinzipien überformt werden (z. B. durch die
Textsorte oder den Aspekt der Verständlichkeit).

Tab. 2: Rationalität des Systems *Religion* (vgl. Krause 2005: 50)

	Funktion	Leistung	Medium	Code	Programm
Religion	Kontingenz-ausschal-tung	Diakonie, Seelsorge	Glaube, Gott-Seele-Differenz	Immanenz/Transzen-denz	Offenba-rung, Heilige Schrift, Dogmatik

Für den in Rede stehenden Zusammenhang sei Wengelers Ausführung zum
System *Religion* (Kirche) zitiert: »Wenn also hier ›die Forderung der evangeli-
schen Kirche nach rechtlicher Gleichbehandlung‹ erwähnt wird, dann ist dies ein
Vorkommen des gerade definierten Denk- und Argumentationsmusters, auf
dem eine solche Forderung unausgesprochen aufbaut« (ebd.: 221). Es geht um
den Gerechtigkeitstopos. Um aus dem Bericht selbst die in indirekter Rede
wiedergegebene Aussage des Kirchenvertreters, Kirchenpräsident Hild, zu zitieren: »Denn nach der Bibel seien alle Menschen ein Ebenbild Gottes und ›Gott
der Schutzherr des Fremden‹.« (Ebd.: 212). Der Argumentationstopos korreliert
also mit dem Programm, der Bibel, auf die sich der Kirchenvertreter beruft,
sowie mit der Leistung des Systems *Religion*, Diakonie und Seelsorge anzubieten. Das heißt der Kirchenvertreter kommuniziert entsprechend den Sinnverarbeitungsregeln des Systems *Religion*.

Ein zweites für die hier dargestellten Zusammenhänge interessantes Beispiel
offerieren Fraas und Pentzold (2008). Sie beobachten den Prozess, wie Schreibende in Wikipedia diskursiv eigene Gestaltungsprinzipien aushandeln, die sich
von denen der Medien und des Wirtschaftssystems absetzen müssen. Prinzip
der Online-Enzyklopädie *Wikipedia* ist es, gesellschaftlich geteiltes Wissen als
kollektives Gedächtnis der Gesellschaft unabhängig, also nicht durch andere

gesellschaftliche Teilbereiche und deren Machtdispositive (z. B. durch das Medium *Geld* der Wirtschaft oder den Code der Massenmedien *aktuell/nicht aktuell*) determiniert, und kollaborativ zu konstituieren.

> »Leistungsfähigkeit, hohe Stabilität und komplexe Organisation der Wikipedia beruhen auf nur vier grundlegenden und explizit formulierten Regeln: 1. ›Wikipedia ist eine Enzyklopädie.‹ 2. ›Neutralität‹ des Standpunktes. 3. ›Freie Inhalte.‹ 4. ›Keine persönlichen Angriffe.‹ (Wikipedia Richtlinien).« (Fraas/Pentzold 2008: 292)

Es wird herausgestellt, »dass sich Wikipedia weltweit allmählich zum Medienformat mit Definitionsmacht entwickelt. Sie ist zitierfähig geworden und wird zunehmend auch von Medieninstitutionen als ernst zu nehmende Wissensquelle herangezogen« (ebd.).

Die Definitionsaushandlungsprozesse unterliegen einer Systematik, die sich zu »diskursiven Regimen« (ebd.) verdichtet, »die nicht durch übergeordnete Institutionen, wohl aber durch systeminterne Mechanismen kontrolliert werden« (ebd.). Wie diese Mechanismen in Wikipedia umgesetzt werden und wie Akteure in ihre Kontexte eingebunden sind, wird an einem Fallbeispiel aus dem Diskursalltag von Wikipedia des Jahres 2006 expliziert. Dies betrifft den Eintrag zu einer in Deutschland prominenten Persönlichkeit aus der Wirtschaft, dem ehemaligen Vorstandvorsitzenden der Siemens AG Klaus Kleinfeld. Dabei wird deutlich, dass Wikipedia nicht nur als Resonanzraum für einen massenmedialen Diskurs fungiert, sondern selbst zum Themengeber wird. Selektiertes Thema für die Massenmedien ist die »Redigatur« (Fraas/Pentzold 2008: 303) eines nicht angemeldeten, anonymen Nutzers, der mit dem Unternehmen Siemens eng verbunden scheint, sowie die sich anschließende Aushandlung des Beitrags über Klaus Kleinfeld. Der für die Enzyklopädie unangemessene Sprachstil des Nutzers erinnert an einen PR-Vertreter, der daran interessiert ist, das vertretene Unternehmen und seine Mitglieder überzeugend und glaubwürdig positiv darzustellen. Zudem entsteht ein Diskurs über die Aufnahme von positiven oder negativen Wertungen in den Eintrag, der die Aufmerksamkeit der Medien erregt und als diskursives Ereignis selektiert und entsprechend den Nachrichtenfaktoren nach journalistischen Gestaltungsprinzipien verarbeitet wird (vgl. Fraas/ Pentzold 2008: 304 f.). Fraas und Pentzold stellen in interessanter Weise heraus, wie unterschiedliche stilistische Gestaltungsprinzipien der Wikipedia-Richtlinien und wirtschaftlicher Kommunikation (Persuasion, PR) aufeinander treffen. Gleichzeitig wird deutlich, dass Siemens sich den Editierregeln von Wikipedia entgegen einer positiven Selbstbeobachtung im Sinne einer neutralen Fremdbeobachtung anpassen muss.

Ein drittes Beispiel soll die Studie von Arendt (2010) bilden, in der die Autorin Spracheinstellungen im Niederdeutschdiskurs analysiert. Explizit verweist Arendt auf so von ihr bezeichnete »Makrodiskurse« (2010: 31), die insgesamt den Niederdeutschdiskurs bilden. Es sind dies der Laiendiskurs, der Diskurs der Printmedien (es wird das Medium Ostseezeitung untersucht) sowie der der Politik. Jeder Makrodiskurs wird jeweils für sich analysiert, dann werden die Makrodiskurse miteinander verglichen und interdiskursiv betrachtet. Die durch das Thema Niederdeutsch bzw. Einstellungen zur niederdeutschen Sprache zusammengehaltenen Diskurse werden aufgrund ihrer starken Differenzen jeweils in Anlehnung an Spitzmüller (2005) als »Makrodiskurse« einsichtig, der Begriff *Spezialdiskurs* scheint dennoch treffender. Denn Arendt gelangt zu folgender Erkenntnis: »Beim Vergleich der Einstellungen der drei Makrodiskurse treten gravierende Differenzen in der Konzeption des Einstellungsobjektes zutage, die aus den divergierenden kommunikativen Bedürfnissen und Zielen erwachsen.« (2010: 283)

Die gravierenden Unterschiede der drei Teildiskurse führt Arendt auf die jeweilige Funktion der ermittelten Spracheinstellungen zurück. Die Funktion sieht die Verfn. als wesentliche »Ursache der spezifischen Diskursprägung« (ebd.: 284). Während die Spracheinstellungen, die im Laiendiskurs offensichtlich werden, der Funktion folgen, »einfache und klare Orientierung zur Steuerung kommunikativen Handelns« (ebd.) zu geben, d. h. letztlich Interaktionssysteme (Familie, Freundschaften, Dorfgemeinschaft) zu konstituieren, folgen die im Printmediendiskurs und im Politdiskurs zutage tretenden Spracheinstellungen einem ganz anderen funktionalen Hintergrund. In der »Verbreitung von Serviceinformationen über die Nahwelt« (ebd.) sieht Arendt die Funktion des regionalen Mediums. Damit kommt Arendt Funktion und Leistung des Systems der Massenmedien sehr nahe, wie es bei Eckoldt beschrieben wird. Er systematisiert in seiner Untersuchung die Funktion des Systems der Massenmedien als »Aktualitätsvorgabe« und die Leistung als »Ausbildung von Orientierungserwartungen« (2007: 202). Die Funktion, auf die Aussagen im Politdiskurs zurückzuführen sind, sieht Arendt in der »Legitimation politischen Handelns«. Zum Vergleich sollen kurz Funktion und Leistung des Systems *Politik* in systemtheoretischer Perspektive benannt werden: Funktion – »Ermöglichung kollektiv bindender Entscheidungen«, Leistung – »Umsetzung kollektiv bindender Entscheidungen« (Krause 2005: 50). Politik operiert im Medium der Macht (vgl. ebd.), nach Eckoldt operieren Massenmedien (als Organisationssysteme) im Erfolgsmedium »Aufmerksamkeit« (2007: 202, 132 ff.). Interessant ist, dass hochgradig konstitutiv für die Einstellungen zum Niederdeutschen im Printmediendiskurs und im Politdiskurs das Merkmal der Kulturgutkonzeption erscheint. Das heißt, dass in der Beobachtung der Kommunikationen des politischen Systems durch das Massenmedium *Ostseezeitung* die Kulturgutkonzeption insbesondere in den Fokus der Wahrnehmung geraten ist. Dennoch arbeitet Arendt heraus, dass in der Presse insbesondere attributiv gebrauchten niederdeutschen Lexemen eher eine Schmuckfunktion zugewiesen wird und

Niederdeutsch als »kleinkulturelles Ereignis konzeptualisiert« (2010: 280) wird. In diesem Sinne würde das Niederdeutsche zur Umsetzung der Unterhaltungsfunktion des regionalen Presseerzeugnisses beitragen (vgl. ebd.: 275 ff.).

Arendt vertieft im Weiteren ihre expliziten makrodiskursiven Erkenntnisse interdiskursiv, obwohl sie zu der Erkenntnis gelangt, dass in den von ihr analysierten Texten ein Interdiskurs nicht stattfindet[7]. Dennoch kann die Autorin herausstellen, dass der Laiendiskurs »Einsichten in die Rezeption von politischen Aktivitäten und Maßnahmen« (2010: 179) ermöglicht. Konzepte des Laiendiskurses zur Sprachpflege stimmen mit »Intentionen und Konzepten der *Charta* im Sinne eines Kulturgutes« (ebd.) überein. Weiterhin wird ermittelt, mit welcher Frequenz der Printmediendiskurs intertextuell auf die Europäische Sprachenschutzcharta verweist und welche Rolle Textüberschriften im Printmedium für die Konzeptualisierung von Spracheinstellungen bei den Rezipienten und somit für den Laiendiskurs spielen (vgl. ebd.: 232 f.). In Hinblick auf den Politdiskurs wird konstatiert, dass Aspekte des konkreten Sprachgebrauchs nicht wahrgenommen werden, jedoch der Sprachenschutz im Sinne eines Denkmalschutzes in den politischen Diskurs ausgehend von den Texten der Europäischen Sprachenschutzcharta implementiert wird. Politik gewinnt also, wie Arendt (vgl. ebd.: 271) weiter ausführt, aus der Orientierung auf den Sprachenschutz Legitimation für politisches Handeln. Das damit gesetzte Signal, so wird weiter geschlussfolgert, entlässt Sprecherinnen und Sprecher aus ihrer Verantwortung, sich für den Erhalt des Niederdeutschen einzusetzen.

5   Fazit und Ausblick

Vor dem Hintergrund der im Abschnitt vier referierten Beispiele ist Warnke und Spitzmüller zuzustimmen, dass Diskurs nicht nur als »Sprechen über etwas« (2008: 14), sondern auch als »epistemische Richtkraft dieses Sprechens« (ebd.: 15) zu verstehen ist. Im Sinne dieses Beitrags soll darauf aufmerksam gemacht werden, dass eine mögliche Richtkraft des Sprechens aus den Sinnverarbeitungsregeln von *Spezialdiskursen* ableitbar erscheint, die aus der Rationalität funktionaler Systeme der Gesellschaft resultieren. Die Diskursakteure sind in diskursive Formationen (Recht, Politik, Wirtschaft, Medien, Religion, Erziehung, Kunst) bereits eingebunden und durch diese in ihren sozialen Handlungen und sprachlichen Äußerungen (Performanzen) geprägt, was in der Untersuchung von Arendt sehr nachvollziehbar erscheint. Es wäre nun zu fragen, in welcher Weise sich Spezial- und Interdiskurse überlagern und verschränken, wie sich Arendt (2010) ebenso dieser Problematik gestellt hat.

---

7 E-Mail von Birte Arendt an Christina Gansel vom 16.11.2010.

Die aus der Rationalität sozialer Systeme resultierende Richtkraft ist für die Erklärung dessen, was in der Textlinguistik *Kommunikationsbereich* genannt wird, unumgänglich. Eine Analyse oder Beschreibung von Textsorten scheint ohne Bezug auf einen Kommunikationsbereich/ein soziales System (vgl. Gansel 2008a, b) auf Was-Fragen verwiesen und mit Schwierigkeiten verbunden. Eine Umstellung auf Wie-Fragen, wie sie durch die Beobachtung zweiter Ordnung möglich wird, kann über eine systemtheoretische Perspektive erreicht werden (vgl. Gansel 2008a und b). Aber gerade diese beiden Konzepte *Kommunikationsbereich* und *Textsorte* erwecken in der diskurslinguistischen Mehr-Ebenen-Analyse (DIMEAN) (Spitzmüller/Warnke 2008: 24 ff.) einen unterspezifizierten Eindruck.

In der textorientierten Analyse (II.3) greift die »Diskurslinguistik [...] hier auf die bekannten textlinguistischen Beschreibungsverfahren zurück« (Spitzmüller/Warnke 2008: 30). Dies ist sicher richtig. Zu fragen bleibt, ob diese Verfahren dem Status von Textsorten in der Bildung von sozialen Strukturen gerecht werden können, zumal Textsorten in dem Modell recht entfernt zu den Kommunikationsbereichen zu finden sind, obwohl formuliert wird, dass Kommunikationsbereiche an Textsorten festgemacht werden können (vgl. ebd.: 37). Im Rahmen der Akteursanalyse werden Kommunikationsbereiche gemeinsam mit Textmustern unter dem Aspekt *Medialität* subsumiert. Damit wird in gewisser Weise verkannt, welche Rolle Textsorten für die Konstituierung von Kommunikationssystemen zukommt und es ist zu fragen, ob sie verbleibend in einer »intratexuellen Ebene« (ebd.: 44) nicht auf sich selbst zurückgesetzt sind. Zu fragen wäre weiterhin, inwiefern akteursbezogene und subjektlose Modellierungen von Phänomenen gesellschaftlicher Kommunikation mit Bezug auf Foucault und Luhmann einander ergänzen könnten.

Zudem erscheint ein weiterer Aspekt wichtig. In der Folge soziologischer Theoriebildung hat Luhmann den strukturfunktionalistischen Ansatz Parsons und vieler anderer verarbeitet und in die funktional-strukturelle Theorie der Systeme gewandelt und damit deutlich gemacht, dass Funktionen die ihnen entsprechenden Strukturen erst ausbilden. Die Loslösung der Textsorten von ihren kontextuellen und situativen Einbettungen (Kommunikationsbereichen/sozialen Systemen) in einer linguistischen Diskursanalyse würde von daher auf wertvolle sprachexterne Informationen verzichten. Spieß schlägt in diesem Sinne vor, den »Diskursbegriff um den Begriff des *Dispositivs*« (2008: 243) zu erweitern, um den »Faktoren *Kontextualität* und *Situationalität*« als Makroebene des Diskurses in der diskurslinguistischen Analyse gerechter werden zu können. Der Begriff »Dispositiv« wird von Foucault indes recht heterogen erklärt und ist

»ein heterogenes Ensemble, das Diskurse, Institutionen, architekturale Einrichtungen, reglementierende Entscheidungen, Gesetze, administrative Maßnahmen, wissenschaftliche Aussagen, philosophische, moralische oder philanthropische Lehrsätze, kurz: Gesagtes ebenso wohl wie Ungesagtes umfasst. [...] Das Dispositiv selbst ist das Netz, das zwischen diesen Elementen geknüpft werden kann« (1978: 119 f.).

Eckoldt (vgl. 2007: 166) sieht Foucaults Dispositiv ähnlich dem System bei Luhmann. Die in diesem Beitrag zugrunde gelegte Systemrationalität in den Kategorien *Funktion, Leistung, Medium, Code, Programm* könnte gleichfalls als Element eines Dispositivs interpretiert werden. Diese unterschiedlichen Interpretationen indes zeigen, dass weitere interdisziplinäre Diskussionen um die Beziehungen zwischen den Ansätzen Foucaults und Luhmanns erforderlich sind. Eine systemtheoretische Textsortenlinguistik und die linguistische Diskursanalyse nach Foucault könnten dazu wertvolle Anregungen geben.

Literatur

ARENDT, BIRTE (2010): Niederdeutschdiskurse. Spracheinstellungen im Kontext von Laien, Printmedien und Politik. Berlin: Erich Schmidt. (Philologische Studien und Quellen 224)

BECKER, FRANK/REINHARDT-BECKER, ELKE (2001): Systemtheorie. Eine Einführung für Geschichts- und Kulturwissenschaft. Frankfurt am Main: Campus.

DITTMAR, NORBERT (1997): Grundlagen der Soziolinguistik – ein Arbeitsbuch mit Aufgaben. Tübingen: Niemeyer.

ECKOLDT, MATTHIAS (2007): Medien der Macht. Macht der Medien. Berlin: Kadmos.

EROMS, HANS-WERNER (2008): Stil und Stilistik. Eine Einführung. Berlin: Erich Schmidt.

FOUCAULT, MICHEL (1981): Archäologie des Wissens. Frankfurt am Main: Suhrkamp.

FOUCAULT, MICHEL (1996): Die Ordnung des Diskurses. Frankfurt am Main: Fischer.

FOUCAULT, MICHEL (1978): Dispositive der Macht. Über Sexualität, Wissen und Wahrheit. Berlin: Merve.

GANSEL, CHRISTINA (2008b): Systemtheoretische Perspektiven auf Textsorten. Vorbemerkungen. In: Gansel (Hg.), S. 7–18.

GANSEL, CHRISTINA (Hg.) (2008a): Textsorten und Systemtheorie. Göttingen: V&R unipress.

KAMMLER, CLEMENS/PARR, ROLF/SCHNEIDER, ULRICH JOHANNES (Hg.) (2008): Foucault Handbuch. Leben – Werk – Wirkung. Stuttgart: Metzler.

KRAUSE, DETLEF (2005): Luhmann-Lexikon. 4., neu bearb. und erw. Aufl. Stuttgart: Lucius & Lucius.

LINK, JÜRGEN (2003): Wieweit sind (foucaultsche) Diskurs- und (luhmannsche) Systemtheorie kompatibel? Vorläufige Skizze einiger Analogien und Differenzen. In: Kulturrevolution 45–46, S. 58–62.

LUHMANN, NIKLAS (1998): Die Gesellschaft der Gesellschaft. 2 Bd. Frankfurt am Main: Suhrkamp.

REINHARDT-BECKER, ELKE (2008): Niklas Luhmann. In: Kammler/Parr/Schneider (Hg.), S. 213–218.

RIESEL, ELISE/SCHENDELS, EVGENIA (1975): Deutsche Stilistik. Moskau: Verlag Hochschule.

SPIESS, CONSTANZE (2008): Linguistische Diskursanalyse als Mehrebenenanalyse – ein Vorschlag zur mehrdimensionalen Beschreibung von Diskursen aus forschungspraktischer Perspektive. In: Warnke/Spitzmüller (Hg.), S. 237–259.

SPITZMÜLLER, JÜRGEN (2005): Metasprachdiskurse. Einstellungen zu Anglizismen und ihre wissenschaftliche Rezeption. Berlin, New York: de Gruyter. (Linguistik 11).

STICHWEH, RUDOLF (1996): Variationsmechanismen im Wissenschaftssystem der Moderne. In: Soziale Systeme, 2 (1996) Heft 1, S. 73–89.

WARNKE, INGO H./SPITZMÜLLER, JÜRGEN (2008b): Methoden und Methodologie der Diskurslinguistik – Grundlagen und Verfahren einer Sprachwissenschaft jenseits textueller Grenzen. In: Warnke/Spitzmüller (Hg.), S. 3–54.

WARNKE, INGO H./SPITZMÜLLER, JÜRGEN (Hg.) (2008a): Methoden der Diskurslinguistik. Sprachwissenschaftliche Zugänge zur transtextuellen Ebene. Berlin, New York: de Gruyter. (Linguistik Impulse und Tendenzen 31).

WENGELER, MARTIN (2008): »Ausländer dürfen nicht Sündenböcke sein« – Diskurslinguistische Methodik, präsentiert am Beispiel zweier Zeitungstexte. In: Warnke/Spitzmüller (Hg.), S. 207–236.

Autorinnen und Autoren

Böhm, Elisabeth Dr. des., wissenschaftliche Mitarbeiterin am Lehrstuhl für Neuere deutsche Literaturwissenschaft an der Universität Bayreuth.
Arbeitsschwerpunkte: Goethes klassische Lyrik, strukturell-systematische Dramenanalyse, musikoliterarische Wechselwirkungen.
elisabeth.boehm@uni-bayreuth.de

Buchholz, Stefan, Student des Lehramts Deutsch und Philosophie für Gymnasien an der Universität Greifswald, Erstes Staatsexamen 2011.
Arbeitsschwerpunkte: u. a. Textlinguistik, Systemtheorie, Existentialismus.
sbuchholz23@freenet.de

Gansel, Christina, apl. Prof. Dr. phil. habil., wissenschaftliche Mitarbeiterin am Institut für Deutsche Philologie, Universität Greifswald.
Arbeitsschwerpunkte: Textlinguistik, Systemtheorie, Semantik, Valenztheorie, Gesprächslinguistik.
gansel@uni-greifswald.de

Hein, Michael, M.A., Politikwissenschaftler am Lehrstuhl für Politische Theorie und Ideengeschichte der Universität Greifswald.
Arbeitsschwerpunkte: Politische Systeme in Südosteuropa, insbesondere Bulgarien und Rumänien; Europäische Integration, insbesondere Ost- und Südosterweiterung; Politisierung von Verfassungsgerichten; Verfassungs- und Rechtspolitik; Systemtheorie.
michael.hein@uni-greifswald.de

Klüter, Helmut, Prof. Dr. für Regionale Geographie an der Universität Greifswald.
Arbeitsschwerpunkte: Regionalanalyse, Regionalentwicklung, Wirtschaftsgeographie, Theoretische Geographie. Regionale Schwerpunkte: Mecklenburg-Vorpommern, Mitteleuropa, Ostseeraum und Russland.
klueter@uni-greifswald.de

Kroll, Iris, Lehramtsstudium Deutsch, Philosophie und Deutsch als Fremd-
sprache, Erstes Staatsexamen an der Universität Greifswald 2011.
Arbeitsschwerpunkte: Soziolinguistik, Stilistik, Textlinguistik, Systemtheorie.
Iris.Kroll@gmx.de

Lege, Joachim, Prof. Dr., Lehrstuhl für Öffentliches Recht, Verfassungsgeschichte, Rechts- und Staatsphilosophie an der Universität Greifswald.
Arbeitsschwerpunkte in der Rechtsphilosophie und Rechtstheorie: Methoden-
lehre (juristische Rhetorik und Erkenntnistheorie), Verhältnis von Recht und
Moral, Demokratietheorie; im Öffentlichen Recht: Grundrechte, insbesondere
Eigentum, ferner Staatshaftungsrecht, Baurecht, Gesundheitsrecht; in der
Rechts- und Verfassungsgeschichte: Geschichte der Jurisprudenz im 19. und
20. Jahrhundert.
joachim.lege@uni-greifswald.de

Möller-Kiero, Jana, Mag. phil., Doktorandin am Institut für Moderne Sprachen/
Germanistik der Universität Helsinki (Finnland), Studierende des Mastersstu-
diengangs »Interkulturelle Kommunikation« an der Ludwig-Maximilians-Uni-
versität München.
Arbeitsschwerpunkte: kontrastive Textlinguistik (einschl. Medialität) und Systemtheorie, Interkulturelle Kommunikation.
jana.moller-kiero@helsinki.fi

Stegmaier, Werner, Professor für Philosophie mit dem Schwerpunkt Praktische
Philosophie an der Universität Greifswald.
Aktuelle Forschungsschwerpunkte: Philosophie der Orientierung, Hermeneutik
der ethischen Orientierung, Methodische Erschließung der Philosophie Nietzsches, Niklas Luhmann als Philosoph, Formen philosophischer Schriftstellerei.
stegmai@uni-greifswald.de; stegmai.pr@t-online.de; www.stegmaier-orientie-
rung.de

Werner, Theres, Lehramtsstudium Germanistik, Philosophie, Deutsch als
Fremdsprache.
Erstes Staatsexamen an der Universität Greifswald 2010.
Arbeitsschwerpunkte: (Text-) Linguistik, Systemtheorie, Sprachphilosophie,
Klassische Philosophie der Antike.
theres-werner@gmx.de

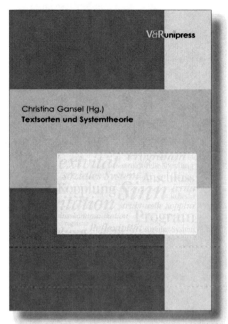